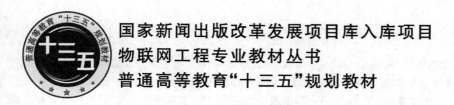

国家新闻出版改革发展项目库入库项目

物联网工程专业教材丛书

普通高等教育"十三五"规划教材

物联网综合实训

主　编　张　博　高　松

副主编　胡晓凤

北京邮电大学出版社

www.buptpress.com

内 容 简 介

本书秉承"专业务实、学以致用"的理念以及"工学结合"的思想,以物联网技术原理及典型工作任务为依据,以培养物联网专业技术能力为目标,围绕 CC2530 芯片、结点传感器、WinCE、RFID 相关操作实训,由浅入深、循序渐进地进行阐述。书中设置了大量的实训内容,按照相关基础知识、实训操作指南、实训知识检测的形式进行编写,突出应用性、实践性,容易被学生接受。

本书共有 5 章含 38 个各类实训项目及综合实验。本书可作为高等院校物联网专业的教材,也可作为相关专业师生和物联网应用开发人员的参考用书。

图书在版编目(CIP)数据

物联网综合实训/ 张博,高松主编 . -- 北京:北京邮电大学出版社,2019.8
ISBN 978-7-5635-5868-1

Ⅰ. ①物… Ⅱ. ①张… ②高… Ⅲ. ①互联网络—应用 ②智能技术—应用 Ⅳ. ①TP393.4 ②TP18

中国版本图书馆 CIP 数据核字 (2019) 第 184768 号

书　　名:	物联网综合实训
主　　编:	张　博　高　松
责任编辑:	满志文　穆菁菁
出版发行:	北京邮电大学出版社
社　　址:	北京市海淀区西土城路 10 号 (邮编:100876)
发 行 部:	电话:010-62282185　传真:010-62283578
E-mail:	publish@bupt.edu.cn
经　　销:	各地新华书店
印　　刷:	北京玺诚印务有限公司
开　　本:	787 mm×1 092 mm　1/16
印　　张:	18.75
字　　数:	485 千字
版　　次:	2019 年 8 月第 1 版　2019 年 8 月第 1 次印刷

ISBN 978-7-5635-5868-1　　　　　　　　　　　　　　　　　定　价:48.00 元

物联网工程专业教材丛书

顾 问 委 员 会

邓中亮　李书芳　黄　辉　程晋格　曾庆生　任立刚　方　娟

编 委 会

总 主 编：张锦南
副总主编：袁学光

编　　委：颜　鑫　左　勇　卢向群　许　可
　　　　　张　博　张锦南　袁学光

总 策 划：姚　顺
秘 书 长：刘纳新

前　言

物联网技术是新一代信息技术的重要组成部分，其发展也是"信息化"时代的重要发展阶段。物联网通过智能感知、识别技术与普适计算等通信感知技术，广泛应用于网络的融合中，也因此被称为继计算机、互联网之后世界信息产业发展的第三次浪潮。物联网将是下一个推动世界高速发展的"重要生产力"，是继通信网之后的另一个万亿级市场。物联网的推广将会成为推进经济发展的又一个驱动器，为产业开拓了又一个潜力无穷的发展机会。按照对物联网的需求，需要按亿计的传感器和电子标签，这将大大推进信息技术元件的生产，同时增加大量的就业机会。

物联网拥有业界最完整的专业物联产品系列，覆盖从传感器、控制器到云计算的各种应用。产品服务智能家居、交通物流、环境保护、公共安全、智能消防、工业监测、个人健康等各领域。随着我国相关产业的发展，社会需要大量具有物联网技术基本技能和综合职业能力的一线高级技术应用型人才。

物联网是应用性很强的专业技术领域，如何工学结合，使学生尽快适应工作岗位的需要，是高等院校教学改革的重点。作者基于这种背景结合教学、科研和生产实践编写完成本教材。

全书共分为 5 章，主要内容包括 CC2530 芯片、结点传感器、WinCE、RFID 相关操作任务等，最后还有综合实验。

全书以项目实训方式编写，从相关基础知识简介、实训操作指南到实训知识检测，涵盖知识要点、关键技术解析、操作指南、任务检测等环节，涉及芯片应用开发、传感器应用、操作系统、RFID 等相关技术和技能的训练。深入浅出，通俗易懂，便于帮助学生分析、理解并掌握物联网技术的基本知识和操作技能。

本书由张博、高松担任主编，胡晓凤担任副主编。感谢丛书总主编张锦南（北京邮电大学）、丛书副总主编袁学光（北京邮电大学）、北京工业大学物联网工程专业负责人方娟教授等专家的大力支持。本书由北京理工大学在读博士、北京政法职业学院信息技术系副教授张博组织统稿。

由于编者的水平有限，加之技术和相关学术领域的不断变化、更新，书中的不足之处在所难免，恳请各位专家和读者批评指正。

作　者
于北京

目　　录

第1章 CC2530基础实训

1.1 实训1—输入/输出I/O控制

1.1.1 相关基础知识

1. 芯片简介

CC2530是用于2.4 GHz IEEE 802.15.4、ZigBee和RF4CE应用的一个真正的片上系统（SoC）解决方案。它能够以非常低的总的材料成本建立强大的网络结点。CC2530结合了领先的RF收发器的优良性能，业界标准的增强型8051CPU，系统内可编程闪存，8 KB RAM和许多其他强大的功能。CC2530有四种不同的闪存版本：CC2530F32/64/128/256，分别具有32/64/128/256 KB的闪存。CC2530具有不同的运行模式，使得它尤其适应超低功耗要求的系统。运行模式之间的转换时间短，进一步确保了低能源消耗。

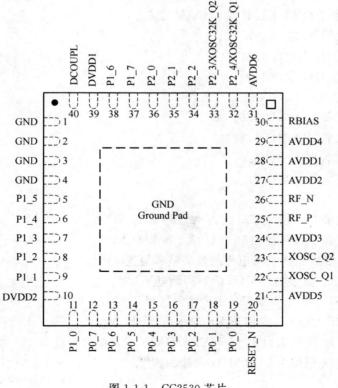

图 1-1-1　CC2530 芯片

引脚名称及引脚类型描述：

√ AVDD1 28 电源（模拟）2～3.6 V 模拟电源连接。

√ AVDD2 27 电源（模拟）2～3.6 V 模拟电源连接。

√ AVDD3 24 电源（模拟）2～3.6 V 模拟电源连接。

√ AVDD4 29 电源（模拟）2～3.6 V 模拟电源连接。

√ AVDD5 21 电源（模拟）2～3.6 V 模拟电源连接。

√ AVDD6 31 电源（模拟）2～3.6 V 模拟电源连接。

√ DCOUPL 40 电源（数字）1.8 V 数字电源去耦。不使用外部电路供应。

√ DVDD1 39 电源（数字）2～5 V 数字电源连接。

√ DVDD2 10 电源（数字）2～5 V 数字电源连接。

√ GND-接地　接地衬垫必须连接到一个坚固的接地面。

√ GND 1,2,3,4 未使用的引脚连接到 GND。

√ P0_0 19 数字 I/O 端口 0.0。

√ P0_1 18 数字 I/O 端口 0.1。

√ P0_2 17 数字 I/O 端口 0.2。

√ P0_3 16 数字 I/O 端口 0.3。

√ P0_4 15 数字 I/O 端口 0.4。

√ P0_5 14 数字 I/O 端口 0.5。

√ P0_6 13 数字 I/O 端口 0.6。

√ P0_7 12 数字 I/O 端口 0.7。

√ P1_0 11 数字 I/O 端口 1.0～20 mA 驱动能力。

√ P1_1 9 数字 I/O 端口 1.1～20 mA 驱动能力。

√ P1_2 8 数字 I/O 端口 1.2。

√ P1_3 7 数字 I/O 端口 1.3。

√ P1_4 6 数字 I/O 端口 1.4。

√ P1_5 5 数字 I/O 端口 1.5。

√ P1_6 38 数字 I/O 端口 1.6。

√ P1_7 37 数字 I/O 端口 1.7。

√ P2_0 36 数字 I/O 端口 2.0。

√ P2_1 35 数字 I/O 端口 2.1。

√ P2_2 34 数字 I/O 端口 2.2。

√ P2_3 33 数字 I/O 模拟端口 2.3/32.768 kHz XOSC。

√ P2_4 32 数字 I/O 模拟端口 2.4/32.768 kHz XOSC。

√ RBIAS 30 模拟 I/O 参考电流的外部精密偏置电阻。

√ RESET_N 20 数字输入复位，活动到低电平。

√ RF_N 26 RF I/O RX 期间负 RF 输入信号到 LNA。

√ RF_P 25 RF I/O RX 期间正 RF 输入信号到 LNA。

√ XOSC_Q1 22 模拟 I/O 32 MHz 晶振引脚 1 或外部时钟输入。

√ XOSC_Q2 23 模拟 I/O 32 MHz 晶振引脚 2。

2. CPU 和内存

CC253x 芯片系列中使用的 8051 CPU 内核是一个单周期的 8051 兼容内核。它有三种不同的内存访问总线(SFR,DATA 和 CODE/XDATA),单周期访问 SFR、DATA 和主 SRAM。它还包括一个调试接口和一个 18 输入扩展中断单元。

中断控制器总共提供了 18 个中断源,分为六个中断组,每个与四个中断优先级之一相关。当设备从活动模式回到空闲模式,任一中断服务请求就被激发。一些中断还可以从睡眠模式(供电模式 1~3)中唤醒设备。

内存仲裁器位于系统中心,因为它通过 SFR 总线把 CPU 和 DMA 控制器和物理存储器以及所有外设连接起来。内存仲裁器有四个内存访问点,每次访问可以映射到三个物理存储器之一:一个 8 KB SRAM、闪存存储器和 XREG/SFR 寄存器。它负责执行仲裁,并确定同时访问同一个物理存储器之间的顺序。

8 KB SRAM 映射到 DATA 存储空间和部分 XDATA 存储空间。8 KB SRAM 是一个超低功耗的 SRAM,即使数字部分掉电(供电模式 2 和供电模式 3)也能保留其内容。这是对于低功耗应用来说很重要的一个功能。

32/64/128/256 KB 闪存块为设备提供了内电路可编程的非易失性程序存储器,映射到 XDATA 存储空间。除了保存程序代码和常量以外,非易失性存储器允许应用程序保存必须保留的数据,这样设备重启之后可以使用这些数据。使用这个功能,例如可以利用已经保存的网络具体数据,就不需要经过完全启动、网络寻找和加入过程。

3. 时钟和电源管理

数字内核和外设由一个 1.8V 低差稳压器供电。它提供了电源管理功能,可以实现使用不同供电模式的长电池寿命的低功耗运行。有五种不同的复位源来复位设备。

4. 外设

CC2530 包括许多不同的外设,允许应用程序设计者开发先进的应用。

调试接口执行一个专有的两线串行接口,用于内电路调试。通过这个调试接口,可以执行整个闪存存储器的擦除、控制振荡器、停止和开始执行用户程序、执行 8051 内核提供的指令、设置代码断点,以及内核中全部指令的单步调试。使用这些技术,可以很好地执行内电路的调试和外部闪存的编程。

设备含有闪存存储器以存储程序代码。闪存存储器可通过用户软件和调试接口编程,闪存控制器处理写入和擦除嵌入式闪存存储器。闪存控制器允许页面擦除和 4 字节编程。

I/O 控制器负责所有通用 I/O 引脚。CPU 可以配置外设模块是否控制某个引脚或它们是否受软件控制,如果是的话,每个引脚配置为一个输入还是输出,是否连接衬垫里的一个上拉或下拉电阻。CPU 中断可以分别在每个引脚上使能。每个连接到 I/O 引脚的外设可以在两个不同的 I/O 引脚位置之间选择,以确保在不同应用程序中的灵活性。

系统可以使用一个多功能的五通道 DMA 控制器,使用 XDATA 存储空间访问存储器,因此能够访问所有物理存储器。每个通道(触发器、优先级、传输模式、寻址模式、源和目标指针和传输计数)用 DMA 描述符在存储器任何地方配置。许多硬件外设(AES 内核、闪存控制器、USART、定时器、ADC 接口)通过使用 DMA 控制器在 SFR 或 XREG 地址和闪存/SRAM 之间进行数据传输,获得高效率操作。定时器 1 是一个 16 位定时器,具有定时器/PWM 功能。它有一个可编程的分频器,一个 16 位周期值,和 5 个各自可编程的计数器/捕获通道,每个都有一个 16 位比较值。每个计数器/捕获通道可以用作一个 PWM 输出或捕获输入信号边沿的时序。它还可以配置在 IR 产生模式,计算定时器 3 的周期,输出是 ANDed,定时器 3 的输出是用最小的 CPU 互动产生调制的消费型 IR 信号。

MAC 定时器(定时器 2)是专门为支持 IEEE802.15.4 MAC 或软件中其他时槽的协议设计。定时器有一个可配置的定时器周期和一个 8 位溢出计数器,可以用于保持跟踪已经经过的周期数。一个 16 位捕获寄存器也用于记录收到/发送一个帧开始界定符的精确时间,或传输结束的精确时间,还有一个 16 位输出比较寄存器可以在具体时间产生不同的选通命令(开始 RX,开始 TX,等等)到无线模块。定时器 3 和定时器 4 是 8 位定时器,具有定时器/计数器/PWM 功能。它们有一个可编程的分频器,一个 8 位的周期值,一个可编程的计数器通道,具有一个 8 位的比较值。每个计数器通道可以用作一个 PWM 输出。

睡眠定时器是一个超低功耗的定时器,计算 32 kHz 晶振或 32 kHzRC 振荡器的周期。睡眠定时器在除了供电模式 3 的所有工作模式下不断运行。这一定时器的典型应用是作为实时计数器,或作为一个唤醒定时器跳出供电模式 1 或模式 2。

ADC 支持 7 到 12 位的分辨率,分别在 30 kHz 或 4 kHz 的带宽。DC 和音频转换可以使用高达 8 个输入通道(端口 0)。输入可以选择作为单端或差分。参考电压可以是内部电压、AVDD 或是一个单端或差分外部信号。ADC 还有一个温度传感输入通道。ADC 可以自动执行定期抽样或转换通道序列的程序。

随机数发生器使用一个 16 位 LFSR 来产生伪随机数,这可以被 CPU 读取或由选通命令处理器直接使用。例如随机数可以用作产生随机密钥,用于信息安全方面。

AES 加密/解密内核允许用户使用带有 128 位密钥的 AES 算法加密和解密数据。这一内核能够支持 IEEE802.15.4MAC 安全、ZigBee 网络层和应用层要求的 AES 操作。

一个内置的"看门狗"允许 CC2530 在固件挂起的情况下复位自身。当"看门狗"定时器由软件使能,它必须定期清除;否则,当它超时就复位设备,或者它可以配置用作一个通用 32 kHz定时器。

USART0 和 USART1 每个被配置为一个 SPI 主/从或一个 UART。它们为 RX 和 TX 提供了双缓冲,以及硬件流控制,因此非常适合于高吞吐量的全双工应用。每个都有自己的高精度波特率发生器,因此可以使普通定时器空闲出来用作其他用途。

5. 无线设备

CC2530 具有一个 IEEE802.15.4 兼容无线收发器。RF 内核控制模拟无线模块。另外,它提供了 MCU 和无线设备之间的一个接口,这使得可以发出命令、读取状态、自动操作和确定无线设备事件的顺序。无线设备还包括一个数据包过滤和地址识别模块。

1.1.2　实训操作指南

1. 实训名称

输入/输出(I/O)控制实训。实训主要包括三个部分:自动闪烁实训,按键控制开关实训以及按键控制闪烁实训。实训的核心为 CC2530,通过 CC2530 完成输入/输出(I/O)控制实训。

2. 实训目的

通过本实训完成初步了解本物联网试验箱的基础操作流程,并且学会使用 CC2530 的I/O来控制外设。通过以下三个基础实训,由简入深地学习输入/输出(I/O)控制的基本原理。

本例主要分为三个部分。

(1)基础实训 1:以 LED 灯为外设,用 CC2530 控制简单外设时,应将 I/O 设置为输出。实训现象 LED 闪烁。

（2）基础实训 2：让用户掌握按键应用这一常用人机交互方法，使用两个分别控制两个 LED 灯。按下"OK"键 S6 切换 ZigBee 模块左边 LED 灯开关，按下"CANCEL"键 S7 切换 ZigBee 模块右边 LED 灯开关。

（3）基础实训 3：在基础实训 2 的基础上进行使用按键控制 LED 闪烁实训。按下"OK"键 S6 切换 ZigBee 模块左边 LED 灯闪烁，按下"CANCEL"键 S7 切换 ZigBee 模块右边 LED 灯闪烁。

3. 实训设备

实训设备如下所示：

仿真器 1 台，电池板（或液晶板）1 块，ZigBee 模块 1 块，USB 连接线 1 根。

4. 实训步骤及结果

1）基础实训 1：自动闪烁

本次实训的目的是让用户学会使用 CC2530 的 I/O 来控制外设，本例以 LED 灯为外设，用 CC2530 控制简单外设时，应将 I/O 设置为输出。实训现象 LED 闪烁。

（1）实训相关寄存器

实训中进行操作的寄存器有 P1、P1DIR 如表 1-1-1、表 1-1-2 所示，没有设置而是取默认值的寄存器有 P1SEL、P1INP。

表 1-1-1　P1（P1 口寄存器）

位号	位名	复位值	操作性	功能描述
7：0	P1[7：0]	0×00	读/写	P1 端口普通功能寄存器，可位寻址

表 1-1-2　P1DIR（P1 方向寄存器）

位号	位名	复位值	操作性	功能描述
7	DIRP1_7	0	读/写	P1_7 方向 0 输入，1 输出
6	DIRP1_6	0	读/写	P1_6 方向 0 输入，1 输出
5	DIRP1_5	0	读/写	P1_5 方向 0 输入，1 输出
4	DIRP1_4	0	读/写	P1_4 方向 0 输入，1 输出
3	DIRP1_3	0	读/写	P1_3 方向 0 输入，1 输出
2	DIRP1_2	0	读/写	P1_2 方向 0 输入，1 输出
1	DIRP1_1	0	读/写	P1_1 方向 0 输入，1 输出
0	DIRP1_0	0	读/写	P1_0 方向 0 输入，1 输出

P1SEL（P1 功能选择寄存器）如表 1-1-3 所示。

表 1-1-3 P1SEL(P1 功能选择寄存器)

位号	位名	复位值	操作性	功能描述
7	SELP1_7	0	读/写	P1_7 功能 0 普通 I/O,1 外设功能
6	SELP1_6	0	读/写	P1_6 功能 0 普通 I/O,1 外设功能
5	SELP1_5	0	读/写	P1_5 功能 0 普通 I/O,1 外设功能
4	SELP1_4	0	读/写	P1_4 功能 0 普通 I/O,1 外设功能
3	SELP1_3	0	读/写	P1_3 功能 0 普通 I/O,1 外设功能
2	SELP1_2	0	读/写	P1_2 功能 0 普通 I/O,1 外设功能
1	SELP1_1	0	读/写	P1_1 功能 0 普通 I/O,1 外设功能
0	SELP1_0	0	读/写	P1_0 功能 0 普通 I/O,1 外设功能

（2）实训相关函数

void Delay(uint n);函数原型如下：

```
void Delay(uint n)
{
    uint tt;
    for(tt = 0;tt<n;tt++);
    for(tt = 0;tt<n;tt++);
    for(tt = 0;tt<n;tt++);
    for(tt = 0;tt<n;tt++);
    for(tt = 0;tt<n;tt++);
}
```

函数功能是软件延时,执行 5 次 0 到 n 的空循环来实现软件延时。延时时间约为 $5 \times n/32\ \mu s$。

void Initial(void);函数原型如下：

```
void Initial(void)
{
    P1DIR |= 0x03;      //P10、P11  定义为输出
    RLED = 1;
    YLED = 1;           //LED 灭
}
```

函数功能是把连接 LED 的两个 I/O 设置为输出,同时将它们设为高电平(此时 LED 灭)。

2）基础实训 2：按键控制开关

让用户掌握按键应用这一常用人机交互方法，本次使用两个分别控制两个 LED 灯。按下"OK"键，S6 切换 ZigBee 模块左边 LED 灯开关，按下"CANCEL"键，S7 切换 ZigBee 模块右边 LED 灯开关。

（1）实训相关寄存器

实训中操作了的寄存器有 P1、P1DIR、P1SEL、P1INP。前面三个寄存器在 CC2530 基础实训 1 中已经有详述，这里不再重复介绍。

P1 参见 CC2530 基础实训 1。

P1SEL 参见 CC2530 基础实训 1。

P1DIR 参见 CC2530 基础实训 1。

P1INP 寄存器如表 1-1-4 所示。

表 1-1-4　P1INR（P1 输入模式寄存器）

位号	位名	复位值	操作性	功能描述
7	PDUP2	0	读/写	P2 口上/下拉选择 0 上拉,1 下拉
6	PDUP1	0	读/写	P1 口上/下拉选择 0 上拉,1 下拉
5	PDUP0	0	读/写	P0 口上/下拉选择 0 上拉,1 下拉
4	MDP2_4	0	读/写	P2_4 输入模式 0 上拉,1 下拉
3	MDP2_3	0	读/写	P2_3 输入模式 0 上拉,1 下拉
2	MDP2_2	0	读/写	P2_2 输入模式 0 上拉,1 下拉
1	MDP2_1	0	读/写	P2_1 输入模式 0 上拉,1 下拉
0	MDP2_0	0	读/写	P2_0 输入模式 0 上拉,1 下拉

（2）实训相关函数

void Delay(uint n)；参见 CC2530 基础实训 1。

void Initial(void)；参见 CC2530 基础实训 1。

void InitKey(void)；函数原型如下：

```
void InitKey(void)
{
    P0SEL & = ～0X18;       //P04.P03 输入
    P0DIR & = ～0X18;       //按键在 P04 P03
    P0INP | = 0x18;         //上拉
}
```

函数功能是将 I/O P1_2,P1_3 设为输入（且为三态）以读取按键的状态。

unsigned char KeyScan(void);函数原型是:

```
uchar KeyScan(void)
{
    if(K1 == 0)          //低电平有效
{
    Delay(100);          //检测到按键
    if(K1 == 0)          //前面定义了 #define K1 P04
{
    while(! K1);         //直到松开按键
    return(1);
}
}
    if(K2 == 0)
{
    Delay(100);
    if(K2 == 0)
{
    while(! K2);
    return(2);
}
}
    return(0);
}
```

函数功能是检测按键是否按下,若有键按下,则返回相应的值,如 P0_3 对应的按键按下则返回 1,P0_4 对应的按键按下返回 2。

3) 基础实训 3:按键控制闪烁

本实训的控制比实训 2 的控制稍显复杂,这个实训中使用按键控制 LED 闪烁。按下"OK"键,S6 切换 ZigBee 模块左边 LED 灯闪烁,按下"CANCEL"键,S7 切换 ZigBee 模块右边 LED 灯闪烁。

(1) 实训相关寄存器

实训中操作了的寄存器有 P0、P0DIR、P0SEL、P1INP。前面三个寄存器在 CC2530 基础实训 1 中已经有详述,这里不再重复介绍。

P1 参见 CC2530 基础实训 1。

P1SEL 参见 CC2530 基础实训 1。

P1DIR 参见 CC2530 基础实训 1。

P1INP 参见 CC2530 基础实训 2。

(2) 实训相关函数

void Delay(uint n);参见 CC2530 基础实训 1。

void Initial(void);参见 CC2530 基础实训 1。

void InitKey(void);参见 CC2530 基础实训 1。

unsigned char KeyScan(void);参见 CC2530 基础实训 2。

1.1.3　实训知识检测

1. 狭义的无线传感网络包含<u>传感点</u>、<u>网络协议</u>、<u>网络拓扑结构</u>。

2. 传感器结点由传感器模块、处理器模块、无线通信模块、能量供应模块四部分组成。

3. IEEE802.15.4 规范定义了 27 个物理信道，信道编号从 0 到 26，其中 0 号信道、1 号信道、26 号信道的中心频率分别是 868 MHz、900 MHz、2170 MHz。

4. IEEE802.15.4 的数据传送有三种方式，一是终端数据传输器译到协调器；二是协调器传送器件到终端器件，三是在两个对等器件间传输。

5. IEEE802.15.4 标准中共定义了四种类型的帧：信标帧、数据帧、确认帧、MAC 命令帧。

6. 定时器 1 是一个 16 位定时器，可在时钟上升沿或下降沿递增或者递减计数。

7. 定时器 1 有自由运行模式、取模模式、递增计数/递减计数模式、通道模式四种工作模式。

8. 定时器通道控制模式包含输入捕获模式和输出比较模式两种模式。

9. CC2530 定时器的精度有 Tmilli(ms)、T32 kHz(32 kHz)、Tmicro(Hs)。

10. 设置定时器 1 的控制寄存器 T1CTL 值为 0x0E，则时钟进行了 128 分频，定时器工作于取模模式。

11. 将定时器通道 1 设置为下降沿捕获，允许通道 1 中断，则捕获/比较寄存器 T1CCTL1 的值为 0x46；将定时器通道 0 设置为输出比较模式，输出置 0，通道 0 的比较模式为："输出置 0"，则捕获/比较寄存器 T1CCTL0 的值为 0x48。

12. CC2530 有 21 个 I/O 端口，其中 P0、P1 2 个 8 位端口，P2 一个 5 位端口。

13. 将 P0 口设置为输出，则 P0DIR＝0xFF。

14. 将 P1 口设置为输出，则 P1SEL＝0x00。

15. 如果已经允许 P0 中断，只允许 P0 口的低 4 位中断，P0IEN＝0x0F。

16. 如果 P0IFG＝0x05，则哪些端口有中断发生 P0.0 和 P0.2。TinyOS 操作系统是美国加州大学伯克利分校的 David Culler 领导的研究小组为无线传感网量身定制的开源的嵌入式操作系统。而 nesC 语言由 C 语言扩展而来，用来描述 TinyOS 的执行模型和结构；nesC 语言是 TinyOS 的编程语言，也是 TinyOS 应用程序的开发工具。

17. CC2530 是用于 2.4 GHz IEEE 802.15.4、ZigBee 和 RF4CE 应用的一个真正的片上系统 SoC 解决方案。CC2530 结合了领先的 RF 收发器的优良性能，业界标准的增强型 8051CPU，系统内可编程闪存，8 KB RAM 和许多其他强大的功能。CC2530 具有不同的运行模式，使得它尤其适应超低功耗要求的系统。运行模式之间的转换时间短，进一步确保了低能源消耗。

18. CC2530 的 ADC 转换器支持 14 位模拟数字转换，转换后的有效位数高达 12 位；7～12 位的有效分辨率位。

19. CC2530 具有 USART0 和 USART1 两个串行通信接口，它们可分别运行于异步 UART 模式或者同步 SPI 模式。

20. CC2530 的异步串行接口提供使用 RXD 和 TXD 的 2 线。

1.2　实训 2—定时/计数器

1.2.1　相关基础知识

1. 振荡器和时钟

CC2530 设备有一个内部系统时钟，或者主时钟。系统时钟源可以由 16 MHz RC 振荡器或一个 32 M 晶体振荡器提供。系统时钟源是由 CLKCONCMD SRF 控制寄存器。

还有一个 32 kHz 的时钟源,来源可以是从 RC 振荡器或者 32 kHz 的晶体振荡器中过来,同样是由 CLKCONCMD 寄存器控制。

CLKCONSTA 寄存器是一个制度寄存器,用来获得当前系统时钟的状态。

时钟源可以在一个精度高的晶体振荡器和一个功耗低的 RC 振荡器中交替选择使用。注意一点:RF 的收发操作要以 32 MHz 的晶体振荡器为时钟源才能进行。

2. 振荡器

图 1-2-1 中给出了时钟系统中可用的时钟源的一个全貌图。

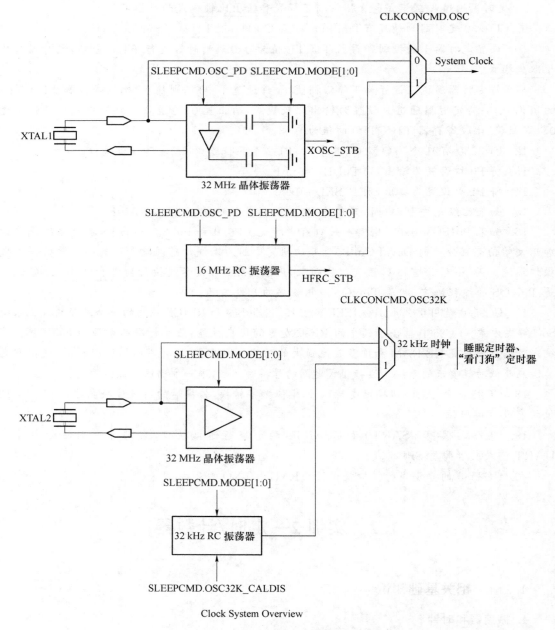

Clock System Overview

图 1-2-1 时钟系统中可用的时钟源

设备中存在的两个高频振荡器：

（1）32 MHz 晶体振荡器；

（2）16 MHz 的 RC 振荡器。

32 MHz 的晶体振荡器启动时间对于某些应用来说可能太长了，因此设备可以先运行在 16 MHz 的 RC 振荡器中，直到晶体振荡器稳定后再使用 32 MHz 晶体振荡器。16 MHz 的 RC 振荡器功耗低但并不是很准，所以不能为 RF 模块提供服务，只能用 32 MHz 的晶体振荡器。

设备中存在的两个低频振荡器：

（1）32 kHz 晶体振荡器；

（2）32 kHz RC 振荡器。

32 kHz 的 XOSC 被设计的工作频率是 32.768 kHz 并且可以为一些要求时钟准确子系统提供一个稳定的时钟信号。32 kHz 的 RCOSC 当校准后可以运行在 32.753 kHz 频率下。校准只能发生在当 32 MHz XOSC 使能的情况下，可以通过使能 SLEEPCMD. OSC32K_CALDIS 位来关闭校准。32 kHz RC 振荡器相对于 32 kHz XOSC 晶体振荡器功耗低，应该用在可以降低成本情况下。两个振荡器不能同时工作。

3. 系统时钟

系统时钟是由 32 MHz XOSC 或者 16 MHz RCOSC 两个时钟源驱动的。CLKCONCMD. OSC 位用来选择系统时钟源。注意：使用 RF 模块时，32 MHz 晶体振荡器必须被选上并且运行稳定。

注意：改变 CLKCONCMD. OSC 位并不能立即导致系统时钟源的改变。当 CLKCONSTA. OSC ＝ CLKCONCMD. OSC 时时钟源的改变才会发挥作用。这是因为设备在实际改变时钟源之前需要稳定的时钟。还有就是注意 CLKCONCMD. CLKSPD 位反映着系统时钟频率，因此是 CLKACONCMD. OSC 位的镜子。一旦 32 MHz 的 XOSC 被选中和稳定，例如，当 CLKCONSTA. OSC 位从 1 切换到 0 时。

注意：从 16 MHz 到 32 MHz 时钟源的改变符合 CLKCONCMD. TICKSPD 设置。在 CLKCONCMD. TICKSPD 设置缓慢一些的情况下，如果改变 CLKCONCMD. OSC 会导致实际的时钟源起作用的时间变长。当 CLKCONCMD. TICKSPD 等于 000 时会获得最快的切换速度。

4. 32 kHz 的振荡器

默认的或者复位后 32 kHz RCOSC 使能并且被设置作为 32 kHz 的时钟源。虽然其功耗低，但是相对于 32 kHz 晶体振荡器而言精度不高，32 kHz 时钟源用来驱动睡眠定时器，产生"看门狗"的滴答值和作为 timer2 计算睡眠定时器的一个闸门。32 kHz 时钟源被寄存器 CLKCONCMD. OSC32K 位用来作为选择振荡器。CLKCONCMD. OSC32K 寄存器可以在任意时间写入，但是在 16 MHz RC 振荡器是活跃的系统时钟源之前是不会起作用的。当系统时钟从 16 MHz 改为 32 MHz 的晶体振荡器（CLKCONCMD. OSC 从 1 到 0），一旦 32 kHz RC 振荡器被选中，它的校验也就启动并且被执行。在校准期间，32 MHz 晶体振荡器的一个分频量会被使用。32 kHz RCOSC 振荡器校准后的结果是它会工作在 32.753 kHz 上。32 kHz RC 振荡器校准时间可能需要 2 ms。如果将 SLEEPCMD. OSC32K_CALDIS 位设置为 1 的话，会关闭校准。在校准结束时，会在 32 kHz 时钟源上产生一个额外的脉冲，导致睡眠定时器增加 1。

注意：当切换到 32 kHz 晶体振荡器后和从 32 kHz 晶体振荡器被设置的 PM3 模式唤醒时，振荡器稳定到准确频率的时间在 500 ms 以上。睡眠定时器、"看门狗"定时器和时钟损失探测器在 32 kHz 晶体振荡器稳定之前不能使用。

5. 振荡器和时钟寄存器

下面是振荡器和时钟寄存器的描述,所有寄存器的位会在进入 PM2 和 PM3 时保持不变,除非有异常情况发生。

CLKCONCMD(0xC6)-时钟控制命令:

比特	名称	复位	读/写	说明
7	OSC32k	1	R/W	32 kHz 时钟源选择,CLKCONSTA.OSC32K 信号反映当前的设置。当这个比特被改变时 16 MHz RCOSC 必须被选择为系统时钟 0:32 kHz XOSC 1:32 kHz RCOSC
6	OSC	1	R/W	系统时钟源选择。CLKCONSTA.OSC32K 信号反映当前的设置 0:32 MHz XOSC 1:16 MHz RCOSC
5:3	TICKSPD[2:0]	001	R/W	计时器滴答值输出设置,不能高于由 OSC 比特设置的系统时钟 000:32 MHz 001:16 MHz 010:8 MHz 011:4 MHz 100:2 MHz 101:1 MHz 110:500 kHz 111:250 kHz 注:CLKCONCMD.TICKSPD 可设为任意值,但其作用受限于 CLKCONCMD.OSC 的设置。如:若 CLKCONCMD.OSC=1 及 CLKCONCMD.TICKSPD=000,TICKSPD 显示为 001 而 TICKSPD 实际为 16 MHz
2:0	CLKSPD	001	R/W	时钟速率,不能高于由 OSC 比特设置的系统时钟,指示当前系统时钟频率 000:32 MHz 001:16 MHz 010:8 MHz 011:4 MHz 100:2 MHz 101:1 MHz 110:500 kHz 111:250 kHz 注:CLKCONCMD.CLKSPD 可设为任意值,但其作用受限于 CLKCONCMD.OSC 的设置。如:若 CLKCONCMD.OSC=1 及 CLKCONCMD.CLKSPD=000,CLKSPD 显示为 001 而 CLKSPD 实际为 16 MHz

CLKCONSTA(0x9E)-时钟控制状态

比特	名称	复位	读/写	说明
7	OSC32k	1	R	当前 32 kHz 时钟源选择 0:32 kHz XOSC 1:32 kHz RCOSC
6	OSC	1	R	当前系统时钟选择 0:32 MHz XOSC 1:16 MHz RCOSC
5:3	TICKSPD[2:0]	001	R	当前计时器滴答值输出设置 000:32 MHz 001:16 MHz 010:8 MHz 011:4 MHz 100:2 MHz 101:1 MHz 110:500 kHz 111:250 kHz
2:0	CLKSPD	001	R	当前时钟速率 000:32 MHz 001:16 MHz 010:8 MHz 011:4 MHz 100:2 MHz 101:1 MHz 110:500 kHz 111:250 kHz

6. 定时器滴答值产生器

CLKCONCMD. TICKSPD 寄存器控制 timer1、timer3 和 timer4 的全局预分频。预分频的值设置范围在 0.25 MHz 和 32 MHz 之间。

需要注意的是如果 CLKCONCMD. TICKSPD 显示的频率高于系统时钟，则在 CLK-CONSTA. TICKSPD 中实际的预分频值和系统时钟的值一样。

7. 数据滞留

在 PM2 和 PM3 电源模式中，绝大多数的内部电路是关闭的，然而，在 SRAM 中仍保留着它的内容，内部寄存器的值也会保留。保留数据的寄存器是 CPU 的寄存器、外部寄存器和 RF 寄存器，除非另一些位域值设置的比较特殊。切换到 PM2 和 PM3 模式的现象对于软件而言是透明的。

注意在 PM3 模式下睡眠定时器的值不会保存。

1.2.2　实训操作指南

1. 实训名称

定时/计数器实训，实训主要包括四个部分：T1 使用，T2 使用，T3 使用 T4 使用。实训的核心为 CC2530，通过 CC2530 完成定时计数实训。

2. 实训目的

通过本实训初步完成了解本物联网试验箱的基础操作流程，并且学会使用 CC2530 的计数器。通过四个小实训，由简入深地学习定时/计数器的基本原理。

本例主要分为四个部分。

（1）基础实训 4：用定时器 1 来改变小灯的状态，T1 每溢出两次，红 LED 亮，绿 LED 闪烁，并且在停止闪烁后为闪烁前相反的状态。

（2）基础实训 5：用定时器 2 来改变小灯的状态，T2 每发生一次中断小灯改变状态一次。

（3）基础实训 6：用定时器 3 来改变小灯的状态，T3 每发生 200 次中断小灯改变状态一次。

（4）基础实训 7：用定时器 4 来改变小灯的状态，T4 每发生 200 次中断小灯改变状态一次。

3. 实训设备

实训设备如下所示：

仿真器 1 台，电池板（或液晶板）1 块，ZigBee 模块 1 块，USB 连接线 1 根。

4. 实训步骤及结果

1）CC2530 基础实训 4：T1 使用

用定时器 1 来改变小灯的状态，T1 每溢出两次，红 LED 亮，绿 LED 闪烁，并且在停止闪烁后为闪烁前相反的状态。

实训中操作了的寄存器有 P1、P1DIR、P1SEL、T1CTL 前面三个寄存器在实训 1 已经有详述，这里不再重复介绍，T1CTL 如表 1-2-1 所示。

表 1-2-1　T1CTL(T1 控制 & 状态寄存器)

位号	位名	复位值	操作性	功能描述
7	CH2IF	0	读/写	定时器 1 通道 2 中断标志位
6	CH1IF	0	读/写	定时器 1 通道 1 中断标志位
5	CH0IF	0	读/写	定时器 1 通道 0 中断标志位
4	OVFIF	0	读/写	定时器溢出中断标志,在计数器达到 计数终值的时候置位
3:2	DIV[1:0]	00	读/写	定时器 1 计数时钟分步选择 00:不分频 01:8 分频 10:32 分频 11:128 分频
1:0	MODE[1:0]	00	读/写	定时器 1 模式选择 00:暂停 01:自动重装 0x0000～0xffff 10:比较计数 0x0000-T1CC0 11:PWM 方式

实训相关函数

void Delay(uint n);参见 CC2530 基础实训 1。

void Initial(void);函数原型如下:

```
void Initial(void)
{
        //初始化 P1
        P1DIR = 0x03;        //P10 P11 为输出
        RLED = 1;
        YLED = 1;            // 灭 LED
        //用 T1 来做实训
        T1CTL = 0x3d;        // 通道 0,128 分频;自动重载模式(0x0000－＞0xffff);
}
```

函数功能是将 P10、P11 设为输出,并将定时器 1 设为自动重装模式,计数时钟为0.25 M。

2) CC2530 基础实训 5:T2 使用

用定时器 2 来改变小灯的状态,T2 每发生一次中断小灯改变状态一次。

实训中操作了的寄存器有 P1、P1SEL、P1DIR、T2CTRL、T2M0、T2IRQM 等寄存器。

P1 参见 CC2530 基础实训 1。

P1SEL 参见 CC2530 基础实训 1。

P1DIR 参见 CC2530 基础实训 1。

T2CTRL(T2 配置寄存器)如表 1-2-2 所示。

表 1-2-2　T2CTRL 寄存器

位号	位名	复位值	操作性	功能描述
7:4	—	0	读/写	保留,读 0
3	LATCH_MODE	0	读/写	0:当 T2MSEL. T2MSEL=000 读 T2M0,T2M1, T2MSEL. T2MOVFSEL=000 读 T2MOVF0,T2MOVF1 T2MOVF2.1: 当 T2MSEL. T2MSEL=000 读 T2M0,T2M1, T2MOVF0,T2MOVF1,aT2MOVF2
2	STATE	0	读	0 计数器空闲模式,1 计数器正常运行
1	SYNC	1	读/写	同步使能 0:T2 立即起、停 1:T2 起、停和 32.768 kHz 时钟及计数新值同步
0	RUN	0	读/写	启动 T2,通过读出该位可以知道 T2 的状态 0:停止 T2(IDLE),1:启动 T2(RUN)

T2MOVF2 寄存器如表 1-2-3 所示。

表 1-2-3　T2MOVF2(T2 多路复用溢出计数器 2 寄存器)

位号	位名	复位值	操作性	功能描述
7:0	CMPIM	0	读/写	T2MSEL. T2MOVFSEL=000 T2CTRL. LATCH_MODE=0 时,计数值被锁存

T2MD 寄存器如表 1-2-4 所示。

表 1-2-4　T2MD(T2 多路复用寄存器)

位号	位名	复位值	操作性	功能描述
7:0	CMPIM	0	读/写	T2MSEL. T2MSEL=000 和 T2CTRL. LATCH_MODE=0 时, 计数值被锁存 T2MSEL. T2MSEL=000 和 T2CTRL. LATCH_MODE=1 时, 计数值和溢出值被锁存

中断标志和中断屏蔽寄存器如表 1-2-5、表 1-2-6 所示。

表 1-2-5　T2IRQF(中断标志)

位号	位名	复位值	操作性	功能描述
7:6	—	0	读	保留
5	TIMER2_OVF_COMPARE2F	0	读/写	当溢出计数器计数达到 t2ovf_cmp2 的值时置位
4	TIMER2_OVF_COMPARE1F	0	读/写	当溢出计数器计数达到 t2ovf_cmp1 的值时置位
3	TIMER2_OVF_PERF	0	读/写	当溢出计数器计数等于 t2ovf_per 的值时置位
2	TIMER2_COMPAR2F	0	读/写	当计数器计数达到 t2_cmp2 的值时置位
1	TIMER2_COMPAR1F	0	读/写	当计数器计数到 t2_cmp1 的值时置位
0	TIMER2_PERM	0	读/写	当计数器计数等于 t2_per 的值时置位

表 1-2-6　T2IRQM(中断屏蔽)

位号	位名	复位值	操作性	功能描述
7:6	—	0	读	保留
5	TIMER2_OVF_COMPARE2MF	0	读/写	TIMER2_OVF_COMPARE2M 中断使能
4	TIMER2_OVF_COMPARE1M	0	读/写	TIMER2_OVF_COMPARE1M 中断使能
3	TIMER2_OVF_PERM	0	读/写	TIMER2_OVF_PERM 中断使能
2	TIMER2_COMPARE2M	0	读/写	TIMER2_COMPARE2M 中断使能
1	TIMER2_COMPARE1M	0	读/写	TIMER2_COMPARE1M 中断使能
0	TIMER2_PERM	0	读/写	TIMER2_PERM 中断使能

(1) 实训相关函数

void Delay(uint n);参见 CC2530 基础实训 1。

void Initial(void);函数原型如下:

```
void Initial(void)
{
    LED_ENALBLE(); //启用 LED
    //用 T2 来做实训
    SET_TIMER2_OF_INT(); //开溢出中断
    SET_TIMER2_CAP_COUNTER(0X00ff); //设置溢出值
}
```

函数功能是启用 LED,使用 LED 可控,开 T2 比较中断。

(2) 重要的宏定义

① 开启溢出中断。

```
#define SET_TIMER2_CAP_INT()
do{
    T2IRQM = 0x04;
    EA = 1;
    T2IE = 1;
    T2MSEL | = 0xf4;
}while(0)
```

② 设定溢出周期。

```
#define SET_TIMER2_CAP_COUNTER(val) SET_WORD(T2M1,T2M0,val)
```

功能:将无符号整形数 val 的高 8 位写入 T2CAPLPL,低 8 位写入 T2CAPHPH。
启动 T2。

```
#define TIMER2_RUN() T2CTRL| = 0X01
```

停止 T2。

```
#define TIMER2_STOP() do{T2CTRL& = 0XFE;}while(0)
```

3) CC2530 基础实训 6:T3 使用

用定时器 3 来改变小灯的状态,T3 每发生 200 次中断小灯改变状态一次。

实训中操作了的寄存器有 P1、P1SEL、P1DIR、T3CTL、T3CCTL0、T3CC0、T3CCTL1、T3CC1,等寄存器。

P1 参见 CC2530 基础实训 1。

P1SEL 参见 CC2530 基础实训 1。

P1DIR 参见 CC2530 基础实训 1。

T3CTL 寄存器如表 1-2-7 所示。

表 1-2-7　T3CTL(T3 控制寄存器)

位号	位名	复位值	操作性	功能描述
7:5	DIV[2:0]	000	读/写	定时器时钟再分频数(对 CLKCONCMD、TICKSPD 分频后再次分频) 000:不再分频 001:2 分频 010:4 分频 011:8 分频 100:16 分频 101:32 分频 110:64 分频 111:128 分频
4	START	0	读/写	T3 起停位 0 暂停计数,1 正常运行
3	OVFIM	1	读/写	溢出中断掩码 0 关溢出中断,1 开溢出中断
2	CLR	0	读/写	清计频值,写 1 使 T3CNT-0x00
1:0	MODE[1:1]	00	读/写	T3 模式选择 00:自动重装 01:DOWN(从 T3CC0 到 0x00 计数一次) 10:模计数(反复从 0x00 到 T3CC0 计数) 11:UP/DOWN(反复从 0x00 到 T3CC0 再到 0x00)

T3CCTL0 寄存器如表 1-2-8 所示。

表 1-2-8　T3CCTL0(T3 通道 0 捕获/比较控制寄存器)

位号	位名	复位值	操作性	功能描述
7	—	0	读	预留
6	IM	1	读/写	通道 0 中断掩码 0 关中断,1 开中断
5:3	CMP[7:0]	000	读/写	通道 0 比较输出模式选择,指定计数值过 T3CC0 时的发生事件 000 输出置 1(发生比较时),001 输出清 0(发生比较时),010 输出翻转 011 输出置 1(发生上比较时)输出清 0(计数值为 0 或 UP/DOWN 模式下发生下比较) 100 输出清 0(发生上比较时)输出置 1(计数值为 0 或 UP/DOWN 模式下发生下比较) 101 输出置 1(发生比较时)输出清 0(计数值为 0xff 时) 110 输出清 0(发生比较时)输出置 1(计数值为 0x00 时)111 预留

位号	位名	复位值	操作性	功能描述
2	MODE-	0	读/写	T3 通道 0 模式选择 0 捕获,1 比较
1:0	CAP	0000	读/写	T3 通道 0 捕获模式选择 00 没有捕获 01 上升沿捕获 10 下降沿捕获 11 边沿捕获

T3CCTL1 寄存器如表 1-2-9 所示。

表 1-2-9　T3CCTL1(T3 通道 1 捕获/比较控制寄存器)

位号	位名	复位值	操作性	功能描述
7	—	0	读	预留
6	IM	1	读/写	通道 1 中断掩码 0 关中断,1 开中断
5:3	CMP[7:0]	000	读/写	通道 1 比较输出模式选择,指定计数值过 T3CC0 时的发生事件 000 输出置 1(发生比较时),001 输出清 0(发生比较时),010 输出翻转 011 输出置 1(发生上比较时)输出清 0(计数值为 0 或 UP/DOWN 模式下发生下比较) 100 输出清 0(发生上比较时)输出置 1(计数值为 0 或 UP/DOWN 模式下发生下比较) 101 输出置 1(发生比较时)输出清 0(计数值为 0xff 时) 110 输出清 0(发生比较时)输出置 1(计数值为 0x00 时) 111 预留
2	MODE-	0	读/写	T3 通道 1 模式选择 0 捕获,1 比较
1:0	CAP	0000	读/写	T3 通道 1 捕获模式选择 00 没有捕获 01 上升沿捕获 10 下降沿捕获 11 边沿捕获

T3CC0 寄存器如表 1-2-10 所示。

表 1-2-10　T3CC0(T3 通道 0 捕获/比较值寄存器)

位号	位名	复位值	操作性	功能描述
7:0	VAL[7:0]	0x00	读/写	T3 通道 0 比较/捕获值

T3CC1 寄存器如表 1-2-11 所示。

表 1-2-11　T3CC1(T3 通道 1 捕获/比较值寄存器)

位号	位名	复位值	操作性	功能描述
7:0	VAL[7:0]	0x00	读/写	T3 通道 1 比较/捕获值

(1) 实训相关函数

void Init_T3_AND_LED(void);函数原型如下:

```
void Init_T3_AND_LED(void)
{
    P1DIR = 0X03;
    RLED = 1;
    YLED = 1;
    TIMER34_INIT(3);                        //初始化 T3
    TIMER34_ENABLE_OVERFLOW_INT(3,1);       //开 T3 中断
    //时钟 32 分频 101
    TIMER3_SET_CLOCK_DIVIDE(16);
    TIMER3_SET_MODE(T3_MODE_FREE);          //自动重装 00->0xff
    TIMER3_START(1);                        //启动
};
```

函数功能：将 I/O P10、P11 设置为输出去控制 LED，将 T3 设置为自动重装模式，定时器时钟 16 分频，并启动 T3。

void T3_ISR(void)；函数原型如下：

```
#pragma vector = T3_VECTOR
    interrupt void T3_ISR(void)
{
    //IRCON = 0x00;                 //清中断标志,硬件自动完成
    if(counter<200)counter++;       //10 次中断 LED 闪烁一轮
    else
{
    counter = 0;                    //计数清零
    RLED = ! RLED;                  //改变小灯的状态
}
}
```

函数功能：这是一个中断服务程序，每 200 次中断改变一次红色 LED 的状态。

（2）重要的宏定义

① 开启溢出中断。

```
#define TIMER34_ENABLE_OVERFLOW_INT(timer,val)
do{     T##timer##CTL = (val)? T##timer##CTL | 0x08  : T##timer##CTL & ~0x08;
        EA = 1;
        T3IE = 1;
}while(0)
```

功能：打开 T3 的溢出中断。

② 复位 T3 相关寄存器。

```
#define TIMER34_INIT(timer)
do {
    T##timer##CTL = 0x06;        //比较模式
    T##timer##CCTL0 = 0x00;
    T##timer##CC0 = 0x00;
    T##timer##CCTL1 = 0x00;
    T##timer##CC1 = 0x00;
} while (0)
```

功能：将 T3 相关的寄存器复位到 0。

③ 控制 T3 起停。

```
#define TIMER3_START(val)
(T3CTL = (val) ? T3CTL｜0X10 ：T3CTL&～0X10)
```

功能：val 为 1，T3 正常运行，val 为 0，T3 停止计数。

④ 设置 T3 工作方式。

```
#define TIMER3_SET_MODE(val)
do{
        T3CTL & = ～0X03;
        (val = = 1)? (T3CTL｜= 0X01): /* DOWN */
        (val = = 2)? (T3CTL｜= 0X02): /* Modulo */
        (val = = 3)? (T3CTL｜= 0X03): /* UP / DOWN */
        (T3CTL｜= 0X00); /* free runing */
}while(0)
#define T3_MODE_FREE 0X00
#define T3_MODE_DOWN 0X01
#define T3_MODE_MODULO 0X02
#define T3_MODE_UP_DOWN 0X03
```

功能：根据 val 的值将 T3 设置为不同模式，一共 4 种模式。

4）CC2530 基础实训 7：T4 使用

用定时器 4 来改变小灯的状态，T4 每发生 200 次中断小灯改变状态一次。

实训中操作了的寄存器有 P1、P1SEL、P1DIR、T4CTL、T4CCTL0、T4CC0、T4CCTL1、T4CC1 等寄存器。

P1 参见 CC2530 基础实训 1。

P1SEL 参见 CC2530 基础实训 1。

P1DIR 参见 CC2530 基础实训 1。

T4 控制寄存器如表 1-2-12 所示。

表 1-2-12　T4CTL（T4 控制寄存器）

位号	位名	复位值	操作性	功能描述
7:5	DIV[2:0]	000	读/写	定时器时钟再分频数（对） CLKCONCMD. TICKSPD 分频后再次分频 000 不再分频 001 2 分频 010 4 分频 011 8 分频 100 16 分频 101 32 分频 110 64 分频 111 128 分频
4	START	0	读/写	T4 起停位 0 暂停计数，1 正常运行
3	OVFIM	1	读/写 0	溢出中断掩码 0 关溢出中断，1 开溢出中断
2	CLR	0	R0/W1	清计数值，写 1 使 T4CNT＝0x00

位号	位名	复位值	操作性	功能描述
1:0	MODE[1:0]	00	读/写	T4 模式选择 00 自动重装 01DOWN(从 T4CC0 到 0x00 计数一次) 10 模计数(反复从 0x00 到 T4CC0 计数) 11UP/DOWN(反复从 0x00 到 T4CC0 再到 0x00)

T4CCTL0 控制寄存器如表 1-2-13 所示。

表 1-2-13　T4CCTL0(T4 通道 0 捕获/比较控制寄存器)

位号	位名	复位值	操作性	功能描述
7	—	0	读	预留
6	IM	1	读/写	通道 0 中断掩码 0 关中断,1 开中断
5:3	CMP[7:0]	000	读/写	通道 0 比较输出模式选择,指定计数值过 T4CC0 时的发生事件 000 输出置 1(发生比较时) 001 输出清 0(发生比较时) 010 输出翻转 011 输出置 1(发生上比较时)输出清 0(计数值为 0 或 UP/DOWN 模式下发生比较) 100 输出清 0(发生上比较时)输出置 1(计数值为 0 或 UP/DOWN 模式下发生比较) 101 输出置 1(发生比较时)输出清 0(计数值为 0xff 时) 110 输出清 0(发生比较时)输出置 1(计数值为 0x00 时) 111 预留
2	MODE-	0	读/写	T4 通道 0 模式选择 0 捕获,1 比较
1:0	CAP	00	读/写	T4 通道 0 捕获模式选择 00 没有捕获 01 上升沿捕获 10 下降沿捕获 11 边沿捕获

T4 通道相关寄存器如表 1-2-14 所示。

表 1-2-14　T4 通道相关寄存器

T4CC0(T4 通道 0 捕获/比较值寄存器)

位号	位名	复位值	操作性	功能描述
7:0	VAL[7:0]	0x00	读/写	T4 通道 0 比较/捕获值

T4CCTL1(T4 通道 1 捕获/比较控制寄存器)

位号	位名	复位值	操作性	功能描述
7	—	0	读	预留
6	IM	1	读/写	通道 1 中断掩码 0 关中断,1 开中断
5:3	CMP[7:0]	000	读/写	通道 1 比较输出模式选择,指定计数值过 T4CC0 时的发生事件 000 输出置 1(发生比较时) 001 输出清 0(发生比较时)

位号	位名	复位值	操作性	功能描述
5:3	CMP[7:0]	000	读/写	010 输出翻转 011 输出置 1(发生上比较时)输出清 0(计数值为 0 或 UP/DOWN 模式下发生比较) 100 输出清 0(发生上比较时)输出置 1(计数值为 0 或 UP/DOWN 模式下发生比较) 101 输出置 1(发生比较时)输出清 0(计数值为 0xff 时) 110 输出清 0(发生比较时)输出置 1(计数值为 0x00 时) 111 预留
2	MODE-	0	读/写	T4 通道 1 模式选择 0 捕获,1 比较
1:0	CAP	00	读/写	T4 通道 1 捕获模式选择 00 没有捕获 01 上升沿捕获 10 下降沿捕获 11 边沿捕获

T4CC1(T4 通道 1 捕获/比较值寄存器)

位号	位名	复位值	操作性	功能描述
7.0	VAL[7:0]	0x00	读/写	T4 通道 1 比较/捕获值

(1) 实训相关函数

void Init_T4_AND_LED(void);函数原型如下:

```
void Init_T4_AND_LED(void)
{
    P1DIR = 0X03;
    led1 = 1;
    led2 = 1;
    TIMER34_INIT(4); //初始化 T4
    TIMER34_ENABLE_OVERFLOW_INT(4,1); //开 T4 中断
    TIMER34_SET_CLOCK_DIVIDE(4,128);
    TIMER34_SET_MODE(4,0); //自动重装 00 ->0xff
    TIMER34_START(4,1); //启动
};
```

函数功能:将 I/O P10、P11 设置为输出去控制 LED,将 T4 设置为自动重装模式,定时器时钟 16 分频,并启动 T4。

void T4_ISR(void);函数原型如下:

```
#pragma vector = T4_VECTOR
interrupt void T4_ISR(void)
{
    //IRCON = 0x00;              //清中断标志,硬件自动完成
    if(counter<200)counter++; //10 次中断 LED 闪烁一轮
    else
    {
        counter = 0;            //计数清零
        RLED = ! RLED;          //改变小灯的状态
    }
}
```

函数功能：这是一个中断服务程序，每 200 次中断改变一次红色 LED 的状态。

（2）重要的宏定义

① 开启溢出中断。

```
#define TIMER34_ENABLE_OVERFLOW_INT(timer,val) \
do{T##timer##CTL = (val) ? T##timer##CTL | 0x08  : T##timer##CTL & ~0x08;
        EA = 1;
        T4IE = 1;
}while(0)
```

功能：打开 T4 的溢出中断。

② 复位 T4 相关寄存器。

```
#define TIMER34_INIT(timer)
do {
        T##timer##CTL = 0x06;
        T##timer##CCTL0 = 0x00;
        T##timer##CC0 = 0x00;
        T##timer##CCTL1 = 0x00;
        T##timer##CC1 = 0x00;
} while (0)
```

功能：将 T4 相关的寄存器复位到 0。

③ 控制 T4 起停。

```
#define TIMER#define TIMER34_START(timer,val) \
(T##timer##CTL = (val)? T##timer##CTL | 0X10 : T##timer##CTL&~0X10)
```

功能：timer 为定时器序号，只能取 3 或 4。val 为 1，定时器正常运行，val 为 0，定时器停止计数。

④ 设置 T4 工作方式。

```
#define TIMER3_SET_MODE(val)
do{
        T4CTL & = ~0X03;
        (val == 1)? (T4CTL| = 0X01): /* DOWN */
        (val == 2)? (T4CTL| = 0X02): /* Modulo */
        (val == 3)? (T4CTL| = 0X03): /* UP / DOWN */
        (T4CTL| = 0X00); /* free runing */
}while(0)
#define T4_MODE_FREE 0X00
#define T4_MODE_DOWN 0X01
#define T4_MODE_MODULO 0X02
#define T4_MODE_UP_DOWN 0X03
```

功能：根据 val 的值将 T4 设置为不同模式，一共 4 种模式。

1.2.3　实训知识检测

1. CC2530 设备有一个内部系统时钟，或者主时钟。系统时钟源可以是从16 MHz RC 振荡器或一个32 MHz 晶体振荡器中的某个提供。系统时钟源是由 CLKCONCMD SRF 控制寄存器。

2. 时钟源可以在一个精度高的晶体振荡器和一个功耗低的 RC 振荡器中交替选择使用。注意一点：RF 的收发操作是要以32 MHz 的晶体振荡器为时钟源才行。

3. 系统时钟是由32 MHz XOSC 或者16 MHz RCOSC 两个时钟源驱动的。CLKCONCMD. OSC 位用来选择系统时钟源。注意：使用 RF 模块时，32 MHz 晶体振荡器必须被选上并且运行稳定。

4. CLKCONCMD. TICKSPD 寄存器控制 timer1、timer3 和 timer4 的全局预分频。预分频的值设置范围在0.25 MHz 和32 MHz 之间。

5. 在 PM2 和 PM3 电源模式中，绝大多数的内部电路关闭了，然而，SRAM 中仍保留它的内容，内部寄存器的值也会保留。保留数据的寄存器是 CPU 的寄存器、外部寄存器和 RF 寄存器，除非另一些位域值设置的比较特殊。切换到 PM2 和 PM3 模式的现象对于软件而言是透明的。

1.3　实训 3——中断

1.3.1　相关基础知识

1. 中断源

CC2530 的 CPU 有 18 个中断源，每个中断源都有它自己的位于一系列 SFR 寄存器中的中断请求标志。每个中断请求都需要中断使能位来使能或禁止，具体定义如表 1-3-1 所示。

表 1-3-1　中断使能位

Interrupt Number（中断号）	Description（描述）	Interrupt Name（中断名称）	Interrupt Vector（中断向量）	Interrupt Mask, CPU（中断屏蔽）	Interrupt Flag, CPU（中断标志）
0	RF TX FIFO underflow and RX FIFO overflow（射频发送队列空和接收队列溢出）	RFERR	03h	IEN0. RFERRIE	TCON. RFERRIF (1)
1	ADC end of conversion（ADC 转换完成）	ADC	0Bh	IEN0. ADCIE	TCON. ADCIF (1)
2	USART 0 RX complete（串口 0 接收完毕）	URX0	13h	IEN0. URX0IE	TCON. URX0IF (1)
3	USART 1 RX complete（串口 1 接收完毕）	URX1	1Bh	IEN0. URX1IE	TCON. URX1IF (1)
4	AES encryption/decryption complete（AES 加/解密完成）	ENC	23h	IEN0. ENCIE	S0CON. ENCIF

续 表

Interrupt Number （中断号）	Description （描述）	Interrupt Name （中断名称）	Interrupt Vector （中断向量）	Interrupt Mask，CPU （中断屏蔽）	Interrupt Flag，CPU （中断标志）
5	Sleep Timer compare （睡眠定时器比较）	ST	2Bh	IEN0. STIE	IRCON. STIF
6	Port 2 inputs/USB （端口 2 输入/USB）	P2INT	33h	IEN2. P2IE	IRCON2. P2IF（2）
7	USART 0 TX complete （串口 0 发送完毕）	UTX0	3Bh	IEN2. UTX0IE	IRCON2. UTX0IF
8	DMA transfer complete （DMA 发送完成）	DMA	43h	IEN1. DMAIE	IRCON. DMAIF
9	Timer 1 （16-bit） capture/compare/overflow （定时器 1(16 位)捕获/比较/溢出）	T1	4Bh	IEN1. T1IE	IRCON. T1IF（1）（2）
10	Timer 2 （定时器 2（MAC 定时器））	T2	53h	IEN1. T2IE	IRCON. T2IF（1）（2）
11	Timer 3 （8-bit） compare/overflow （定时器 3(8 位)比较/溢出）	T3	5Bh	IEN1. T3IE	IRCON. T3IF（1）（2）
12	Timer 4 （8-bit） compare/overflow （定时器 4(8 位)比较/溢出）	T4	63h	IEN1. T4IE	IRCON. T4IF（1）（2）
13	Port 0 inputs （端口 0 输入）	P0INT	6Bh	IEN1. P0IE	IRCON. P0IF（2）
14	USART 1 TX complete （串口 1 发送完毕）	UTX1	73h	IEN2. UTX1IE	IRCON2. UTX1IF
15	Port 1 inputs （端口 1 输入）	P1INT	7Bh	IEN2. P1IE	IRCON2. P1IF（2）
16	RF general interrupts （RF 通用中断）	RF	83h	IEN2. RFIE	S1CON. RFIF（2）
17	Watchdog overflow in timer mode （"看门狗"计时溢出）	WDT	8Bh	IEN2. WDTIE	IRCON2. WDTIF

（1）Hardware-cleared when interrupt service routine is called.（当中断服务例程被调用后,硬件清除标志位。）

（2）Additioal IRQ mask and IRQ flag bits exist.（附加中断屏蔽和中断标志位存在。）

2. 中断屏蔽

每个中断通过 IEN0、IEN1、IEN2 里的相应中断使能位来禁止或启用,具体如表 1-3-2 所示。

中断使能寄存器(IEN0,IEN1,IEN2)(0:中断禁止 1:中断使能)

表 1-3-2　中断使能寄存器

端口	Bit 位	名称	初始化	读/写	描述
IEN0	7	EA	0	R/W	禁止所有中断 0:无中断被确认 1:通过设置对应的使能位,将每个中断源分别使能或禁止
	6	-	0	R0	不使用,读取为 0 值
	5	STIE	0	R/W	睡眠定时器中断使能
	4	ENCIE	0	R/W	AES 加解密中断使能
	3	URX1IE	0	R/W	串口 1 接收中断使能
	2	URX0IE	0	R/W	串口 0 接收中断使能
	1	ADCIE	0	R/W	ADC 中断使能
	0	RFERRIE	0	R/W	RF 接收/发送队列中断使能
IEN1	7:6	-	00	R0	不使用,读取为 0 值
	5	P0IE	0	R/W	端口 0 中断使能
	4	T4IE	0	R/W	定时器 4 中断使能
	3	T3IE	0	R/W	定时器 3 中断使能
	2	T2IE	0	R/W	定时器 2 中断使能
	1	T1IE	0	R/W	定时器 1 中断使能
	0	DMAIE	0	R/W	DMA 传输中断使能
IEN2	7:6	-	00	R0	不使用,读取为 0 值
	5	WDTIE	0	R/W	"看门狗"中断使能
	4	P1IE	0	R/W	端口 1 中断使能
	3	UTX1IE	0	R/W	串口 1 中断使能
	2	UTX0IE	0	R/W	串口 0 中断使能
	1	P2IE	0	R/W	端口 2 中断使能
	0	RFIE	0	R/W	RF 通用中断使能

注意某些外部设备会因为若干事件产生中断请求。这些中断请求可以作用在端口 0、端口 1、端口 2、定时器 1、定时器 2、定时器 3、定时器 4 或者无线上。这些外部设备在相应的寄存器里都有一个内部中断源的中断屏蔽位。

为了启用中断,需要以下步骤:

(1) 清除中断标志位(Clear Interrupt Flags);

(2) 如果有,则设置 SFR 寄存器中对应的各中断使能位;

(3) 设置寄存器 IEN0、IEN1 和 IEN2 中对应的中断使能位为 1;

(4) 设置全局中断位 IEN0.EA 为 1;

(5) 在该中断对应的向量地址上,运行该中断的服务程序。

图 1-3-1 给出了所有中断源及其相关的控制和状态寄存器的概述图;当中断服务程序被执行后,阴影框的中断标志位将被硬件自动清除。

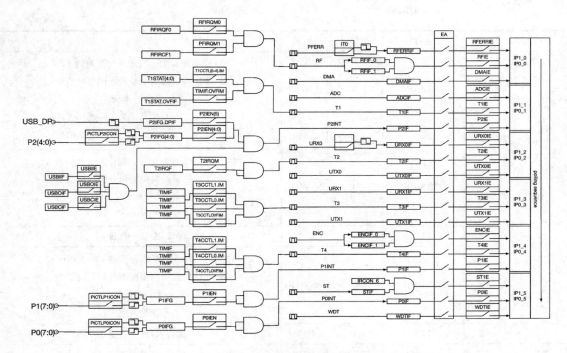

图 1-3-1　所有中断源及其相关的控制和状态寄存器的概述图

3．中断处理

当中断发生时,CPU 就指向表 1-3-1 所描述的中断向量地址。一旦中断服务开始,就只能够被更高优先级的中断打断。中断服务程序由指令 RETI 终止,当执行 RETI 后,CPU 将返回到中断发生时的下一条指令。

当中断发生时,不管该中断使能或禁止,CPU 都会在中断标志寄存器中设置中断标志位。当中断使用时,首先设置中断标志,然后在下一个指令周期,由硬件强行产生一个 LCALL 到对应的向量地址,运行中断服务程序。

新中断的响应,取决于该中断发生时 CPU 的状态。当 CPU 正在运行的中断服务程序,其优先级大于或等于新的中断时,新的中断暂不运行,直至新的中断的优先级高于正在运行的中断服务程序。中断响应的时间取决于当前的指令,最快的为 7 个机器指令周期,其中 1 个机器指令周期用于检测中断,其余 6 个用来执行 LCALL。

中断标志如表 1-3-3 所示。

表 1-3-3　中断标志

寄存器	Bit 位	名称	初始化	读/写	描述
TCON	7	URX1IF	0	R/WH0	USART 1 RX 中断标志。当中断发生时设 1, 当 CPU 向量指向中断服务例程时清 0 0:无中断未决 1:中断未决
	6	–	0	R/W	不使用

寄存器	Bit 位	名称	初始化	读/写	描述
TCON	5	ADCIF	0	R/WH0	ADC 中断标志。当中断发生时设 1，当 CPU 向量指向中断服务例程时清 0 0：无中断未决 1：中断未决
	4	-	0	R/W	不使用
	3	URX0IF	0	R/WH0	USART 0 RX 中断标志。当中断发生时设 1，当 CPU 向量指向中断服务例程时清 0 0：无中断未决 1：中断未决
	2	IT1	1	R/W	保留，必须一直设 1
	1	RFERRIF	0	R/WH0	RF TX/RX FIFO 中断标志。当中断发生时设 1，当 CPU 向量指向中断服务例程时清 0 0：无中断未决 1：中断未决
	0	IT0	1	R/W	保留，必须一直设 1
S0CON	7：2	-	000000	R/W	不使用
	1	ENCIF_1	0	R/W	AES 中断。ENC 有两个中断标志位，ENCIF_1 和 ENCIF_0。设置其中一个标志就好请求中断服务。当 AES 协处理器请求中断时，两个标志都有设置 0：无中断未决 1：中断未决
	0	ENCIF_0	0	R/W	AES 中断。ENC 有两个中断标志位，ENCIF_1 和 ENCIF_0。设置其中一个标志就好请求中断服务。当 AES 协处理器请求中断时，两个标志都有设置 0：无中断未决 1：中断未决
S1CON	7：2	-	000000	R/W	不使用
	1	RFIF_1	0	R/W	RF 一般中断。RF 有两个中断标志，RFIF_1 和 RFIF_0，设置其中一个标志就会请求中断服务。当无线电请求中断时两个标志都有设置 0：无中断未决 1：中断未决
	0	RFIF_0	0	R/W	RF 一般中断。RF 有两个中断标志，RFIF_1 和 RFIF_0，设置其中一个标志就会请求中断服务。当无线电请求中断时两个标志都有设置 0：无中断未决 1：中断未决

寄存器	Bit 位	名称	初始化	读/写	描述
IRCON	7	STIF	0	R/W	睡眠定时器中断标志位 0:无中断未决 1:中断未决
	6	--	0	R/W	必须一直设 0
	5	P0IF	0	R/W	端口 0 中断标志 0:无中断未决 1:中断未决
	4	T4IF	0	R/WH0	定时器 4 中断标志。当中断发生时设 1, 当 CPU 向量指向中断服务例程时清 0 0:无中断未决 1:中断未决
	3	T3IF	0	R/WH0	定时器 3 中断标志。当中断发生时设 1, 当 CPU 向量指向中断服务例程时清 0 0:无中断未决 1:中断未决
	2	T2IF	0	R/WH0	定时器 2 中断标志。当中断发生时设 1, 当 CPU 向量指向中断服务例程时清 0 0:无中断未决 1:中断未决
	1	T1IF	0	R/WH0	定时器 1 中断标志。当中断发生时设 1, 当 CPU 向量指向中断服务例程时清 0 0:无中断未决 1:中断未决
	0	DMAIF	0	R/W	DMA 完成中断标志 0:无中断未决 1:中断未决
IRCON2	7:5	--	000	R/W	不使用
	4	WDTIF	0	R/W	"看门狗"定时器中断标志 0:无中断未决 1:中断未决
	3	P1IF	0	R/W	端口 1 中断标志 0:无中断未决 1:中断未决
	2	UTX1IF	0	R/W	USART 1 TX 中断标志 0:无中断未决 1:中断未决
	1	UTX0IF	0	R/W	USART 0 TX 中断标志 0:无中断未决 1:中断未决
	0	P2IF	0	R/W	端口 2 中断标志 0:无中断未决 1:中断未决

4. 中断优先级

中断可划分为 6 个中断优先组,每组的优先级通过设置寄存器 IP0 和 IP1 来实现。为了给中断(也就是它所在的中断优先组)赋值优先级,需要设置 IP0 和 IP1 的对应位如表 1-3-4 所示。

表 1-3-4 设置 IP0 和 IP1 的对应位

端口	Bit 位	名称	初始化	读/写	描述
IP1	7:6	--	00	R/W	没使用
	5	IP1_IPG5	0	R/W	中断第 5 组,优先级控制位 1,参考表 1-3-6
	4	IP1_IPG4	0	R/W	中断第 4 组,优先级控制位 1,参考表 1-3-6
	3	IP1_IPG3	0	R/W	中断第 3 组,优先级控制位 1,参考表 1-3-6
	2	IP1_IPG2	0	R/W	中断第 2 组,优先级控制位 1,参考表 1-3-6
	1	IP1_IPG1	0	R/W	中断第 1 组,优先级控制位 1,参考表 1-3-6
	0	IP1_IPG0	0	R/W	中断第 0 组,优先级控制位 1,参考表 1-3-6
IP0	7:6	—	00	R/W	没使用
	5	IP0_IPG5	0	R/W	中断第 5 组,优先级控制位 0,参考表 1-3-6
	4	IP0_IPG4	0	R/W	中断第 4 组,优先级控制位 0,参考表 1-3-6
	3	IP0_IPG3	0	R/W	中断第 3 组,优先级控制位 0,参考表 1-3-6
	2	IP0_IPG2	0	R/W	中断第 2 组,优先级控制位 0,参考表 1-3-6
	1	IP0_IPG1	0	R/W	中断第 1 组,优先级控制位 0,参考表 1-3-6
	0	IP0_IPG0	0	R/W	中断第 0 组,优先级控制位 0,参考表 1-3-6

优先级设置如表 1-3-5 所示。

表 1-3-5 优先级设置

IP1_X	IP0_X	优先级
0	0	0-最低级别
0	1	1
1	0	2
1	1	3-最高级别

中断优先级及其赋值的中断源显示在表 1-3-6 中,每组赋值为 4 个中断优先级之一。当进行中断服务请求时,不允许被同级或较低级别的中断打断。

中断优先组如表 1-3-6 所示。

表 1-3-6 中断优先组

组	中断		
IPG0	PEERR	RF	DMA
IPG1	ADC	T1	P2INT
IPG2	URX0	T2	UTX0
IPG3	URX1	T3	UTX1
IPG4	ENC	T4	P1INT
IPG5	ST	P0INT	WDT

当同时收到几个相同优先级的中断请求时,采用表 1-3-7 所列的轮流检测顺序来判定哪个中断优先响应。

中断轮流检测顺序如表 1-3-7 所示。

表 1-3-7 中断轮流检测顺序

中断向量编号	中断名称	
0	RFERR	
16	RF	
8	DMA	
1	ADC	
9	T1	
2	URX0	
10	T2	
3	URX1	
11	T3	
4	ENC	轮流检测顺序
12	T4	
5	ST	
13	P0INT	
6	P2INT	
7	UTX0	
14	UTX1	
15	P1INT	
17	WDT	

1.3.2 实训操作指南

1. 实训名称

中断实训,实训主要包括两个部分:定时器中断实训,外部中断实训。实训的核心为 CC2530,通过 CC2530 完成中断实训。

2. 实训目的

通过本实训完成初步了解本物联网试验箱的基础操作流程。通过两个小实训,学习中断的基本原理。

本例主要分为两个部分。

(1)基础实训 8:用定时器 4 来改变小灯的状态,T4 每 2 000 次中断小灯闪烁一轮,闪烁的时间长度为 1 000 次中断所耗时间。

(2)基础实训 9:使用两个按键来翻转 LED 的状态,但这里两个按键不是做键盘用,而是产生中断触发信号。按下液晶扩展板上"OK"键 S6,CC2530 模块上 1 个 LED 灯改变当前状态。

3. 实训设备

仿真器 1 台,电池板(或液晶板)1 块,ZigBee 模块 1 块,USB 连接线 1 根。

4. 实训步骤及结果

1）基础实训 8：定时器中断

用定时器 4 来改变小灯的状态，T4 每 2 000 次中断小灯闪烁一轮，闪烁的时间长度为 1 000 次中断所耗时间。

实训中操作了的寄存器有 P1、P1SEL、P1DIR、T4CTL、T4CCTL0、T4CC0、T4CCTL1、T4CC1、IEN0、IEN1 等寄存器。

P1 参见 CC2530 实训 1。

P1SEL 参见 CC2530 实训 1。

P1DIR 参见 CC2530 实训 1。

T4CTL 参见 CC2530 实训 7。

T4CCTL0 参见 CC2530 实训 7。

T4CC0 参见 CC2530 实训 7。

T4CCTL1 参见 CC2530 实训 7。

T4CC1 参见 CC2530 实训 7。

（1）实训相关函数

void Init_T4_AND_LED(void)；函数原型如下：

```
void Init_T4_AND_LED(void)
{
    P1DIR = 0X03;
    led1 = 1;
    led2 = 1;
    TIMER34_INIT(4);                        //初始化 T4
    TIMER34_ENABLE_OVERFLOW_INT(4,1);       //开 T4 中
    TIMER34_SET_CLOCK_DIVIDE(4,128);
    TIMER34_SET_MODE(4,0);                  //自动重装 00 −＞0xff
    TIMER34_START(4,1);                     //启动
};
```

函数功能：将 I/O P10，P11 设置为输出控制 LED，将 T4 设置为自动重装模式，定时器时钟 16 分频，并启动 T4。

void T4_ISR(void)；函数原型如下：

```
#pragma vector = T4_VECTOR
interrupt void T4_ISR(void)
{
    IRCON = 0x00;                           //可不清中断标志,硬件自动完成
    if(counter<1000)counter++;             //1000 次中断 LED 闪烁一轮
    else
{
    counter = 0;                           //计数清零
    GlintFlag = ! GlintFlag;               //GlintFalg = 1,LED 闪烁
}
}
```

函数功能：这是一个中断服务程序，每 1000 次中断改变一次红色 LED 的状态。

（2）重要的宏定义

① 开启溢出中断。

```
#define TIMER34_ENABLE_OVERFLOW_INT(timer,val)
do{T##timer##CTL = (val)? T##timer##CTL | 0x08:T##timer##CTL & ~0x08;
    EA = 1;
    T4IE = 1;
}while(0)
```

功能：打开 T4 的溢出中断。

② 复位 T4 相关寄存器。

```
#define TIMER34_INIT(timer)
do {
    T##timer##CTL = 0x06 ;
    T##timer##CCTL0 = 0x00 ;
    T##timer##CC0 = 0x00 ;
    T##timer##CCTL1 = 0x00 ;
    T##timer##CC1 = 0x00;
} while (0)
```

功能：将 T4 相关的寄存器复位到 0。

③ 控制 T4 起停。

```
#define TIMER#define TIMER34_START(timer,val)
(T##timer##CTL = (val)? T##timer##CTL | 0X10 : T##timer##CTL&~0X10)
```

功能：timer 为定时器序号，只能取 3 或 4。val 为 1,定时器正常运行,val 为 0,定时器停止计数。

④ 设置 T4 工作方式。

```
#define TIMER3_SET_MODE(val)
do{
    T4CTL &= ~0X03 ;
    (val == 1)? (T4CTL| = 0X01) : /* DOWN */
    (val == 2)? (T4CTL| = 0X02) : /* Modulo */
    (val == 3)? (T4CTL| = 0X03): /* UP / DOWN */
    (T4CTL| = 0X00); /* free * unning */
}while(0)
#define T4_MODE_FREE 0X00
#define T4_MODE_DOWN 0X01
#define T4_MODE_MODULO 0X02
#define T4_MODE_UP_DOWN 0X03
```

功能：根据 val 的值将 T4 设置为不同模式,一共 4 种模式。

2）基础实训 9:外部中断

使用两个按键来翻转 LED 的状态,但这里两个按键不是做键盘用,而是产生中断触发信号。按下液晶扩展板上"OK"键 S6,CC2530 模块上 1 个 LED 灯改变当前状态。

实训中操作了的寄存器有 P0、P0SEL、P0DIR、P0INP、P0IEN、P0CTL、IEN2、P0IFG 等寄存器。

P1 参见 CC2530 实训 1。

P1SEL 参见 CC2530 实训 1。

P1DIR 参见 CC2530 实训 1。

P1INP 参见 CC2530 实训 2。

P01 口中断掩码寄存器如表 1-3-8 所示。

表 1-3-8　P01 口中断掩码寄存器

P0IEN（P01 口中断掩码）

位号	位名	复位值	操作性	功能描述
7	P0_7IEN	0	读/写	P07 中断掩码 0 关中断,1 开中断
6	P0_6IEN	0	读写	P06 中断掩码 0 关中断,1 开中断
5	P0_5IEN	0	读/写	P05 中断掩码 0 关中断,1 开中断
4	P0_4IEN	0	读/写	P04 中断掩码 0 关中断,1 开中断
3	P0_3IEN	0	读/写	P03 中断掩码 0 关中断,1 开中断
2	P0_2IEN	0	读/写	P02 中断掩码 0 关中断,1 开中断
1	P0_1IEN	0	读/写	P01 中断掩码 0 关中断,1 开中断
0	P0_0IEN	0	读/写	P00 中断掩码 0 关中断,1 开中断

P 口中断控制寄存器如表 1-3-9 所示。

表 1-3-9　P 口中断控制寄存器

PICTL（P 口中断控制寄存器）

位号	位名	复位值	可操作性	功能描述
7	—	0	读	预留
6	PADSC	0	读/写	输出驱动能力选择 0 最小驱动能力,1 最大驱动能力
5	P2IEN	0	读/写	P2(0~4)中断使能位 0 关中断,1 开中断
4	P0IENH	0	读/写	P0(4~7)中断使能位 0 关中断,1 开中断
3	P0IENL	0	读/写	P0(0~3)中断使能位 0 关中断,1 开中断
2	P2ICON	0	读/写	P2(0~4)中断配置 0 上升沿触发,1 下降沿触发
1	P1ICON	0	读/写	P1(0~7)中断配置 0 上升沿触发,1 下降沿触发
0	P0ICON	0	读/写	P0(0~7)中断配置 0 上升沿触发,1 下降沿触发

P0 口中断标志寄存器如表 1-3-10 所示。

表 1-3-10　P0 口中断标志寄存器

P0IFG(P0 口中断标志寄存器)

位号	位名	复位值	可操作性	功能描述
7:0	P0IF[7:0]	0x00	读/写	P0(0～7)中断标志位,在中断条件发生,相应位自动置 1

中断使能寄存器 2 如表 1-3-11 所示。

表 1-3-11　中断使能寄存器 2

IEN2(中断使能寄存器 2)

位号	位名	复位值	可操作性	功能描述
7:6	—	00	读	没有,读出为 0
5	WDTIE	0	读/写	"看门狗"定时器中断使能 0 关中断,1 开中断
4	P1EI	0	读/写	P1 中断使能 0 关中断,1 开中断
3	UTXIE	0	读/写	串口 1 发送中断使能 0 关中断,1 开中断
2	UTXIE	0	读/写	串口 0 发送中断使能 0 关中断,1 开中断
1	P2IE	0	读/写	P2 口中断使能 0 关中断,1 开中断
0	RFIE	0	读/写	普通射频中断使能 0 关中断,1 开中断

实训相关函数

void Init_IO_AND_LED(void);函数原型如下:

```
void Init_IO_AND_LED(void)
{
        P1DIR = 0X03;          //0 为输入(默认),1 为输入
        RLED = 1;
        led2 = 1;
        P0INP &= ~0X0c;        //有上拉、下拉
        P1INP &= ~0X40;        //选择上拉
        P0IEN |= 0X30;         //P04 P03
        PICTL |= 0X02;         //下降沿
        EA = 1;
        IEN1 |= 0X20;          // P0IE = 1;
        P0IFG |= 0x00;         //P12 P13 中断标志清 0
}
```

函数功能:将 I/O P04,P03 设置为输出去控制 LED,使能 P0 中断且配置为下降沿触发。

void P1_ISR(void);函数原型如下:

```
#pragma vector = P0INT_VECTOR
interrupt void P0_ISR(void)
{
    if(P0IFG>0) //按键中断
{
    P0IFG = 0;
    RLED = ! RLED;
}
    P0IF = 0; //清中断标志
}
```

函数功能:在 P04,P03 触发中断的时候将绿色 LED 的状态翻转。

1.3.3　实训知识检测

1. CC2530 的 CPU 有18 个中断源,每个中断源都有它自己的位于一系列 SFR 寄存器中的中断请求标志。

2. 每个中断通过 IEN0、IEN1、IEN2 里的相应中断使能位来禁止或启用。

3. 简述启用中断的步骤。

(1) 清除中断标志位(Clear Interrupt Flags);

(2) 如果有,则设置 SFR 寄存器中对应的各中断使能位;

(3) 设置寄存器 IEN0、IEN1 和 IEN2 中对应的中断使能位为 1;

(4) 设置全局中断位 IEN0.EA 为 1;

(5) 在该中断对应的向量地址上,运行该中断的服务程序。

4. 简述中断处理过程。(略)

1.4　实训 4—AD 转换

1.4.1　相关基础知识

1. ADC 概况

CC2530 芯片 ADC 结构框图如图 1-4-1 所示。

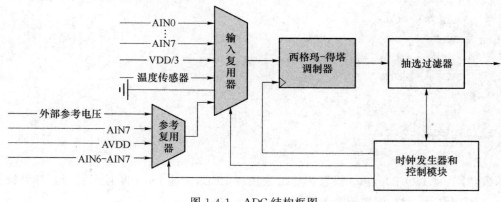

图 1-4-1　ADC 结构框图

ADC 的主要特征如下:

> ADC 转换位数可选 8 到 14 位;

> 8 个独立的输入通道单端或差分输入;

> 参考电压可选为内部、外部单端、外部差分或 AVDD;

> 中断请求产生;

> 转换结束时 DMA 触发;

> 温度传感器输入;

> 电池电压检测。

当使用端口 0 作为 ADC 输入时,端口 0 引脚必须配置为 ADC 输入。ADC 输入最多可以使用 8 个。为了配置端口 0 的引脚为 ADC 输入。

寄存器 APCCFG 的对应位必须设置为 1。该寄存器的默认值为选择端口 0 的引脚为非 ADC 输入即数字输入/输出。寄存器 APCCFG 中的设置将覆盖 P0SEL 中的设置。

ADC 可以配置为使用通用 I/O 引脚 P2.0 作为一个外部触发来开始转换。当 P2.0 用于 ADC 外部触发时它必须配置为在输入模式下的通用 I/O。

2. ADC 输入

P0 端口引脚上的信号可以用作 ADC 输入。在后面的描述中这些端口引脚将被称为 AIN0—AIN7 引脚。输入引脚 AIN0—AIN7 连接到 ADC。

可以把输入配置为单端或差分输入。在选择差分输入的情况下,差分输入包括输入对 AIN0—1,AIN2—3,AIN4—5 和 AIN6—7。请注意:这些引脚不能使用负电源或者大于 VDD 未校准电源的电源。它与在差分模式下的被转换输入对不同。

除了输入引脚 AIN0—AIN7 片上温度传感器的输出也可以选择作为用于温度测量的 ADC 输入。为了实现作为温度测量的 ADC 输入寄存器 TR0. ADCTM 和 ATEST. AT-ESTCTRL 必须分别进行设置。

还可以选择一个对应 AVDD5/3 的电压作为 ADC 输入。这个输入允许实现例如要求电池监测功能的应用。注意这种情况下的参考电压不能由电池电压决定例如:AVDD5 电压不能作为参考电压。

单端输入 AIN0 到 AIN7 以通道号码 0 到 7 表示。通道号码 8～11 表示由 AIN0—AIN1,AIN2—AIN3,AIN4—AIN5 和 AIN6—AIN7 组成的差分输入。通道号码 12～15 分别表示 GND12、温度传感器(14)和 AVDD5/3(15)。这些值在 ADCCON2. SCH 和 ADCCON3. SCH 域中使用。

3. ADC 转换序列

ADC 可以执行序列转换,并且将结果移动到存储器通过 DMA 而不需要任何 CPU 干预。

APCFG 寄存器可以影响转换序列。ADC 的 8 个模拟输入来自 I/O 引脚,需要经过编程转变为模拟输入。虽然一个通道通常为一个序列的一部分,但是在 APCFG 里禁止了相应的模拟输入那么该通道将被忽略。当使用差分输入时差分输入对的 2 个输入引脚都必须在 APCFG 寄存器里设置为模拟输入引脚。

ADCCON2. SCH 寄存器位用于定义来自 ADC 输入的 ADC 转换序列。当 ADCCON2. SCH 的值设置为小于 8 时,转换序列将包含一个来自每个从 0 开始递增的通道的转换还包含在 ADC-CON2. SCH 编程的通道号码。当 ADCCON2. SCH 的值设置为 8 到 12 之间时序列包含差分输入将从通道 8 开始结束于已编程的通道。如果 ADCCON2. SCH 大于或等于 12 序列仅包含选择的通道。

4. DC 单次转换

除了上述转换序列 ADC 可以通过编程从任何通道执行单次转换。通过写寄存器 ADC-CON3 来触发一个单次转换。除非一个转换序列正在进行中否则立即开始转换在这种情况下正在进行的序列转换一完成就开始执行单次转换。

5. ADC 运行模式

ADC 具有三个控制寄存器 ADCCON1、ADCCON2 和 ADCCON3。这些寄存器用于配置 ADC 和报告状态。

ADCCON1. EOC 位是一个状态位当一个转换结束时该位置 1 当读取 ADCH 时清除该位。

ADCCON1. ST 位于启动一个转换序列。当该位置 1,ADCCON1. STSEL 位为 11,且当前没有正在进行的转换时,将启动一个序列。当这个序列转换完成,该位就自动清除。

ADCCON1. STSEL 位选择哪个事件将启动一个新的转换序列。可以被选择的事件选项有外部引脚 P2.0 上的上升沿前一个序列的结束,定时器 1 通道 0 比较事件或 ADCCON1. ST 置 1。

ADCCON2 寄存器控制如何执行转换序列。

ADCCON2. SREF 用于选择基准电压。只有在没有转换进行的时候才能改变基准电压。

ADCCON2. SDIV 位选择抽取率,因此也设置了分辨率、完成一个转换所需的时间和采样率。只有在没有转换进行的时候才能改变抽取率。

一个序列的最后一个通道由 ADCCON2. SCH 位选择。

ADCCON3 寄存器控制单次转换的通道号码、基准电压和抽取率。在 ADCCON3 寄存器更新后立即进行单个转换,或者如果有一个转换序列正在进行,那么在这个转换序列完成后立即进行单个转换。该寄存器位的编码与 ADCCON2 是完全一样的。

6. ADC 转换结果

数字转换结果以 2 的补码形式表示。对于单端配置,结果总是为正。这是因为这个结果是 GND 和输入信号的差值,这个输入信号总是为有符号的正,$Vconv = Vinp - Vinn$,其中 $Vinn = 0V$。当输入信号等于选择的电压基准 VREF 时达到最大值。对于差分配置,2 个引脚对之间的差值被转换,并且这个差值可以为有符号的负。对于抽取率是 512,分辨率为 12 位,当模拟输入 Vconv 等于 VREF 时,数字转换结果是 2047,当模拟输入等于 VREF 时,转换结果是 2048。当 ADCCON1. EOC 置 1 时,ADCH 和 ADCL 里的数字转换结果可用。注意:转换结果总是驻留在 ADCH 和 ADCL 寄存器结合的最高有效位部分。

当读取 ADCCON2. SCH 位时,它们将指示正在进行的转换是在哪个通道上进行的。ADCL 和 ADCH 里的转换结果通常适用于先前的转换。如果转换序列已经结束,ADC-CON2. SCH 的值大于最后一个通道号码,但是如果最后写入 ADCCON2. SCH 的通道号码为 12 或更大,读回值和写入值相同。

7. ADC 基准电压

模数转换的正基准电压是可选的,可以是一个内部产生的电压、AVDD5 引脚上的电压、应用在 AIN7 输入引脚的外部电压,或应用在 AIN6—AIN7 输入上的差分电压。

转换结果的准确性取决于基准电压的稳定性和噪声特性。期望电压的偏差会导致 ADC 增益误差，这与期望电压和实际电压的比例成正比。基准电压的噪声必须低于 ADC 的量化噪声以保证达到规定的信噪比。

8. ADC 转换时间

ADC 只能运行在 32 MHz 晶体振荡器，用户不能使用划分的系统时钟。4 MHz 的实际 ADC 采样频率是通过固定的内部分频器产生的。执行一个转换所需的时间取决于选择的抽取率。

9. ADC 中断

当通过写 ADCCON3 而触发的一个单次转换完成时，ADC 将产生一个中断。而当完成一个序列转换时不会产生中断。

10. ADC DMA 触发

每完成一个序列转换，ADC 都将产生一个 DMA 触发。当完成一个单个转换时，不产生 DMA 触发。

对于 ADCCON2. SCH 中头 8 位可能的设置所定义的 8 个通道 AIN0—AIN7，每一个通道都有一个 DMA 触发。当通道转换里一个新的采样准备好时，DMA 触发有效。

另外还有一个 DMA 触发 ADC_CHALL，当 ADC 转换序列的任何一个通道的新数据准备好时，ADC_CHALL 有效。

1.4.2　实训操作指南

1. 实训名称

AD 实训，实训主要包括三个部分：片内温度实训，1/3AVDD 实训，AVDD 实训。实训的核心为 CC2530，通过 CC2530 完成 AD 实训。

2. 实训目的

通过本实训完成初步了解本物联网试验箱的基础操作流程。通过三个小实训，学习温度传感器的基本原理。

本例主要分为三个部分。

（1）基础实训 10：取片内温度传感器为 AD 源，并将转换得到温度通过串口送至计算机。

（2）基础实训 11：将 AD 的源设为 1/3 电源电压，并将转换得到温度通过串口送至计算机。

（3）基础实训 12：将 AD 的源设为电源电压，AD 参考电压为 AVDD，并将转换得到温度通过串口送至计算机。

3. 实训设备

仿真器 1 台，液晶板 1 块，ZigBee 模块 1 块，USB 连接线 1 根。

4. 实训步骤及结果

1）基础实训 10：片内温度

取片内温度传感器为 AD 源，并将转换得到温度通过串口送至计算机。

如何找到对应的串口？

步骤如下：

选中我的电脑──→右击──→管理──→设备管理器──→端口（COM 和 LPT）出现如图 1-4-2 所示窗口，其中 COM3 就是接入的串口。

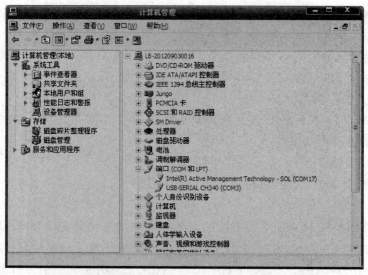

图 1-4-2　查看串口号

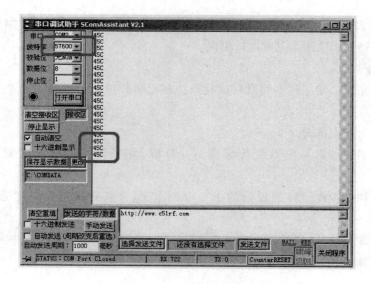

图 1-4-3　串口调试助手

实训中操作了的寄存器有 CLKCONCMD、SLEEPCMD、PERCFG、U0CSR、U0GCR、U0BAUD、CLKCONSTA、IEN0、U0DUB、ADCCON1、ADCCON3、ADCH、ADCL 等寄存器。

IEN0 参见实训 5。

时钟控制寄存器如表 1-4-1 所示。

表 1-4-1　CLKCONCMD(时钟控制寄存器)

位号	位名	复位值	可操作性	功能描述
7	OSC32K	1	写	32 kHz 时钟源选择 0:32 K 晶振。1:32KRC 振荡
6	OSC	1	写	主时钟源选择 0:32M 晶振。1:16MRC 振荡
5:3	TICKSPD[2:0]	001	写	定时器计数时钟分频(该时钟频不大于 OSC 决定频率) 000 32 M 001 16 M 010 8 M 011 4 M 100 2 M 101 1 M 110 0.5 M 111 0.25 M
2:0	CLKSPD	001	写	时钟速率,不能高于系统时钟 000:32 MHz 001:16 MHz 010:8 MHz 011:4 MHz 100:2 MHz 101:1 MHz 110:500 kHz 111:250 kHz

时钟状态寄存器如表 1-4-2 所示。

表 1-4-2　CLKCONSTA(时钟状态寄存器)

位号	位名	复位值	可操作性	功能描述
7	OSC32K	1	读	32 kHz 时钟源选择 0:32 K 晶振,1:32K RC 振荡
6	OSC	1	读	主时钟源选择 0:32M 晶振,1:16 M RC 振荡
5:3	TICKSPD[2:0]	001	读	定时器计数时钟分频(该时钟频不大于 OSC 决定频率) 000 32 M 001 16 M 010 8 M 011 4 M 100 2 M 101 1 M 110 0.5 M 111 0.25 M
2:0	CLKSPD	001	读	时钟速率,不能高于系统时钟

睡眠模式控制寄存器如表 1-4-3 所示。

表 1-4-3　SLEEPCMD(睡眠模式控制寄存器)

位号	位名	复位值	可操作性	功能描述
7	—	0	读	预留
6	XOSC_STB	0	写	低速时钟状态 0 没有打开或者不稳定 1 打开且稳定
5	HFRC_STB	0	写	主时钟状态 0 没有打开或者不稳定 1 打开且稳定
4:3	RST[1:0]	XX	写	最后一次复位指示 00 上电复位 01 外部复位 10"看门狗"复位
2	OSC_PD	0	写	节能控制,OSC 状态改变的时候硬件清 0 0 不关闭无用时钟 1 关闭无用时钟
1:0	MODE[1:0]	0	写	功能模式选择 00PM0 01PM1 10PM2 11PM3

外设控制寄存器如表 1-4-4 所示。

表 1-4-4　PERCFG(外设控制寄存器)

位号	位名	复位值	可操作性	功能描述
7	—	0	读	预留
6	TICFG	0	读/写	T1 I/O 位置选择 0 位置 1,1 位置 2
5	T3CFG	0	读/写	T3 I/O 位置选择 0 位置 1,1 位置 2
4	T4CFG	0	读/写	T4 I/O 位置选择 0 位置 1,1 位置 2
3:2	—	00	R0	预留
1	U1CFG	0	读/写	串口 1 位置选择 0 位置 1,1 位置 2
0	U0CFG	0	读/写	串口 0 位置选择 0 位置 1,1 位置 2

U0BAUD 和 U0BUF 寄存器如表 1-4-5、表 1-4-6 所示。

表 1-4-5　U0BAUD(串口 0 波特率控制寄存器)

位号	位名	复位值	可操作性	功能描述
7:0	EAUD_M[7:0]	0X00	读/写	波特率尾数,与 BAUD_E 决定波特率

表 1-4-6　U0BUF(串口 0 收发缓冲器)

位号	位名	复位值	可操作性	功能描述
7:0	DATA[7:0]	0X00	读/写	UART0 收发寄存器

串口 0 控制和状态寄存器如表 1-4-7 所示。

表 1-4-7　U0CSR(串口 0 控制 & 状态寄存器)

位号	位名	复位值	可操作性	功能描述
7	MODE	0	读/写	串口模式选择 0 SPI 模式,1 UART 模式
6	RE	0	读/写	接收使能 0 关闭接收,1 允许接收
5	SLAVE	0	读/写	SPI 主从选择 0 SPI 主,1 SPI 从
4	FE	0	读/写	串口帧错误状态 0 没有帧错误,1 出现帧错误
3	ERR	0	读/写	串口校验结果 0 没有校验错误,1 字节校验出错
2	RX_BYTE	0	读/写	接收状态 0 没有接收到数据,1 接收到一字节数据
1	TX_BYTE	0	读/写	发送状态 0 没有发送,1 最后一次写入 U0BUF 的数据已经发送
0	ACTIVE	0	读	串口忙标志 0 串口闲,1 串口忙

ADCCON1 寄存器如表 1-4-8 所示。

表 1-4-8　ADCCON1 寄存器

位号	位名	复位值	可操作性	功能描述
7	EOC	0	读/写	ADC 结束标志位 0 ADC 进行中,1 ADC 转换结束
6	ST	0	读/写	手动启动 AD 转换(读 1 表示当前正在进行 AD 转换) 0 没有转换,1 启动 AD 转换(STSEL=11)
5:4	STSEL[1:0]	11	读/写	AD 转换启动方式选择 00 外部触发 01 全速转换,不需要触发 10 T1 通道 0 比较触发 11 手工触发
3:2	RCTRL[1:0]	00	读/写	16 位随机数发生器控制位(写 01,10 会在执行后返回 00) 00 普通模式(13x　打开) 01 开启 LFSR 时钟一次 10 生成调节器种子 11 信用随机数发生器
1:0	—	11	读/写	保留,总是写设置为 1

ADCCON3 寄存器如表 1-4-9 所示。

表 1-4-9　ADCCON3 寄存器

位号	位名	复位值	可操作性	功能描述
7:6	SREF[1:0]	00	读/写	选择单次 AD 转换参考电压 00 内部 1.25 V 电压 01 外部参考电压 AIN7 输入 10 模拟电源电压 11 外部参考电压 AIN6-AIN7 输入
5:4	SDIV[1:0]	01	读/写	选择单次 A/D 转换分辨率 00 8 位(64 dec) 01 10 位(128 dec) 10 12 位(256 dec) 11 14 位(512 dec)
3:0	SCH[3:1]	00	读/写	单次 A/D 转换选择,如果写入时 ADC 正在运行, 则在完成序列 A/D 转换后立刻开始, 否则写入后立即开始 A/D 转换,转换完成后自动清 0 0000 AIN0 0001 AIN1 0010 AIN2 0011 AIN3 0100 AIN4 0101 AIN5 0110 AIN6 0111 AIN7 1000 AIN0-AIN1 1001 AIN2-AIN3 1010 AIN4-AIN5 1011 AIN6-AIN7 1100 GND 1101 正电源参考电压 1110 温度传感器 1111 1/3 模拟电压

串口 0 常规控制寄存器如表 1-4-10 所示。

表 1-4-10　U0GCR(串口 0 常规控制寄存器)

位号	位名	复位值	可操作性	功能描述
7	CPOL	0	读/写	SPI 时钟极性 0 低电平空闲,1 高电平空闲
6	CPHA	0	读/写	SPI 时钟相位 0 由 CPOL 跳向非 CPOL 时采样,由非 CPOL 跳向 CPOL 时输出 1 由非 CPOL 跑向 CPOL 时采样,由 CPOL 跳向非 COPL 时输出
5	ORDER	0	读/写	传输位序 0 低位在先,1 高位在先
4:0	BAUD_E[4:0]	0x00	读/写	波特率指数值,BAUD_M 决定波特率

（1）实训相关函数

void Delay(uint n);定性延时,参见 CC2530 基础实训 1

void initUARTtest(void);函数原型如下：

```
void initUARTtest(void)
{
        CLKCONCMD & = ~0x40;            //晶振
        while(! (SLEEPSTA & 0x40));     //等待晶振稳定
        CLKCONCMD & = ~0x47;            //TICHSPD128  分频,CLKSPD 不分频
        SLEEPCMD | = 0x04;              //关闭不用的 RC 振荡器
        PERCFG = 0x00;                  //位置 1 P0  口
        P0SEL = 0x3c;                   //P0 用作串口
        U0CSR | = 0x80;                 //UART 方式
        U0GCR | = 10;                   //baud_e = 10;
        U0BAUD | = 216;                 //波特率设为 57600
        UTX0IF = 1;
        U0CSR | = 0X40;                 //允许接收
        IEN0 | = 0x84;                  //开总中断,接收中断
}
```

函数功能：将系统时钟设为高速晶振,将 P0 口设置为串口 0 功能引脚,串口 0 使用 UART 模式,波特率设为 57600,允许接收。在使用串口之前调用。

void UartTX_Send_String(char * Data,int len);函数原型如下：

```
void UartTX_Send_String(char * Data,int len)
{
    int j;
    for(j = 0;j<len;j++)
{
    U0DBUF =  * Data++;
    while(UTX0IF == 0);
    UTX0IF = 0;
}
}
```

函数功能：串口发送数据, * data 为发送缓冲的指针,len 为发送数据的长度,在初始化串口后才可以正常调用。

void initTempSensor(void);函数原型如下：

```
void initTempSensor(void)
{
        DISABLE_ALL_INTERRUPTS();
        SET_MAIN_CLOCK_SOURCE(0);
         *((BYTE_xdata * ) 0xDF26) = 0x80;
}
```

函数功能：将系统时钟设为晶振,设 AD 目标为片机温度传感器。

INT8 getTemperature(void);函数原型如下：

```
INT8 getTemperature(void)
{
    UINT8 i;
    UINT16 accValue;
    UINT16 value;
    accValue = 0;
    for( i = 0; i < 4; i++ )
    {
ADC_SINGLE_CONVERSION(ADC_REF_1_25_V | ADC_14_BIT | ADC_TEMP_SENS);
        ADC_SAMPLE_SINGLE();
        while(! ADC_SAMPLE_READY());
        value = ADCL >> 2;
        value |= (((UINT16)ADCH) << 6);
        accValue += value;
    }
    value = accValue >> 2; // devide by 4
    return ADC14_TO_CELSIUS(value);
}
```

函数功能：连续进行 4 次 AD 转换，将得到的结果求均值后将 AD 结果转换为温度返回。

（2）重要的宏定义

将片内温度传感器 AD 转换的结果转换成温度。

```
#define ADC14_TO_CELSIUS(ADC_VALUE) ( ((ADC_VALUE) >> 4) - 315)
```

2）基础实训 11：1/3AVDD

将 AD 的源设为 1/3 电源电压，并将转换得到温度通过串口送至计算机。

串口调试助手如图 1-4-4 所示。

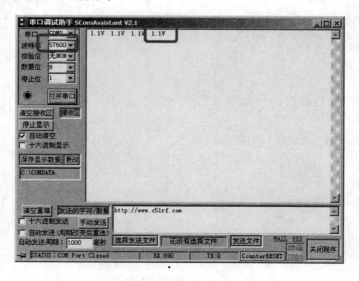

图 1-4-4　串口调试助手

实训中操作了的寄存器有 CLKCONCMD、SLEEPCMD、PERCFG、U0CSR、U0GCR、U0BAUD、IEN0、U0DUB、ADCCON1、ADCCON3、ADCH、ADCL 等寄存器。

CLKCONCMD 参见 CC2530 基础实训 10。

SLEEPCMD 参见 CC2530 基础实训 10。

PERCFG 参见 CC2530 基础实训 10。

U0CSR 参见 CC2530 基础实训 10。

U0GCR 参见 CC2530 基础实训 10。

U0BAUD 参见 CC2530 基础实训 10。

U0BUF 参见 CC2530 基础实训 10。

ADCCON1 参见 CC2530 基础实训 10。

ADCCON3 参见 CC2530 基础实训 10。

IEN0 参见 CC2530 基础实训 5。

实训相关函数

void Delay(uint n);定性延时,参见 CC2530 基础实训 1

void initUARTtest(void);参见 CC2530 基础实训 10

void UartTX_Send_String(char * Data,int len);参见 CC2530 基础实训 10

void InitialAD(void);函数原型如下:

```
void InitialAD(void)
{
      //P1 out
      P1DIR = 0x03; //P1 控制 LED
      led1 = 1;
      led2 = 1; //关 LED
      ADCH &= 0X00; //清 EOC 标志
      ADCCON3 = 0xbf; //单次转换,参考电压为电源电压,对 1/3 AVDD  进行 A/D  转换
      //14 位分辨率
      ADCCON1 = 0X30; //停止 A/D
      ADCCON1 |= 0X40; //启动 A/D;
}
```

函数功能:将 AD 转换源设为电源电压,ADC 结果分辨率设为 14 位(最高精度),AD 模式为单次转换,启动 ADC 转换。

3)基础实训 12:AVDD

将 AD 的源设为电源电压,AD 参考电压为 AVDD,并将转换得到温度通过串口送至计算机。

实训中操作了的寄存器有 CLKCONCMD、SLEEPCMD、PERCFG、U0CSR、U0GCR、U0BAUD、IEN0、U0DUB、ADCCON1、ADCCON3、ADCH、ADCL 等寄存器。

CLKCONCMD 参见 CC2530 基础实训 10。

SLEEPCMD 参见 CC2530 基础实训 10。

PERCFG 参见 CC2530 基础实训 10。

U0CSR 参见 CC2530 基础实训 10。

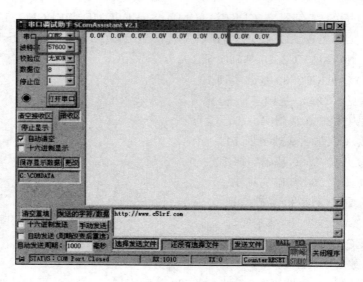

图 1-4-5　串口调试助手

U0GCR 参见 CC2530 基础实训 10。

U0BAUD 参见 CC2530 基础实训 10。

U0BUF 参见 CC2530 基础实训 10。

ADCCON1 参见 CC2530 基础实训 10。

ADCCON3 参见 CC2530 基础实训 10。

IEN0 参见 CC2530 基础实训 5。

实训相关函数

void Delay(uint n);定性延时,参见 CC2530 基础实训 1

void initUARTtest(void);参见 CC2530 基础实训 10

void UartTX_Send_String(char * Data,int len);参见 CC2530 基础实训 10

void InitialAD(void);函数原型如下:

```
void InitialAD(void)
{
    //P1 out
    P1DIR = 0x03; //P1 控制 LED
    led1 = 1;
    led2 = 1; //关 LED
    ADCH &= 0X00; //清 EOC 标志
    ADCCON3 = 0xb7; //单次转换,参考电压为电源电压,对 AVDD 进行 A/D 转换
    //14 位分辨率
    ADCCON1 = 0X30; //停止 A/D
    ADCCON1 |= 0X40; //启动 A/D
}
```

函数功能:设 P10,P11 设为输出控制 LED 灯,将 AD 转换源设为电源电压,参考电压为电源电压,ADC 结果分辨率设为 14 位(最高精度),AD 模式为单次转换,启动 ADC 转换。

1.4.3　实训知识检测

1. 取片内温度传感器为 AD 源,并将转换得到温度通过串口送至计算机。如何找到对应的串口?(略)

2. 当使用端口 0 作为 ADC 输入时,端口 0 引脚必须配置为 ADC 输入。ADC 输入最多可以使用 8 个。为了配置端口 0 的引脚为 ADC 输入。

3. ADC 具有三个控制寄存器 ADCCON1、ADCCON2 和 ADCCON3。这些寄存器用于配置 ADC 和报告状态。

4. 数字转换结果以 2 的补码形式表示。对于单端配置,结果总是为正。这是因为这个结果是 GND 和输入信号的差值,这个输入信号总是为有符号的正,Vconv＝Vinp—Vinn,其中 Vinn＝0V。

5. ADC 只能运行在 32 MHz 晶体振荡器,用户不能使用划分的系统时钟。4 MHz 的实际 ADC 采样频率是通过固定的内部分频器产生的。执行一个转换所需的时间取决于选择的抽取率。

1.5　实训 5—UART 串口

1.5.1　相关基础知识

1. UART 模式

UART 模式提供异步串行接口。在 UART 模式中,接口使用 2 线或者含有 RXD、TXD、可选的 RTS 和 CTS 的 4 线。UART 模式的操作具有下列特点:

➤ 8 位或者 9 位负载数据;

➤ 奇校验、偶校验或者无奇偶校验;

➤ 配置起始位和停止位电平;

➤ 配置 LSB 或者 MSB 首先传送;

➤ 独立收发中断;

➤ 独立收发 DMA 触发;

➤ 奇偶校验和帧校验出错状态。

UART 模式提供全双工异步传送,接收器中的位同步不影响发送功能。传送一个 UART 字节包含 1 个起始位、8 个数据位、1 个作为可选项的第 9 位数据或者奇偶校验位、再加上 1 个(或 2 个)停止位。注意,虽然真实的数据包含 8 位或者 9 位,但是,数据传送只涉及一个字节。

UART 操作由 USART 控制和状态寄存器 UxCSR 以及 UART 控制寄存器 UxUCR 来控制,这里的 x 是 USART 的编号,其数值为 0 或者 1。

当 UxCSR. MODE 设置为 1 时,就选择了 UART 模式。

2. UART 发送

当 USART 收/发数据缓冲器 UxDBUF 写入数据时,UART 发送启动。该字节发送到输出引脚 TXDx。寄存器 UxDBUF 是双缓冲器。

当字节传送开始时,UxCSR. ACTIVE 位设置为 1,而当字节传送结束时,UxCSR. AC-

TIVE 位清 0。当传送结束时,UxCSR. TX_BYTE 位设置为 1。当 UxDBUF 寄存器就绪,准备接收新的发送数据时,就产生了一个中断请求。该中断在传送开始之后立刻发生,因此,当字节正在发送时,新的数据字节能够装入数据缓冲器。

3. UART 接收

当 1 写入 UxCSR. RE 位时,在 UART 上数据接收就开始了。然后 UART 会在输入引脚 RXDx 中寻找有效起始位,并且设置 UxCSR. ACTIVE 位为 1。当检测出有效起始位时,收到的字节就传入接收寄存器。UxCSR. RX_BYTE 位设置为 1。该操作完成时,产生接收中断。同时,UxCSR. ACTIVE 位为 0。

通过寄存器 UxDBUF 提供收到的数据字节。当 UxDBUF 读出时,UxCSR. RX_BYTE 位由硬件清 0。

注意:很重要的一点是,当应用程序已经读取 UxDBUF,不会清除 UxCSR. RX_BYTE。清除了 UxCSR. RX_BYTE 也就暗示 UART 确认 UART RX 移位寄存器为空,即使它可能保存有未决数据(通常是由于端到端传输引起的)。所以 UART 启动 RT/RTS 线(TTL 为低电平),它允许数据流进入 UART,导致潜在的溢出。因此 UxCSR. TX_BYTE 标志紧密结合了 RT/RTS 功能,因此只能被片上系统 UART 自己控制。否则应用程序可能通常会经历这样一个事件:即使一个端到端传输清楚地表明了它应当间歇性地停止数据流,但是 RT/RTS 线仍然保持启动(TTL 为低电平)。

4. UART 硬件流控制

当 UxUCR. FLOW 设置为 1,硬件流控制使能。然后,当接收寄存器空而且接收使能时,RTS 输出变低。在 CTS 输入变低之前,不会发生字节传送。

5. UART 字符格式

如果寄存器 UxUCR 中的 BIT9 和 PARITY 位设置为 1,那么奇偶校验产生而且检测使能。奇偶校验计算出来,作为第 9 位来传送。在接收期间,奇偶校验位计算出来而且与收到的第 9 位进行比较。如果奇偶校验出错,则 UxCSR. ERR 位设置为 1。当 UxCSR 读取时,UxC-SR. ERR 位清 0。

寄存器位 UxUCR. SPB 决定要传送的停止位为 1 位或 2 位。接收器总是要核对一个停止位。如果在接收期间接收到的第一个停止位不是期望的停止位电平,设置寄存器位 UxC-SR. FE 为 1,发出帧出错信号。当读取 UxCSR 时,UxCSR. FE 清 0。当 UxUCR. SPB 设置为 1 时,接收器将核对两个停止位。注意当第一个停止位核对通过时,RX 中断将被置位。如果第二个停止位核对未通过,当帧错误位 UxCSR. FE 置为 1 时,将会有个延迟。这种延迟是可靠的波特率(位持续时间)。

6. UART 相关寄存器

如实训 4 所述,对于每个 USART,有 5 个寄存器(x 是 USART 的编号,为 0 或者 1):Ux-CSR:USARTx 控制和状态;UxUCR:USARTx UART 控制;UxGCR:USARTx 通用控制;UxDBUF:USARTx 收/发数据缓冲器;UxBAUD:USARTx 波特率控制。

设置 UART 接口需要操作 6 个寄存器:PERCFG(外部设备控制寄存器)、UxCSR(控制和状态寄存器)、UxGCR(通用控制寄存器)UxDBUF(收/发数据缓冲器)、UxBAUD 波特率控制寄存器)以及 UxUCR(UART 控制寄存器)。

7. UART 硬件接口

本实训使用 CC2530 的 USART0 串行总线接口异步 UART 模式。根据外部设备 I/O 接脚映射表,可以得到与 CC2530 引脚连接如表 1-5-1 所示。

表 1-5-1

CC2530 引脚	UART 功能	CC2530 引脚	UART 功能
P0.2	RXD	P0.4	CTS
P0.3	TXD	P0.5	RTS

1.5.2　实训操作指南

1. 实训名称

UART 串口实训,实训主要包括四个部分:单片机串口发数,在 PC 用端口控制 LED,PC 串口收数并发数,串口时钟 PC 显示。实训的核心为 CC2530,通过 CC2530 完成 UART 串口实训。

2. 实训目的

通过本实训完成初步了解本物联网试验箱的基础操作流程。通过四个小实训,练习使用 UART 串口。

本例主要分为四个部分。

(1) 基础实训 13:从 CC2530 上通过串口不断地发送字串"UART0 TX Test"。实训使用 CC2530 的串口 1,波特率为 57 600。

(2) 基础实训 14:在 PC 上从串口向 CC2430 模块发送命令,即可控制 LED 灯的亮灭,控制数据的格式为"灯编号开|关♯",LED1,LED2,0 是关灯,1 是开灯,如打开 LED2 的命令是"21♯"。

(3) 基础实训 15:在 PC 上从串口向 CC2530 发任意长度为 30 字节的字串,若长度不足 30 字节,则以"♯"为字串末字节,CC2530 在收到字节后会将这一字串从串口反向发向 PC,用串口助手可以显示出来。

(4) 基础实训 16:利用 CC2530 定时器 1 产生秒信号,通过串口显示时钟。

3. 实训设备

仿真器 1 台,液晶板 1 块,ZigBee 模块 1 块,USB 连接线 1 根。

4. 实训步骤及结果

1) 基础实训 13:单片机串口发数

从 CC2530 上通过串口不断地发送字串"UART0 TX Test"。实训使用 CC2530 的串口 1,波特率为 57600。

实训中操作了的寄存器有:P1、P1DIR、CLKCONCMD、SLEEPCMD、PERCFG、U0CSR、U0GCR、U0BAUD、IEN0、U0DUB 等寄存器。

CLKCONCMD 参见 CC2530 基础实训 10。

SLEEPCMD 参见 CC2530 基础实训 10。

PERCFG 参见 CC2530 基础实训 10。

U0CSR 参见 CC2530 基础实训 10。

U0GCR 参见 CC2530 基础实训 10。

U0BAUD 参见 CC2530 基础实训 10。

U0BUF 参见 CC2530 基础实训 10。

IEN0 参见 CC2530 基础实训 5。

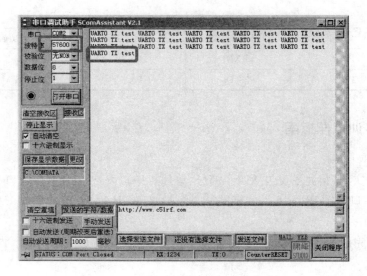

图 1-5-1　串口调试助手

实训相关函数

void Delay(uint n);定性延时,参见 CC2530 基础实训 1

void initUARTtest(void);函数原型如下:

```
void initUARTtest(void)
{
CLKCONCMD & = ～0x40; //晶振
while(! (SLEEPSTA & 0x40)); //等待晶振稳定
CLKCONCMD & = ～0x47; //TICHSPD128　分频,CLKSPD 不分频
SLEEPCMD | = 0x04; //关闭不用的 RC 振荡器
PERCFG = 0x00; //位置 1 P0 口
P0SEL = 0x3c; //P0 用作串口
P2DIR & = ～0XC0; //P0 优先作为串口 0
U0CSR | = 0x80; //UART 方式
U0GCR | = 10; //baud_e
U0BAUD | = 216; //波特率设为 57600
UTX0IF = 0;
}
```

函数功能:初始化串口 0,将 I/O 映射到 P0 口,P0 优先作为串口 0 使用,UART 工作方式,波特率为 57600。使用晶振作为系统时钟源。

void UartTX_Send_String(char * Data,int len);函数原型如下:

```
void UartTX_Send_String(char * Data,int len)
{
int j;
for(j = 0;j<len;j++)
{
U0DBUF = * Data++;
while(UTX0IF == 0);
UTX0IF = 0;
}
}
```

　　函数功能：串口发字串，∗ Data 为发送缓存指针，len 为发送字串的长度，只能是在初始化函数 void initUARTtest(void)之后调用才有效。发送完毕后返回，无返回值。

　　2）基础实训 14：在 PC 用串口控制 LED

　　在 PC 上从串口向 CC2430 模块发送命令，即可控制 LED 灯的亮灭，控制数据的格式为"灯编号开|关♯"，LED1，LED2，0 是关灯，1 是开灯，如打开 LED2 的命令是"21♯"。

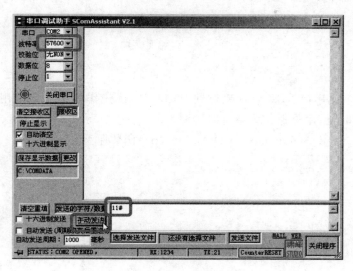

图 1-5-2　串口调试助手

　　实训中操作了的寄存器有：P1、P1DIR、P1SEL、CLKCONCMD、SLEEPCMD、PERCFG、U0CSR、U0GCR、U0BAUD、IEN0、U0DUB 等寄存器。

　　P1 参见 CC2530 基础实训 1。

　　P1DIR 参见 CC2530 基础实训 1。

　　P1SEL 参见 CC2530 基础实训 1。

　　CLKCONCMD 参见 CC2530 基础实训 10。

　　SLEEPCMD 参见 CC2530 基础实训 10。

　　PERCFG 参见 CC2530 基础实训 10。

　　U0CSR 参见 CC2530 基础实训 10。

　　U0GCR 参见 CC2530 基础实训 10。

　　U0BAUD 参见 CC2530 基础实训 10。

　　U0BUF 参见 CC2530 基础实训 10。

　　(1) 实训相关函数

　　void Delay(uint n);定性延时，参见 CC2530 基础实训 1

　　void initUARTtest(void);函数原型如下：

```
void initUARTtest(void)
{
    CLKCONCMD & = ～0x40;            //晶振
    while(! (SLEEPSTA & 0x40));      //等待晶振稳定
    CLKCONCMD & = ～0x47;            //TICHSPD128  分频,CLKSPD 不分频
```

```
        SLEEPCMD |= 0x04;        //关闭不用的 RC 振荡器
        PERCFG = 0x00;           //位置 1 P0   口
        P0SEL = 0x3c;            //P0 用作串口
        P2DIR &= ~0XC0;          //P0 优先作为串口 0
        U0CSR |= 0x80;           //UART 方式
        U0GCR |= 10;             //baud_e
        U0BAUD |= 216;           //波特率设为 57600
        UTX0IF = 0;
}
```

函数功能:初始化串口 0,将 I/O 映射到 P0 口,P0 优先作为串口 0 使用,UART 工作方式,波特率为 57600。使用晶振作为系统时钟源。

void UartTX_Send_String(char * Data,int len);函数原型如下:

```
void UartTX_Send_String(char * Data,int len)
{
    int j;
    for(j = 0;j<len;j++)
    {
        U0DBUF = * Data++;
        while(UTX0IF == 0);
        UTX0IF = 0;
    }
}
```

函数功能:串口发字串,* Data 为发送缓存指针,len 为发送字串的长度,只能是在初始化函数 void initUARTtest(void)之后调用才有效。发送完毕后返回,无返回值。

void UART0_ISR(void);函数原型如下:

```
interrupt void UART0_ISR(void)
{
    URX0IF = 0; //清中断标志
    temp = U0DBUF;
}
```

函数功能:一旦有数据从串口送到 CC2530,则立即进入中断,进入中断后将接收的数据先存放到 temp 变量,然后在主程序中去处理接收到的数据。

(2)实训流程图

3)基础实训 15:PC 串口收数并发数

在 PC 上从串口向 CC2530 发任意长度为 30 字节的字串,若长度不足 30 字节,则以"♯"为字串末字节,CC2530 在收到字节后会将这一字串从串口反向发向 PC,用串口助手可以显示出来。

实训中操作了的寄存器有:P1、P1DIR、P1SEL、CLKCONCMD、SLEEPCMD、PERCFG、U0CSR、U0GCR、U0BAUD、IEN0、U0DUB 等寄存器。

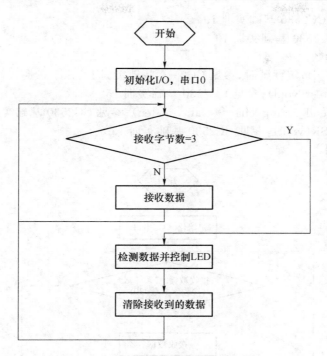

图 1-5-3　串口控制 LED 流程示意图

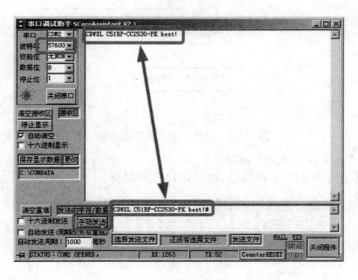

图 1-5-4　串口调试助手

P1 参见 CC2530 基础实训 1。

P1DIR 参见 CC2530 基础实训 1。

P1SEL 参见 CC2530 基础实训 1。

CLKCONCMD 参见 CC2530 基础实训 10。

SLEEPCMD 参见 CC2530 基础实训 10。

PERCFG 参见 CC2530 基础实训 10。

U0CSR 参见 CC2530 基础实训 10。

U0GCR 参见 CC2530 基础实训 10。

U0BAUD 参见 CC2530 基础实训 10。

U0BUF 参见 CC2530 基础实训 10。

（1）实训相关函数

void Delay(uint n);定性延时,参见 CC2530 基础实训 1

void initUARTtest(void);参见 CC2530 基础实训 15

void UartTX_Send_String(char * Data,int len);参见 CC2530 基础实训 15

void UART0_ISR(void);参见 CC2530 基础实训 15

（2）实训流程图

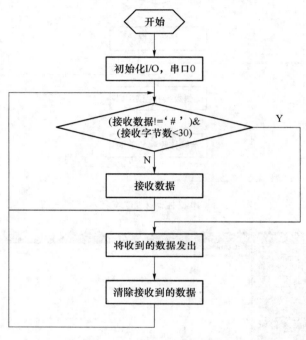

图 1-5-5　串口收发数流程示意图

4）基础实训 16:串口时钟 PC 显示

利用 CC2530 定时器 1 产生秒信号,通过串口显示时钟。

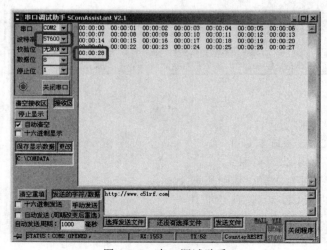

图 1-5-6　串口调试助手

实训中操作了的寄存器有：P1、P1DIR、P1SEL、T1CTL、T1CCTL0、T1CC0H、T1CC0L、IEN0、IEN1、CLKCONCMD、SLEEPCMD、PERCFG、U0CSR、U0GCR、U0BAUD、IEN0、U0DUB 等寄存器。

P1 参见 CC2530 基础实训 1。

P1DIR 参见 CC2530 基础实训 1。

P1SEL 参见 CC2530 基础实训 1。

T1CTL 参见 CC2530 基础实训 4。

IEN0 参见 CC2530 基础实训 10。

CLKCONCMD 参见 CC2530 基础实训 10。

SLEEPCMD 参见 CC2530 基础实训 10。

PERCFG 参见 CC2530 基础实训 10。

U0CSR 参见 CC2530 基础实训 10。

U0GCR 参见 CC2530 基础实训 10。

U0BAUD 参见 CC2530 基础实训 10。

U0BUF 参见 CC2530 基础实训 10。

中断使能寄存器 1 如表 1-5-2 所示。

表 1-5-2　IEN1（中断使能寄存器 1）

位号	位名	复位值	操作性	功能描述
7:6	—	00	读	没有，读出为 0
5	POIE	0	读/写	P0 口中断使能 0 关中断，1 开中断
4	T4IE	0	读/写	定时器 4 中断使能 0 关中断，1 开中断
3	T3IE	0	读/写	定时器 3 中断使能 0 关中断，1 开中断
2	T2IE	0	读/写	定时器 2 中断使能 0 关中断，1 开中断
1	T1IE	0	读/写	定时器 1 中断使能 0 关中断，1 开中断
0	DMAIE	0	读/写	DMA 传输中断使能 0 关中断，1 开中断

T1CC0H 和 T1CC0H 寄存器如表 1-5-3、表 1-5-4 所示。

表 1-5-3　T1CC0H（T1 通道 0 捕获值/比较值高字节寄存器）

位号	位名	复位值	操作性	功能描述
7	TICC0[15:8]	0X00	读/写	T1 通道 0 捕获值/比较值高字节

表 1-5-4　T1CC0L（T1 通道 0 捕获值/比较值低字节寄存器）

位号	位名	复位值	操作性	功能描述
7	TICC0[7:0]	0X00	读/写	T1 通道 0 捕获值/比较值低字节

T1 比较寄存器如表 1-5-5 所示。

表 1-5-5　T1CCTL0(T1 通道 0 捕获/比较寄存器)

位号	位名	复位值	操作性	功能描述
7	CPSEL	0	读/写	T1 通道 0 捕捉设定 0 捕捉引脚输入,1 捕捉 RF 中断
6	IM	1	读/写	T1 通道 0 中断掩码 0 关中断,1 开中断
5:3	CMP[2:0]	000	读/写	T1 通道 0 模式比较输出选择,指定计数值过 T3CC0 时的发生事件 000 输出置 1(发生比较时) 002 输出清 0(发生比较时) 010 输出翻转 011 输出置 1(发生上比较时)输出清 0(计数值为 0 或 UP/DOWN 模式下发生下比较) 100 输出清 0(发生上比较时)输出置 1(计数值为 0 或 UP/DOWN 模式下发生下比较) 101 预留,110 预留,111 预留
2	MODE	0	读/写	T1 通道 0 模式选择 0 捕获,1 比较
1	CPM[1:0]	00	读/写	T1 通道 0 捕获模式选择 00 没有捕获 01 上升沿捕获 10 下降沿捕获

(1) 实训相关函数

void Delay(uint n);定性延时,参见 CC2530 基础实训 1

void initUARTtest(void);参见 CC2530 基础实训 15

void UartTX_Send_String(char * Data,int len);参见 CC2530 基础实训 15

void UART0_ISR(void);参见 CC2530 基础实训 15

void InitT1(void);函数原型如下:

```
void InitT1(void)
{
    T1CCTL0 = 0X44;
    //T1CCTL0 (0xE5)
    //T1 ch0 中断使能
    //比较模式
    T1CC0H = 0x03;
    T1CC0L = 0xe8;
    //0x0400 = 1000D)
    T1CTL |= 0X02;
    //start count
    //在这里没有分频。
    //使用比较模式 MODE = 10(B)
    IEN1 |= 0X02;
    IEN0 |= 0X80;
    //开 T1 中断
}
```

函数功能:开 T1 中断,T1 为比较计数模式。因 T1 计数时钟为 0.25M(见 void InitClock
(void)说明),T1CC0 = 0X03E8 = 1000,因此 250 次中断溢出为 1s。

void InitClock(void);函数原型如下:

```
void InitClock(void)
{
    CLKCONCMD = 0X38;
    //TICKSPD = 111 定时器计数时钟源 0.25M
    while(! (SLEEPCMD&0X40));
    //等晶振稳定
}
```

函数功能:设置系统时钟为晶振,同时将计数器时钟设为 0.25M。晶振振荡稳定后退出
函数。

void InitUART0(void);函数原型如下:

```
void InitUART0(void)
{
    PERCFG = 0x00;          //位置 1 P0 口
    POSEL = 0x3c;           //P0 用作串口
    U0CSR | = 0x80;         //UART 方式
    U0GCR | = 10;           //baud_e
    U0BAUD | = 216;         //波特率设为 57600
    UTX0IF = 1;
    U0CSR | = 0X40;         //允许接收
    IEN0 | = 0x84;          //开总中断,接收中断
}
```

函数功能:串口 0 映射位置 1,UART 方式,波特率 57 600,允许接收,开接收中断。

void T1_ISR(void);函数原型如下:

```
interrupt void T1_ISR(void)
{
    IRCON & = ~0x02;        //清中断标志
    counter ++ ;
    if(counter == 250)
    {
        counter = 0;
        timetemp = 1;       //一秒到
        led1 = ~led1;       // 调试指示用
    }
}
```

函数功能：T1 中断服务程序，每 250 次中断将 timetemp 置 1，表示 1 秒时间到，同时改变 LED 的状态。

void UART0_ISR(void)；函数原型如下：

```
interrupt void UART0_ISR(void)
{
    URX0IF = 0;        //清中断标志
    temp = U0DBUF;
}
```

函数功能：从串口 0 接收用于设置时间的字符。

（2）实训流程图（图 1-5-7）

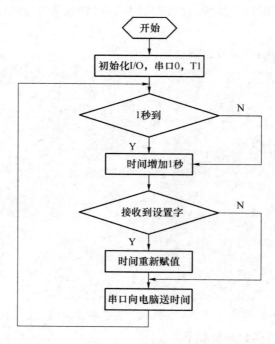

图 1-5-7　串口时钟 PC 显示流程示意图

1.5.3 实训知识检测

1. 在 PC 上从串口向 CC2430 模块发送命令，即可控制 LED 灯的亮灭，控制数据的格式为"灯编号开|关#"，LED1、LED2，0 是关灯，1 是开灯，如打开 LED2 的命令是"21#"。

2. 当 USART 收/发数据缓冲器 UxDBUF 写入数据时，UART 发送启动。该字节发送到输出引脚 TXDx。寄存器 UxDBUF 是双缓冲器。

3. 当字节传送开始时，UxCSR.ACTIVE 位设置为 1，而当字节传送结束时，UxCSR.ACTIVE 位清 0。

1.6 实训 6—睡眠定时器

1.6.1 相关基础知识

1. 定时器比较

睡眠定时器是一个 24 位的定时器,运行在一个 32 kHz 的时钟频率(可以是 RCOSC 或 XOSC)上。定时器在复位之后立即启动,如果没有中断就继续运行。定时器的当前值可以从 SFR 寄存器 ST2:ST1:ST0 中读取。

当定时器的值等于 24 位比较器的值,就发生一次定时器比较。通过写入寄存器 ST2:ST1:ST0 来设置比较值。当 STLOAD.LDRDY 是 1 写入 ST0 发起加载新的比较值,即写入 ST2、ST1 和 ST0 寄存器的最新的值。

加载期间 STLOAD.LDRDY 是 0,软件不能开始一个新的加载,直到 STLOAD.LDRDY 回到 1。读 ST0 将捕获 24 位计数器的当前值。因此,ST0 寄存器必须在 ST1 和 ST2 之前读,以捕获一个正确的睡眠定时器计数值。当发生一个定时器比较,中断标志 STIF 被设置。每次系统时钟,当前定时器值就被更新。因此,当从 PM1/2/3(这期间系统时钟关闭)返回,如果尚未在 32 kHz 时钟上检测到一个正时钟边沿,ST2:ST1:ST0 中的睡眠定时器值不更新,要保证读出一个最新的值,必须在读睡眠定时器值之前,在 32 kHz 时钟上通过轮询 SLEEP-STA.CLK32K 位,等待一个正的变换。

ST 中断的中断使能位是 IEN0.STIE,中断标志是 IRCON.STIF。当运行在所有供电模式,除了 PM3 时,睡眠定时器将开始运行。因此,睡眠定时器的值在 PM3 下不保存。在 P1 和 PM2 下睡眠定时器比较事件用于唤醒设备,返回主动模式的主动操作。复位之后的比较值的默认值是 0xFFFFFF。

睡眠定时器比较还可以用作一个 DMA 触发。注意如果电压降到 2V 以下同时处于 PM2,睡眠间隔将会受到影响。

2. 定时器捕获

当设置了已选 I/O 引脚的中断标志,且 32 kHz 时钟检测到这一事件时,发生定时器捕获。睡眠定时器通过设置将要用作触发捕获的 I/O 引脚的 STCC.PORT[1:0] 和 STCC.PIN[2:0] 使能。当 STCS.VALID 变为高电平,即可读 STCV2:STCV1:STCV0 的捕获值。捕获值多于在 I/O 引脚上的事件瞬间的值,因此如果时序需要,软件必须从捕获的值中间抽取一个。要使能一个新的捕获,遵循以下步骤:

(1) 清除 STCS.VALID;

(2) 等待直到 SLEEPSTA.CLK32K 变为低电平;

(3) 等待直到 SLEEPSTA.CLK32K 变为高电平;

(4) 清除 P0IFG/P1IFG/P2IFG 寄存器中的引脚中断标志。这一顺序使用 P0.0 上的上升沿为例如图 1-6-1 所示。

当捕获使能,不能切换输入捕获引脚。在选择一个新的输入捕获引脚之前,捕获必须禁用。要禁用捕获,遵循以下步骤(如果禁用了中断,使用高达一个 32 kHz 周期(~15.26 μs)的一半即可):

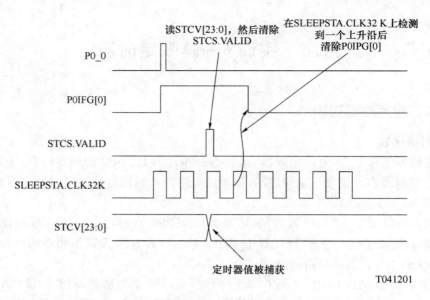

图 1-6-1　睡眠定时器捕获（使用 P0_0 的上升沿为例）

（1）禁用中断；

（2）等待直到 SLEEPSTA.CLK32K 变为高电平；

（3）设置 STCC.PORT[1:0]为 3。这将禁用捕获。

睡眠定时器使用的寄存器是：

- ST2-睡眠定时器 2；
- ST1-睡眠定时器 1；
- ST0-睡眠定时器 0；
- STLOAD-睡眠定时器加载状态；
- STCC-睡眠定时器捕获控制；
- STCS-睡眠定时器捕获状态；
- STCV0-睡眠定时器捕获值字节 0；
- STCV1-睡眠定时器捕获值字节 1；
- STCV2-睡眠定时器捕获值字节 2。

1.6.2　实训操作指南

1. 实训名称

睡眠定时器实训,实训主要包括四个部分：系统睡眠工作状态,系统唤醒,睡眠定时器使用,定时唤醒。实训的核心为 CC2530,通过 CC2530 完成睡眠定时器实训。

2. 实训目的

通过本实训完成初步了解本物联网试验箱的基础操作流程。通过四个小实训,练习使用睡眠定时器。

本例主要分为四个部分。

（1）基础实训 17：在小灯闪烁 10 次以后进入低功耗模式 PM3。CC2530 一共有 4 种功耗模式,分别是 PM0、PM1、PM2、PM3,以 PM3 功耗最低。

（2）基础实训 18：本次实训使能外部 I/O 中断（按下液晶扩展板的 S6 或 S7 按键）唤醒 CC2530，每次唤醒 LED 闪烁 10 次，然后进入低功耗模式，在进入 PM3 之前程序会将两个 LED 灯关闭。在应用中也可以不关闭以指示 CC2530 处于低功耗模式，可以中断激活。

（3）基础实训 19：在小灯快速闪烁 5 次后进入睡眠状态 PM2，在 PM2 下睡眠定时器 SLEEPCMD TIMER（ST）仍然可以正常工作，从 0x000000 到 0xffffff 反复计数，当 ST 计数超过写入 ST[2—0] 的 0x000f00 时，系统由中断唤醒，小灯闪烁 5 次进入 PM2，这样周而复始的唤醒工作然后睡眠。系统睡眠的时间为 8 分 32 秒，这已经是最长睡眠时间。

（4）基础实训 20：这个实训利用睡眠定时器工作在多个电源模式下这一特性来实现定时唤醒，最长的唤醒时间间隔为 8 分 32 秒，而最短的时间间隔可达 30 余微秒。实训中在设定好唤醒时间后让 CC2530 进入 PM2 模式，在达到指定时间后小灯闪烁，之后再次是设定唤醒时间，进入 PM2，唤醒的循环。

3．实训设备

仿真器 1 台，电池板（或液晶板）1 块，ZigBee 模块 1 块，USB 连接线 1 根。

4．实训步骤及结果

1）基础实训 17：系统睡眠工作状态

在小灯闪烁 10 次以后进入低功耗模式 PM3。CC2530 一共有 4 种功耗模式，分别是 PM0、PM1、PM2、PM3，以 PM3 功耗最低。

实训中操作了的寄存器有 P1、P1DIR、P1SEL、CLKCONCMD、SLEEPCMD、PCON 等寄存器。

P1 参见 CC2530 基础实训 1。

P1DIR 参见 CC2530 基础实训 1。

P1SEL 参见 CC2530 基础实训 1。

CLKCONCMD 参见 CC2530 基础实训 10。

SLEEPCMD 参见 CC2530 基础实训 10。

电源模式控制寄存器如表 1-6-1 所示。

表 1-6-1　PCON（电源模式控制寄存器）

位号	位名	复位值	可操作性	功能描述
7:2	—	0X00	读/写	预留
1	—	0	读	预留，读出为 0
0	IDLE	0	读/写	电源模式控制，写 1 将进入由 SLEEPCMD. MODE 指定的电源模式，读出一定为 0

（1）实训相关函数

void Delay(void)；参见 CC2530 基础实训 1

void Initial(void)；参见 CC2530 基础实训 17

（2）重要的宏定义

设置 CC2530 功耗模式，选定后立刻进入相应功耗模式。

```
#define SET_POWER_MODE(mode)
do {
    if(mode == 0) { SLEEPCMD &= ~0x03; }
    else if (mode == 3) { SLEEPCMD |= 0x03; }
    else { SLEEPCMD &= ~0x03; SLEEPCMD |= mode; }
    PCON |= 0x01;
    asm("NOP");
}while(0)
```

（3）功耗测定方法

将本次实训的程序写入无线生产的 CC2530 模块，将测量电流表串接入 CC2530 模块的供电电路，待小灯同步闪烁后测电流，然后根据 $P=U*I$ 即可得到功率。提示：可以在程序中将小灯关闭，进一步降低功耗。

2）基础实训 18：系统唤醒

本次实训使能外部 I/O 中断（按下液晶扩展板的 S6 或 S7 按键）唤醒 CC2530，每次唤醒 LED 闪烁 10 次，然后进入低功耗模式，在进入 PM3 之前程序会将两个 LED 灯关闭。在应用中也可以不关闭以指示 CC2530 处于低功耗模式，可以中断激活。

表 1-6-2　液晶扩展按键列表

编号	功能	编号	功能	编号	功能
S1	UP	S4	LEFT	S6	OK
S3	DOWN	S5	RIGHT	S7	CANCEL

实训中操作了的寄存器有 P1、P1DIR、P1SEL、P1IEN、P1CTL、IEN2、IEN0、P1IFG、P1INP、P2INP、CLKCONCMD、SLEEPCMD 等寄存器。

P1 参见 CC2530 基础实训 1。

P1DIR 参见 CC2530 基础实训 1。

P1SEL 参见 CC2530 基础实训 1。

P1IEN 参见 CC2530 基础实训 9。

PICTL 参见 CC2530 基础实训 9。

IEN2 参见 CC2530 基础实训 9。

IEN0 参见 CC2530 基础实训 5。

P1IFG 参见 CC2530 基础实训 9。

P1INP 参见 CC2530 基础实训 2。

CLKCONCMD 参见 CC2530 基础实训 10。

SLEEPCMD 参见 CC2530 基础实训 10。

P2 输入模式寄存器如表 1-6-3 所示。

表 1-6-3　P2INP(P2 输入模式寄存器)

位号	位名	复位值	操作性	功能描述
7	PDUP2	0	读/写	P2 口上/下拉选择 0 上拉,1 下拉
6	PDUP1	0	读/写	P1 口上/下拉选择 0 上拉,1 下拉
5	PDUP0	0	读/写	P0 口上/下拉选择 0 上拉,1 下拉
4	MDP2_4	0	读/写	P2_4 输入模式 0 上拉,1 下拉
3	MDP2_3	0	读/写	P2_3 输入模式 0 上拉,1 下拉
2	MDP2_2	0	读/写	P2_2 输入模式 0 上拉,1 下拉
1	MDP2_1	0	读/写	P2_1 输入模式 0 上拉,1 下拉

实训相关函数

void Delay(void);参见 CC2530 基础实训 1

void Init_IO_AND_LED(void);函数原型如下:

```
void Init_IO_AND_LED(void)
{
        P1DIR = 0X03;
        RLED = 1;
        YLED = 1;
        P1SEL & = ~0X0C;
        P1DIR & = ~0X0C;
        P1INP & = ~0X0c;//有上拉、下拉
        P2INP & = ~0X40; //选择上拉
        P1IEN | = 0X0c; //P12 P13
        PICTL | = 0X02;//下降沿
        EA = 1;
        IEN2 | = 0X10; //P1IE = 1;
        P1IFG | = 0x00; //P12 P13
};
```

函数功能:置 P10,P11 为输出,打开 P1 口的中断,P1 口下降沿触发中断。

void PowerMode(uchar sel);函数原型如下:

```
void PowerMode(uchar sel)
{
    uchar i,j;
    i = sel;
    if(sel<4)
```

```
{
    SLEEPCMD & = 0xfc;
    SLEEPCMD | = i;
    for(j = 0;j < 4;j + + );
    PCON = 0x01;
}
else
{
    PCON = 0x00;
}
}
```

函数功能:使系统进入 sel 指定的电源模式下,这里的 sel 只能是 0~3 之间的数,程序只能在 CPU 全速运行时执行,也就是说函数中能使系统从全速运行进入 PM0~PM3 而不可以从 PM0~PM3 进入全速运行。

3)基础实训 19:睡眠定时器使用

在小灯快速闪烁 5 次后进入睡眠状态 PM2,在 PM2 下睡眠定时器 SLEEPCMD TIMER (ST)仍然可以正常工作,从 0x000000 到 0xffffff 反复计数,当 ST 计数超过写入 ST[2-0]的 0x000f00 时,系统由中断唤醒,小灯闪烁 5 次后进入 PM2,这样周而复始的唤醒工作然后睡眠。系统睡眠的时间为 8 分 32 秒,这已经是最长睡眠时间。

实训中操作了的寄存器有 P1、P1DIR、P1SEL、IEN0、ST2、ST1、ST0、CLKCONCMD、SLEEPCMD 等寄存器。

P1 参见 CC2530 基础实训 1。

P1DIR 参见 CC2530 基础实训 1。

P1SEL 参见 CC2530 基础实训 1。

IEN0 参见 CC2530 基础实训 5。

CLKCONCMD 参见 CC2530 基础实训 10。

SLEEPCMD 参见 CC2530 基础实训 10。

睡眠定时器 2 如表 1-6-4 所示。

表 1-6-4　ST2(睡眠定时器 2)

位号	位名	复位值	操作性	功能描述
7:0	ST2[7:0]	0X00	读/写	睡眠定时器计数/比较值[23-16]位。读出为 ST 计数值,写入为比较值。读寄存器应先读 ST0,写寄存器就后写 ST0

睡眠定时器 1 如表 1-6-5 所示。

表 1-6-5　ST1(睡眠定时器 1)

位号	位名	复位值	操作性	功能描述
7:0	ST1[7:0]	0X00	读/写	睡眠定时器计数/比较值[15-8]位。读出为 ST 计数值,写入为比较值。读寄存器应先读 ST0,写寄存器就后写 ST0

睡眠定时器 0 如表 1-6-6 所示。

表 1-6-6　ST0(睡眠定时器 0)

位号	位名	复位值	操作性	功能描述
7:0	ST0[7:0]	0X00	读/写	睡眠定时器计数/比较值[7—0]位。读出为 ST 计数值,写入为比较值。读寄存器应先读 ST0,写寄存器就后写 ST0

(1) 实训相关函数

void Delay(void);参见 CC2530 基础实训 1

void Init_SLEEPCMD_TIMER(void);函数原型如下:

```
void Init_SLEEPCMD_TIMER(void)
{
    ST2 = 0X00;
    ST1 = 0X0f;
    ST0 = 0X00;
    EA = 1; //开中断
    STIE = 1;
    STIF = 0;
}
```

函数功能:打开睡眠定时器 SLEEPCMD TIMER(ST)中断,设置 ST 的中断发生时间为计数值达到 0x000f00 时。

void LedGlint(void);函数原型如下:

```
void LedGlint(void)
{
    uchar jj = 10;
    while(jj--)
    {
    RLED = ! RLED;
    Delay(10000);
    }
}
```

函数功能:让 LED 闪烁 5 次,无返回值。

void ST_ISR(void);函数原型如下:

```
    interrupt void ST_ISR(void)
{
    STIF = 0;
}
```

函数功能:睡眠定时器中断服务程序,清中断标志,无其他操作。

(2) 重要的宏定义

使模块上的参数可控制。

```
# define LED_ENABLE(val)
do{
      if(val == 1)
{
      P1SEL & = ~0X03;
      P1DIR | = 0X03;
      RLED = 1;
      GLED = 1;
}
      else
{
      P1DIR & = ~0X03;
}
}while(0)
# define RLED P1_0
# define GLED P1_1
```

选择系统工作时钟源并关闭不用的时钟源。

```
# define SET_MAIN_CLOCK_SOURCE(source)
do {
      if(source) {
      CLKCONCMD | = 0x40; / * RC * /
      while(! (SLEEPCMD&0X20)); / * 待稳 * /
      SLEEPCMD | = 0x04; / * 关掉不用的 * /
}
      else {
      SLEEPCMD & = ~0x04; / * 全开 * /
      while(! (SLEEPSTACMD&0X40));/ * 待稳 * /
      asm("NOP");
      CLKCONCMD & = ~0x47; / * 晶振 * /
      SLEEPCMD | = 0x04; / * 关掉不用的 * /
}
}while (0)
# define CRYSTAL 0
# define RC 1
```

选择系统低速时钟源。

```
# define SET_LOW_CLOCK(source)
do{
      (source == RC)? (CLKCONCMD | = 0X80):(CLKCONCMD & = ~0X80);
}while(0)
```

4）基础实训 20：定时唤醒

这个实训利用睡眠定时器工作在多个电源模式下这一特性来实现定时唤醒，最长的唤醒时隔为 8 分 32 秒，而最短的时隔可达 30 余微秒。实训中在设定好唤醒时间后让 CC2530　进入 PM2 模式，在达到指定时间后小灯闪烁，之后再次是设定唤醒时间，进入 PM2，唤醒的循环。

实训中操作了的寄存器有 P1、P1DIR、P1SEL、ST2、ST1、ST0、CLKCONCMD、SLEEPC-MD 等寄存器。

P1 参见 CC2530 基础实训 1。

P1DIR 参见 CC2530 基础实训 1。

P1SEL 参见 CC2530 基础实训 1。

CLKCONCMD 参见 CC2530 基础实训 10。

SLEEPCMD 参见 CC2530 基础实训 10。

ST2 参见 CC2530 基础实训 19。

ST1 参见 CC2530 基础实训 19。

ST0 参见 CC2530 基础实训 19。

（1）实训相关函数

void Delay(void)；参见 CC2530 基础实训 1

void LedGlint(void)；参见 CC2530 基础实训 19

void Init_SLEEPCMD_TIMER(void)；函数原型如下：

```
void Init_SLEEPCMD_TIMER(void)
{
    EA = 1; //开中断
    STIE = 1;
    STIF = 0;
}
```

函数功能：打开睡眠定时器（ST）的中断，并且将 ST 的中断标志位清零。在使用 ST 时必须于 addToSLEEPCMDTimer()前调用本函数。

void addToSLEEPCMDTimer(UINT16 sec)；函数原型如下：

```
void addToSLEEPCMDTimer(UINT16 sec)
{
    UINT32 SLEEPCMDTimer = 0;
    SLEEPCMDTimer |= ST0;
    SLEEPCMDTimer |= (UINT32)ST1 << 8;
    SLEEPCMDTimer |= (UINT32)ST2 << 16;
    SLEEPCMDTimer += ((UINT32)sec * (UINT32)32768);
    ST2 = (UINT8)(SLEEPCMDTimer >> 16);
    ST1 = (UINT8)(SLEEPCMDTimer >> 8);
    ST0 = (UINT8)SLEEPCMDTimer;
}
```

函数功能：设置睡眠时间，在 sec 秒以后由 ST 唤醒 CC2530，在调用这个函数之前必须先调用 Init_SLEEPCMD_TIMER，否则不能唤醒 CC2530。通常在这个函数以后会出现 SET_POWER_MODE(2)语句。

（2）重要的宏定义

改变系统的电源功耗模式。

```
#define SET_POWER_MODE(mode)
do {
        if(mode == 0) { SLEEPCMD &= ~0x03; }
        else if (mode == 3) { SLEEPCMD |= 0x03; }
        else { SLEEPCMD &= ~0x03; SLEEPCMD |= mode; }
        PCON |= 0x01;
        asm("NOP");
}while (0)
```

1.6.3 实训知识检测

1.睡眠定时器是一个24位的定时器，运行在一个 32 kHz 的时钟频率上。定时器在复位之后立即启动，如果没有中断就继续运行。定时器的当前值可以从 SFR 寄存器 ST2：ST1：ST0 中读取。

2.简述定时器捕获过程。（略）

3.要禁用捕获，需遵循哪些步骤。（略）

1.7 实训 7—"看门狗"

1.7.1 相关基础知识

1."看门狗"定时器

WDT 可以配置为一个"看门狗"定时器或配置为通用定时器。WDCTL 寄存器控制 WDT 模块的操作。"看门狗"定时器包含一个由 32 kHz 时钟源同步的 15 位计数器。请注意，用户并不能获得 15 位计数器的内容。15 位计数器的内容在所有功耗模式下都能保持，而当再次进入主动模式时，"看门狗"定时器继续计数。

2."看门狗"模式

系统复位后"看门狗"定时器被禁用。要在"看门狗"模式下启动 WDT，WDCTL.MODE[1:0]位必须置为 10。"看门狗"定时器计数器从 0 开始递增。在"看门狗"模式下，如果已经使用了定时器，就不能再禁止定时器。因此，当 WDT 已经运行于"看门狗"模式时，往 WDCTL.MODE[1:0]位写 00 或 01 是不起作用的。

WDT 运行在 32.768 kHz 的"看门狗"定时器时钟频率上（使用 32 kHz 晶体振荡器）。当计数值设置为 64、512、8192 和 32768，时钟频率对应的超时时间为 1.9 ms、15.625 ms、0.25 s 和 1 s。

如果计数器达到了选定的定时器间隔值，"看门狗"定时器就产生一个复位信号给系统。如果在计数器达到选定的定时器间隔值之前，执行了一个"看门狗"清除序列，计数器就复位为 0 并继续递增。"看门狗"清除序列包括在一个"看门狗"时钟周期内，写 0xA 到 WDCTL.CLR[3:0]，接着再写 0x5 到同一个寄存器位。如果在"看门狗"周期结束之前，这个序列没有被完全执行，"看门狗"定时器就产生一个复位信号给系统。

在"看门狗"模式下，如果 WDT 已经使能，就不能通过写 WDCTL. MODE[1:0] 位来改变这个模式，定时器间隔值也不能改变。

在"看门狗"模式，WDT 不会产生中断请求。

3. 定时器模式

要在正常定时器模式下启动 WDT，WDCTL. MODE[1:0] 位必须设置为 11。定时器开始工作，计数器从 0 开始递增。当计数器达到了选定的间隔值，CPU 将 IRCON2. WDTIF 置 1，如果 IEN2. WDTIE 为 1 且 IEN0. EA＝1，将产生一个中断请求。

在定时器模式，可以通过写 1 到 WDCTL. CLR[0] 来清除定时器内容。当定时器被清除，计数器内容就被置为 0。写 00 或 01 到 WDCTL. MODE[1:0] 将停止定时器并清除为 0。

通过 WDCTL. INT[1:0] 位来设置定时器间隔。在定时器运行期间，不能改变定时器间隔，当定时器启动时设置定时器间隔。在定时器模式，到达定时器间隔不会产生复位。

注意，如果选择了"看门狗"模式，在芯片复位前不能选择定时器模式。

1.7.2　实训操作指南

1. 实训名称

"看门狗"实训，实训主要包括两个部分："看门狗"模式实训，"喂狗"实训。实训的核心为 CC2530，通过 CC2530 完成以上实训。

2. 实训目的

通过本实训完成初步了解本物联网试验箱的基础操作流程。通过两个小实训，练习使用"看门狗"。

本例主要分为两个部分。

（1）基础实训 21：程序在主程序中没有连续改变小灯的状态，而在开始运行时将其关闭，延时后点亮。实训现象是一只小灯不断闪烁，这是因为程序中启动了"看门狗"，"看门狗"时间长度为 1 秒，如果 1 秒内没有复位"看门狗"的话，系统将复位。系统复位后再次开启"看门狗"，1 秒后复位。

（2）基础实训 22：本实训与实训 21 都以"看门狗"为学习目标，在实训 21 学会初始化"看门狗"，同时也知道了"看门狗"的作用，本实训着重学习复位"看门狗"。复位"看门狗"后小灯不会闪烁。

3. 实训设备

仿真器 1 台，电池板（或液晶板）1 块，ZigBee 模块 1 块，USB 连接线 1 根。

4. 实训步骤及结果

1）基础实训 21："看门狗"模式

程序在主程序中没有连续改变小灯的状态，而在开始运行时将其关闭，延时后点亮。实训现象是一盏小灯不断闪烁，这是因为程序中启动了"看门狗"，"看门狗"时间长度为 1 秒，如果 1 秒内没有复位"看门狗"的话，系统将复位。系统复位后再次开启"看门狗"，1 秒后复位。

实训中操作了的寄存器有 P1、P1DIR、P1SEL、WDTCL、CLKCONCMD 等寄存器。

P1 参见 CC2530 基础实训 1。

P1DIR 参见 CC2530 基础实训 1。

P1SEL 参见 CC2530 基础实训 1。

CLKCONCMD 参见 CC2530 基础实训 10。

SLEEPCMD 参见 CC2530 基础实训 10。

"看门狗"定时器控制寄存器如表 1-7-1 所示。

表 1-7-1　WDCTL("看门狗"定时器控制寄存器)

位号	位名	复位值	操作性	功能描述
7:4	CLR[3:0]	0000	读/写	"看门狗"复位,先写 0xa 再写 0x5 复位"看门狗",两次写入不超过 0.5 个"看门狗"周期,读出为 0000
3	EN	0	读/写	"看门狗"定时器使能位,在定时器模式下写 0 停止计数,在"看门狗"模式下写 0 无效。0 停止计数,1 启动"看门狗"/开始计数
2	MODE	0	读/写	"看门狗"定时器模式 0"看门狗"模式,1 定时器模式
1:0	INT[1:0]	00	读/写	"看门狗"时间间隔选择 00 1 秒 01 0.25 秒 10 15.625 毫秒 11 1.9 毫秒(以 32.768 K 时钟计算)

实训相关函数

void Delay(void);函数原型如下:

```
void Delay(void)
{
    uint n;
    for(n = 50000;n>0;n--);
    for(n = 50000;n>0;n--);
    for(n = 50000;n>0;n--);
    for(n = 50000;n>0;n--);
    for(n = 50000;n>0;n--);
    for(n = 50000;n>0;n--);
    for(n = 50000;n>0;n--);
}
```

函数功能:软件延时 10.94 ms。

void Init_IO(void);函数原型如下:

```
void Init_IO(void)
{
    P1DIR = 0x03;
    led1 = 1;
    led2 = 1;
}
```

函数功能:将 P10,P11 设置为输出控制 LED。

void Init_Watchdog(void);函数原型如下：

```
void Init_Watchdog(void)
{
    WDCTL = 0x00;
    //时间间隔一秒,"看门狗"模式
    WDCTL | = 0x08;
    //启动"看门狗"
}
```

函数功能：以"看门狗"模式启动"看门狗"定时器，"看门狗"复位时隔 1 秒。

void Init_Clock(void);函数原型如下：

```
void Init_Clock(void)
{
    CLKCONCMD = 0X00;
}
```

函数功能：将系统时钟设为晶振，低速时钟设为晶振，程序对时钟要求不高，不用等待晶振稳定。

2) 基础实训 22："喂狗"

本实训与实训 21 都以"看门狗"为学习目标，在实训 21 学会初始化"看门狗"，同时也知道了"看门狗"的作用，本实训着重学习复位"看门狗"。复位"看门狗"后小灯不会闪烁。

实训中操作了的寄存器有 P1、P1DIR、P1SEL、WDTCL、CLKCONCMD 等寄存器。

P1 参见 CC2530 基础实训 1。

P1DIR 参见 CC2530 基础实训 1。

P1SEL 参见 CC2530 基础实训 1。

CLKCONCMD 参见 CC2530 基础实训 10。

SLEEPCMD 参见 CC2530 基础实训 10。

WDCTL 参见 CC2530 基础实训 20。

实训相关函数

void Delay(void);参见 CC2530 基础实训 20

void Init_IO(void);参见 CC2530 基础实训 20

void Init_Watchdog(void);参见 CC2530 基础实训 20

void Init_Clock(void);参见 CC2530 基础实训 20

void FeetDog(void);函数原型如下：

```
void FeetDog(void)
{
    WDCTL = 0xa0;
    WDCTL = 0x50;
}
```

函数功能：复位"看门狗"，必须在"看门狗"时间间隔内调用本函数复位"看门狗"，系统会被强制复位，此时调用本函数已无意义。

1.7.3 实训知识检测

1. WDT 可以配置为一个"看门狗"定时器或配置为通用定时器。WDCTL 寄存器控制 WDT 模块的操作。"看门狗"定时器包含一个由 32 kHz 时钟源同步的 15 位计数器。请注意，用户并不能获得 15 位计数器的内容。15 位计数器的内容在所有功耗模式下都能保持，而当再次进入主动模式时，"看门狗"定时器继续计数。

2. 如果计数器达到了选定的定时器间隔值，"看门狗"定时器就产生一个复位信号给系统。如果在计数器达到选定的定时器间隔值之前，执行了一个"看门狗"清除序列，计数器就复位为 0 并继续递增。

3. 在定时器模式，可以通过写 1 到 WDCTL.CLR[0] 来清除定时器内容。当定时器被清除，计数器内容就被置为 0。写 00 或 01 到 WDCTL.MODE[1:0] 将停止定时器并清除为 0。

1.8 实训 8—液晶

1.8.1 相关基础知识

1. GPS 定位系统介绍

（1）空间部分

GPS 的空间部分是由 24 颗工作卫星组成，它位于距地表 20 200 km 的上空，均匀分布在 6 个轨道面上（每个轨道 4 颗），轨道倾角为 55°。此外，还有 4 颗有源备份卫星在轨运行。卫星的分布使得在全球任何地方、任何时间都可观测到 4 颗以上的卫星，并能保持良好定位解算精度。

图 1-8-1 GPS 卫星示意图

这就提供了在时间上连续的全球导航能力。GPS 卫星产生两组电码，一组称为 C/A 码（Coarse/Acquisition Code 1.102 3 MHz 码速率）；一组称为 P 码（Precise Code—10.123 MHz 码速率）。P 码因频率较高，不易受干扰，定位精度高，因此受美国军方管制，并设有密码，一般普通人无法解读，主要为美国军方服务。C/A 码人为采取措施而刻意降低精度后，主要开放给大众使用。

（2）地面控制部分

地面控制部分由一个主控站，5 个全球监测站和 3 个地面控制站组成。监测站均配装有精密的时钟和能够连续测量到所有可见卫星的接收机。监测站将取得的卫星 GPS 观测数据，包括电离层和气象数据，经过初步处理后，传送到主控站。主控站从各监测站收集跟踪数据，计算出卫星的轨道和时钟参数，然后将结果送到 3 个地面控制站。地面控制站在每颗卫星运行至上空时，把这些导航数据及主控站指令注入卫星。这种注入对每颗 GPS 卫星每天一次，并在卫星离开注入站作用范围之前进行最后的注入。如果某地面站发生故障，那么在卫星中预存的导航信息还可用一段时间，但导航精度会逐渐降低。

（3）用户设备部分

用户设备部分即 GPS 信号接收机。其主要功能是能够捕获到按一定卫星截止角所选择的待测卫星，并跟踪这些卫星的运行。当接收机捕获到跟踪的卫星信号后，就可测量出接收天线至卫星的伪距离和距离的变化率,解调出卫星轨道参数等数据。根据这些数据,接收机中的微处理器就可按定位解算方法(核心所在)进行定位计算,计算出用户所在地理位置的经纬度、高度、速度、时间等信息。接收机硬件和机内软件以及 GPS 数据的后处理软件包,构成完整的 GPS 用户设备。

GPS 接收机的结构分为天线单元和接收单元两部分。接收机一般采用机内和机外两种直流电源。设置机内电源的目的在于更换外电源时不中断连续观测,在用机外电源时机内电池自动充电。关机后,机内电池为 RAM 存储器供电,以防止数据丢失。目前各种类型的接收机体积越来越小,重量越来越轻,便于野外观测使用。

地面控制系统由监测站(Monitor Station)、主控制站(Master Monitor Station)、地面天线(Ground Antenna)所组成,主控制站位于美国科罗拉多州 Spring 市(Colorado Spring)。地面控制站负责收集由卫星传回信息,并计算卫星星历、相对距离,大气校正等数据。其次为使用者接收器,现有单频与双频两种,但由于价格因素,一般使用者所购买的多为单频接收器。

2. GPS 原理

GPS 导航系统的基本原理是测量出已知位置的卫星到用户接收机之间的距离,然后综合多颗卫星的数据就可知道接收机的具体位置。要达到这一目的,卫星的位置可以根据星载时钟所记录的时间在卫星星历中查出。而用户到卫星的距离,则通过纪录卫星信号传播到用户所经历的时间,再将其乘以光速得到(由于大气层电离层的干扰,这一距离并不是用户与卫星之间的真实距离,而是伪距(PR):当 GPS 卫星正常工作时,会不断地用 1 和 0 二进制码元组成的伪随机码(简称扩频伪码)发射导航电文。GPS 系统使用的伪码一共有两种,分别是民用的 C/A 码和军用的 P(Y)码。C/A 码速率 1.023 MHz,重复周期一毫秒,码间距 1 微秒,相当于 300 m;P 码频率 10.23 MHz,重复周期 266.4 天,码间距 0.1 微秒,相当于 30 m。而 Y 码是在 P 码的基础上形成的,保密性能更佳。

图 1-8-2　GPS 导航示意图

导航电文包括卫星星历、工作状况、时钟改正、电离层时延修正、大气折射修正等信息。它是从卫星信号中解调制出来,以 50 bit/s 调制在载频上发射的。导航电文每个主帧中包含 5 个子帧,每帧长 6 s。前三帧各 10 个字码;每三十秒重复一次,每小时更新一次。后两帧共 15 000 b。导航电文中的内容主要有遥测码、转换码、第 1、2、3 数据块,其中最重要的则为星历数据。当用户接收到导航电文时,提取出卫星时间并将其与自己的时钟做对比便可得知卫星与用户的距离,再利用导航电文中的卫星星历数据推算出卫星发射电文时所处位置,用户在 WGS-84 大地坐标系中的位置速度等信息便可得知。

可见 GPS 导航系统卫星部分的作用就是不断地发射导航电文。然而,由于用户接收机使用的时钟与卫星星载时钟不可能总是同步,所以除了用户的三维坐标 x、y、z 外,还要引进一个 Δt 即卫星与接收机之间的时间差作为未知数,然后用 4 个方程将这 4 个未知数解出来。所以如果想知道接收机所处的位置,至少要能接收到 4 个卫星的信号。

GPS 接收机可接收到可用于授时的准确至纳秒级的时间信息;用于预报未来几个月内卫星所处概略位置的预报星历;用于计算定位时所需卫星坐标的广播星历,精度为几米至几十米(各个卫星不同,随时变化);以及 GPS 系统信息,如卫星状况等。

GPS 接收机对码的量测就可得到卫星到接收机的距离,由于含有接收机卫星钟的误差及大气传播误差,故称为伪距。对 CA 码测得的伪距称为 CA 码伪距,精度约为 20 m,对 P 码测得的伪距称为 P 码伪距,精度约为 2 m。

GPS 接收机对收到的卫星信号,进行解码或采用其他技术,将调制在载波上的信息去掉后,就可以恢复载波。严格而言,载波相位应被称为载波拍频相位,它是收到的受多普勒频移影响的卫星信号载波相位与接收机本机振荡产生信号相位之差。一般在接收机钟确定的历元时刻量测,保持对卫星信号的跟踪,就可记录下相位的变化值,但开始观测时的接收机和卫星振荡器的相位初值是不知道的,起始历元的相位整数也是不知道的,即整周模糊度,只能在数据处理中作为参数解算。相位观测值的精度高至毫米,但前提是解出整周模糊度,因此只有在相对定位、并有一段连续观测值时才能使用相位观测值,而要达到优于米级的定位精度也只能采用相位观测值。按定位方式,GPS 定位分为单点定位和相对定位(差分定位)。单点定位就是根据一台接收机的观测数据来确定接收机位置的方式,它只能采用伪距观测量,可用于车船等的概略导航定位。相对定位(差分定位)是根据两台以上接收机的观测数据来确定观测点之间的相对位置的方法,它既可采用伪距观测量也可采用相位观测量,大地测量或工程测量均应采用相位观测值进行相对定位。

在 GPS 观测量中包含了卫星和接收机的钟差、大气传播延迟、多路径效应等误差,在定位计算时还要受到卫星广播星历误差的影响,在进行相对位时大部分公共误差被抵消或削弱,因此定位精度将大大提高,双频接收机可以根据两个频率的观测量抵消大气中电离层误差的主要部分,在精度要求高,接收机间距离较远时(大气有明显差别),应选用双频接收机。

附:GPS 数据包解析如下。

NMEA-0183 协议是 GPS 接收机应当遵守的标准协议,也是目前 GPS 接收机上使用最广泛的协议,大多数常见的 GPS 接收机、GPS 数据处理软件、导航软件都遵守或者至少兼容这个协议。

NMEA-0183 是美国国家海洋电子协会(National Marine Electronics Association)为统一海洋导航规范而制定的标准,该格式标准已经成为国际通用的一种格式,协议的内容在兼容 NMEA-0180 和 NMEA-0182 的基础上,增加了 GPS、测深仪、罗经方位系统等多种设备接口和通信协议定义,同时还允许一些特定厂商对其设备通信自定协议(如 Garmin GPS,Deso 20 等)。

NMEA-0183 格式数据串的所有数据都采用 SASCII 文本字符表示,数据传输以"$"开头,后面是语句头。语句头由五个字母组成,分两部分,前两个字母表示"系统 ID",即表示该语句是属于何种系统或设备,后三个字母表示"语句 ID",表示该语句是关于何方面的数据。语句头后是数据体,包含不同的数据体字段,语句末尾为校验码(可选),以回车换行符〈CR〉〈LF〉结束,也就是 ACSII 字符"回车"(十六进制的 0D)和"换行"(十六进制的 0A)。每行语句最多包含 82 个字符(包括回车换行符和 $"符号)。数据字段以逗号分隔识别,空字段保留逗号。以 GPS 的 GPRMC 语句为:

$ GPRMC,〈1〉,〈2〉,〈3〉,〈4〉,〈5〉,〈6〉,〈7〉,〈8〉,〈9〉,〈10〉,〈11〉,〈12〉* hh〈CR〉〈LF〉

其中 GP 表示该语句是 GPS 定位系统的,RMC 表示该语句输出的是 GPS 定位信息,后面是数据体。最后校验码 * hh 是用做校验的数据。在通常使用时,它并不是必须的,但是当周围环境中有较强的电磁干扰时,则推荐使用。hh 代表了"$"和" * "的所有字符的按位异或值(不包括这两个字符)。个别厂商自己定义语句格式以" $ P"开头,其后是 3 个字符的厂家 ID 识别号,后接自定义的数据体。

　　GPS 上电后,每隔一定的时间就会返回一定格式的数据,数据格式为: $ 信息类型,x,x,x,x,x,x,x,x,x,x,x,x 每行开头的字符都是'$',接着是信息类型,后面是数据,以逗号分隔开。一行完整的数据如下:

　　$ GPRMC,080655.00,A,4546.40891,N,12639.65641,E,1.045,328.42,170809,A＊60

信息类型为:

GPGSV:可见卫星信息。

GPGLL:地理定位信息。

GPRMC:推荐最小定位信息。

GPVTG:地面速度信息。

GPGGA:GPS 定位信息。

GPGSA:当前卫星信息。

这里我们只解析 GPRMC 和 GPGGA 的信息。

GPRMC 数据详解:

$ GPRMC,〈1〉,〈2〉,〈3〉,〈4〉,〈5〉,〈6〉,〈7〉,〈8〉,〈9〉,〈10〉,〈11〉,〈12〉＊hh

〈1〉UTC 时间,hhmmss(时分秒)格式。

〈2〉定位状态,A＝有效定位,V＝无效定位。

〈3〉纬度 ddmm.mmmm(度分)格式(前面的 0 也将被传输)。

〈4〉纬度半球 N(北半球)或 S(南半球)。

〈5〉经度 dddmm.mmmm(度分)格式(前面的 0 也将被传输)。

〈6〉经度半球 E(东经)或 W(西经)。

〈7〉地面速率(000.0～999.9 节,前面的 0 也将被传输)。

〈8〉地面航向(000.0～359.9 度,以真北为参考基准,前面的 0 也将被传输)。

〈9〉UTC 日期,ddmmyy(日月年)格式。

〈10〉磁偏角(000.0～180.0 度,前面的 0 也将被传输)。

〈11〉磁偏角方向,E(东)或 W(西)。

〈12〉模式指示(仅 NMEA0183 3.00 版本输出,A＝自主定位,D＝差分,E＝估算,N＝数据无效)。

解析内容:

　　时间,这个是格林威治时间,是世界时间(UTC),我们需要把它转换成北京时间(BTC),BTC 和 UTC 差了 8 个小时,要在这个时间基础上加 8 个小时。

　　定位状态,在接收到有效数据前,这个位是'V',后面的数据都为空,接到有效数据后,这个位是'A',后面才开始有数据。

　　纬度,我们需要把它转换成度分秒的格式,计算方法:

　　如接收到的纬度是:4 546.408 91。

　　4 546.408 91 / 100＝45.464 089 1　可以直接读出 45 度

　　45.464 089 1－45＝0.464 089 1×60＝27.845 346　读出 27 分

　　27.845 346－27＝0.845 346×60＝50.720 76　读出 50 秒

　　所以纬度是:45 度 27 分 50 秒。

南北纬,这个位有两种值'N'(北纬)和'S'(南纬)

经度的计算方法和纬度的计算方法一样。

东西经,这个位有两种值'E'(东经)和'W'(西经)

速率,这个速率值是 海里/时,单位是节,要把它转换成千米/时,根据:1 海里 ＝ 1.85 公里,把得到的速率乘以 1.85。

航向,指的是偏离正北的角度。

日期,这个日期是准确的,不需要转换。

GPGGA 数据详解:

$ GPGGA,〈1〉,〈2〉,〈3〉,〈4〉,〈5〉,〈6〉,〈7〉,〈8〉,〈9〉,M,〈10〉,M,〈11〉,〈12〉＊xx〈CR〉〈LF〉

$ GPGGA:起始引导符及语句格式说明(本句为 GPS 定位数据);

〈1〉UTC 时间,格式为 hhmmss.sss。

〈2〉纬度,格式为 ddmm.mmmm(第一位是零也将传送)。

〈3〉纬度半球,N 或 S(北纬或南纬)。

〈4〉经度,格式为 dddmm.mmmm(第一位零也将传送)。

〈5〉经度半球,E 或 W(东经或西经)。

〈6〉定位质量指示,0＝定位无效,1＝定位有效。

〈7〉使用卫星数量,从 00 到 12(第一个零也将传送)。

〈8〉水平精确度,0.5 到 99.9。

〈9〉天线离海平面的高度,－9 999.9 到 9 999.9 米,指单位米。

〈10〉大地水准面高度,－9 999.9 到 9 999.9 米,指单位米。

〈11〉差分 GPS 数据期限(RTCMSC-104),最后设立 RTCM 传送的秒数量。

〈12〉差分参考基站标号,从 0000 到 1 023(首位 0 也将传送)。

1.8.2 实训操作指南

1. 实训名称

液晶实训,实训主要包括两个部分:液晶显示实训,GPS 定位与显示实训。实训的核心为 CC2530,通过 CC2530 完成以上实训。

2. 实训目的

通过本实训完成初步了解本物联网试验箱的基础操作流程。通过两个小实训,练习使用液晶显示和 GPS 定位。

本例主要分为两个部分。

(1)基础实训 23:了解液晶字符动态显示过程,用定时器定时更新液晶显示特定的字符。

(2)基础实训 24:了解 GPS 定位系统,理解 NMEA-0183 导航协议电文格式,理解串口通信设置和液晶字符动态显示过程。

3. 实训设备

(1)硬件:①PC(一台)。

②公头转母头的交叉串口线(一根)。

③CC2530 液晶开发主结点(1 个)如图 1-8-3 所示。

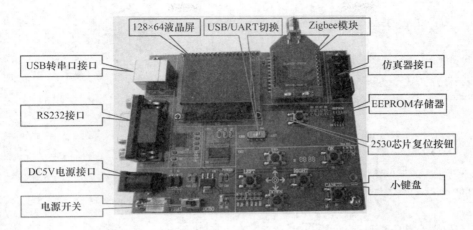

图 1-8-3　无线传感网关

④CC debugger 仿真器。

（2）软件：IAR Embedded Workbench for MCS-51 开发环境。

4. 实训步骤及结果

1）基础实训 23：液晶显示实训

实训相关函数

void initTimer(void)；

uchar InttoChar(uchar ＊StrPressure, long AutoPressure)；

void halLcdWriteLine(uint8 line, const char XDATA ＊pLine)；

void initTimer(void)；函数原型如下：

```
void initTimer(void)
{
    CLKCONCMD & = ～0x40;               //晶振
    while(! (SLEEPSTA & 0x40));          //等待晶振稳定
    CLKCONCMD & = ～0x47;               //TICHSPD128 分频,CLKSPD 不分频
    SLEEPCMD | = 0x04;                   //关闭不用的 RC 振荡器


    /＊设置定时器 T1,32 分频,模模式,从 0 计数到 T1CC0 ＊/
    T1CTL | = 0x0a;                      //32 分频,模模式,从 0 计数到 T1CC    Page105
    /＊装入定时器初值(比较值)先装低位再装高位＊/
    T1CC0L = 0xD0;
    T1CC0H = 0x07;
    T1CCTL0 ^ = 1<<2;


    IEN1 = 0x02;                         //P0 口定时器 1 中断使能
    EA = 1;                              //使能全局中断
}
```

函数功能：初始化时钟和定时器 T1 并使能定时器 1 中断。

uchar InttoChar(uchar ＊StrPressure, long AutoPressure)；函数原型如下：

```
uchar InttoChar(uchar * StrPressure, long AutoPressure)
{
  uchar Arrayindex = 0;
  uchar i = 0;
  uchar tmp = 0;

  while (AutoPressure)
  {
    StrPressure[Arrayindex++] =  AutoPressure % 10 + '0';
    AutoPressure /= 10;
  }
  StrPressure[Arrayindex] = '\0';

  for (i = 0; i< Arrayindex/2; i++)
  {
    tmp =  StrPressure[i];
    StrPressure[i] =  StrPressure[Arrayindex - i-1];
    StrPressure[Arrayindex - i-1] = tmp;
  }
  return Arrayindex;
}
```

函数功能:把整型数转换为字符串。

实训步骤

(1) 启动 IAR,打开工作区文件:"CC2530 模块\CC2530 基础实训程序\CC2530 无线 SOC 基础例程\CC2530-LCD_Display\ LCD_Display.eww"。

(2) 打开 main.c 文件,单击 Project→RebuildAll,编译程序并生成可执行文件。

图 1-8-4　液晶显示界面

(3) 取一个带液晶的 CC2530 开发无线结点,连接 CCDebugger,连接电源,连接好后,打开电源开关(背板电池供电),连接方法参考其他前面实训。单击 Project→Debug 将程序下载到液晶的 CC2530 开发无线结点。单击 ▨ 然后退出调试状态,关闭模块上的电源开关并拔掉 CC Debugger;显示界面如图 1-8-4 所示。

2)基础实训 24:GPS 定位与显示实训

(1) 串口查看定位电文

① 将 GPS 模块与对应的 GPS 天线相连,通过 USB 转串口线与计算机连接,插上电源如图 1-8-5 所示。

② 打开串口调试助手如图 1-8-6 所示。

在图中红框标示位置选择对应 COM 口,在蓝框标示位置将波特率改为 38400。

③ 单击打开串口。接收区出现相应数据如图 1-8-7 所示。

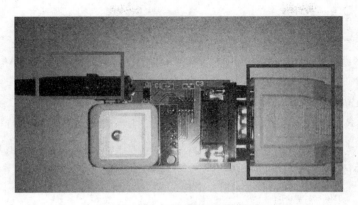

图 1-8-5　GPS 模块示意图

(注：图中黄框为 GPS 天线接口；红框为电源接口；蓝框为串口线接口。)

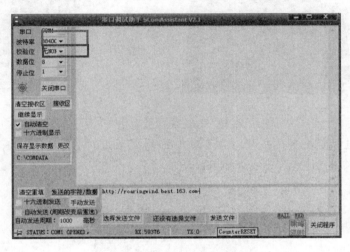

图 1-8-6　串口调试助手打开串口和设置波特率

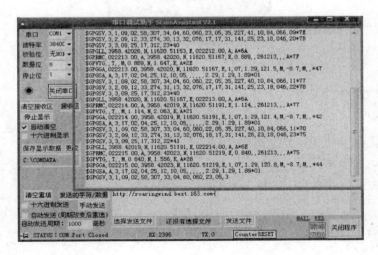

图 1-8-7　串口接收到的 GPS 模块发送信

GPS 模块正常运行。

（2）液晶板显示定位数据

① 启动 IAR，打开工作区文件："CC2530 模块\CC2530 基础实训程序\CC2530 无线 SOC 基础例程\CC2530-GPS_Display\ GPS_Display.eww"。

② 取一个液晶开发无线结点，按照如图 1-8-8 所示连接（注意需要将 USB/UART 拨码开关，拨到左边 UART 模式），然后连接 CC Debugger、打开电源，连接好后，打开电源开关，连接方法请参照其他说明。单击 Project→Debug 将程序下载到 CC2530 无线结点。单击 🔲 然后退出调试状态，关闭无线结点上的电源开关并拔掉 CC Debugge。

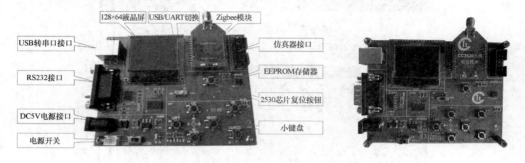

图 1-8-8　GPS 连接示意图

然后，等待 GPS 模块定位成功（GPS 模块绿色指示灯，间隔 1 秒闪烁）；液晶将显示如图 1-8-9 所示结果（和具体程序运行时间和地点有关）。

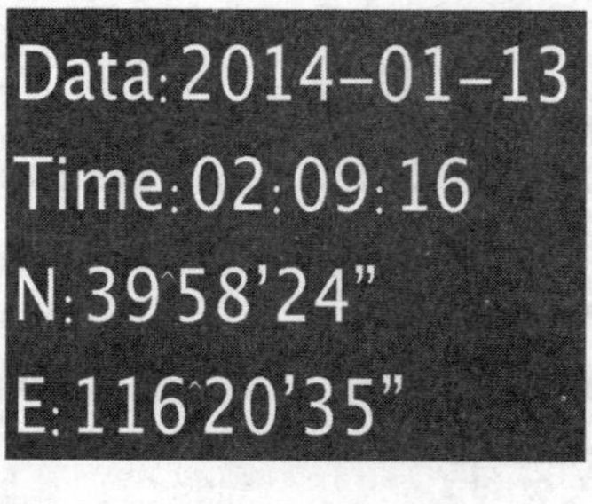

Data:2014-01-13
Time:02:09:16
N:39°58'24"
E:116°20'35"

图 1-8-9　液晶显示结果

（3）实训参考程序

重要代码说明如下。

```
void initUARTtest(void);

__interrupt void UART0_ISR(void);

__interrupt void T4_ISR(void);

int GPS_RMC_Parse(char * line.GPS_INFO * GPS);

int GPS_GGA_Parse(char * line.GPS_INFO * GPS);

void halLcdWriteChar(uint8 line, uint8 col, char text);

void halLcdWriteLine(uint8 line, const char XDATA * pLine);

int Flt_to_Str(float fNum,char str[],int dotsize);
```

① 串口模块：

void initUARTtest(void);函数原型如下：

```
void initUARTtest(void)
{

    CLKCONCMD & = ~0x40;                //晶振
    while(! (SLEEPSTA & 0x40));         //等待晶振稳定
    CLKCONCMD & = ~0x47;                //TICHSPD128 分频,CLKSPD 不分频
    SLEEPCMD | = 0x04;                  //关闭不用的 RC 振荡器

    PERCFG = 0x00;                      //位置 1 P0 口
    P0SEL = 0x3c;                       //P0 用作串口

    U0CSR | = 0x80;                     //UART 方式
    U0GCR | = 10;                       //baud_e
    U0BAUD | = 59;                      //波特率设为 38400
    UTX0IF = 1;

    U0CSR | = 0x40;                     //允许接收
    IEN0 | = 0x84;                      //开总中断,接收中断
}
```

函数功能：初始化时钟和串口。

void initTimer(void);函数原型如下：

```
void initTimer(void)
{
    CLKCONCMD & = ~0x40;               //晶振
    while(! (SLEEPSTA & 0x40));         //等待晶振稳定
    CLKCONCMD & = ~0x47;               //TICHSPD128 分频,CLKSPD 不分频
    SLEEPCMD | = 0x04;                 //关闭不用的 RC 振荡器

    /*设置定时器 T1,32 分频,模模式,从 0 计数到 T1CC0*/
    T1CTL | = 0x0a;                    //32 分频,模模式,从 0 计数到 T1CC     Page105
    /*装入定时器初值(比较值)先装低位再装高位*/
    T1CC0L = 0xD0;
    T1CC0H = 0x07;
    T1CCTL0 ^= 1<<2;

    IEN1 = 0x02;                       //P0 口定时器 1 中断使能
    EA = 1;                            //使能全局中断
}
```

函数功能：初始化时钟和定时器 T1 并使能定时器 1 中断。

__interrupt void T4_ISR(void);函数原型如下：

```
#pragma vector = T4_VECTOR
__interrupt void T4_ISR(void)
{
    //可不清中断标志,硬件自动完成
    IRCON = 0x00;
        if (counter > 0)
            counter++ ;
}
```

函数功能：定时器 T4 中断函数,统计接收的字符个数。

__interrupt void UART0_ISR(void);函数原型如下：

```
#pragma vector = URX0_VECTOR
__interrupt void UART0_ISR(void)
{
        uchar ch;
    IEN0 &= 0x7F;//关总中断
        //*
        URX0IF = 0;//清接收中断标志

    ch = U0DBUF;

        if ('$' == ch &&  counter == 0 )
        {
          counter = 1;
rev_buf[USART2_RX_STA++] = ch;
        }
        if(counter <= 10 && counter >= 1)      //还能接受数据
    {
        counter = 1;                          //计数器清零

        rev_buf[USART2_RX_STA++] = ch;        //记录接收到的值
    }
        else
    {
                rev_buf[USART2_RX_STA] = '\0';
        USART2_RX_STA |= 1<<15;               //强制标记接受完成
                counter = 0;
    }


        IEN0 |= 0x84; //开总中断,开串口接收中断
}
```

函数功能：串口中断函数，接收一串字符并判断电文的开始和结束。

② GPS 解析模块：

void GPS_RMC_Parse(char ＊ line,GPS_INFO ＊ GPS)；函数原型如下：

```
int GPS_RMC_Parse(char *line,GPS_INFO *GPS)
{
    uchar ch, status, tmp;
    float lati_cent_tmp, lati_second_tmp;
    float long_cent_tmp, long_second_tmp;
    float speed_tmp;
    char *buf = line;
    ch = buf[5];
    status = buf[GetComma(2, buf)];

    if (ch == 'C')   //如果第五个字符是 C,( $ GPRMC)
    {
        if (status == 'A')   //如果数据有效,则分析
        {
            GPS - > NS       = buf[GetComma(4, line)];
            GPS - > EW       = buf[GetComma(6, line)];

            GPS - >latitude  = Get_Double_Number(&buf[GetComma(3, line)]);
            GPS - >longitude = Get_Double_Number(&buf[GetComma(5, line)]);

            GPS - >latitude_Degree = (int)GPS - >latitude / 100;        //分离纬度
            lati_cent_tmp          = (GPS - >latitude - GPS - >latitude_Degree * 100);
            GPS - >latitude_Cent   = (int)lati_cent_tmp;
            lati_second_tmp        = (lati_cent_tmp - GPS - >latitude_Cent) * 60;
            GPS - >latitude_Second = (int)lati_second_tmp;

            GPS - >longitude_Degree = (int)GPS - >longitude / 100;//分离经度
            long_cent_tmp           = (GPS - >longitude - GPS - >longitude_Degree * 100);
            GPS - >longitude_Cent   = (int)long_cent_tmp;
            long_second_tmp         = (long_cent_tmp - GPS - >longitude_Cent) * 60;
            GPS - >longitude_Second = (int)long_second_tmp;

            speed_tmp = Get_Float_Number(&buf[GetComma(7, line)]);  //速度(单位:海里/时)
            GPS - >speed     = speed_tmp * 1.85;         //1 海里 = 1.85 公里
            GPS - >direction = Get_Float_Number(&buf[GetComma(8, line)]); //角度
            GPS - >D.hour    = (buf[7] - '0') * 10 + (buf[8] - '0');//时间
            GPS - >D.minute  = (buf[9] - '0') * 10 + (buf[10] - '0');
            GPS - >D.second  = (buf[11] - '0') * 10 + (buf[12] - '0');
            tmp = GetComma(9, buf);
```

```
        GPS->D. day     = (buf[tmp + 0] - '0') * 10 + (buf[tmp + 1] - '0'); //日期
        GPS->D. month   = (buf[tmp + 2] - '0') * 10 + (buf[tmp + 3] - '0');
        GPS->D. year    = (buf[tmp + 4] - '0') * 10 + (buf[tmp + 5] - '0') + 2000;
        UTC2BTC(&GPS->D);
        return 1;
      }
    }
    return 0;
}
```

函数功能:GPRMC 电文解析。

void GPS_GGA_Parse(char * line,GPS_INFO * GPS);函数原型如下:

```
int GPS_GGA_Parse(char * line,GPS_INFO * GPS)
{
    uchar ch, status;
    char * buf = line;
    ch = buf[4];
    status = buf[GetComma(2, buf)];

    if (ch == 'G')   // $ GPGGA
    {
        if (status ! = ',')
        {
            GPS->height_sea = Get_Float_Number(&buf[GetComma(9, line)]);
            GPS->height_ground = Get_Float_Number(&buf[GetComma(11, line)]);
            return 1;
        }
    }
    return 0;
}
```

函数功能:GPGGA 电文解析。

液晶显示模块:

void halLcdWrite(uint8 line,uint8 col,char text);函数原型如下:

```
void halLcdWriteChar(uint8 line, uint8 col, char text)
{
    uint8 ch[2] = {' ','\0'};
    ch[0] = text;
    Print8( line,col, ch,1);
}
```

函数功能:在液晶屏上显示字符。

void halLcdWriteLine(uint8 line,const char XDATA * pLine);函数原型如下:

```
void halLcdWriteLine(uint8 line, const char XDATA * pLine)
{
    if (pLine)
    {
        HalLcdWriteString( (void * )pLine,line * 2 );
    }
}
```

函数功能:在液晶屏上显示一行字符串。

浮点转字符串模块:

void Flt_to_Str(float fNum, char str[],int dotsize);函数原型如下:

```
int Flt_to_Str(float fNum,char str[],int dotsize)
{
    //定义变量
    int iSize = 0;//记录字符串长度的数
    int n = 0;//用作循环的临时变量
    char * p = str;//做换向时用的指针
    char * s = str;//做换向时用的指针
    char isnegative = 0;//负数标志
    unsigned long int i_predot;//小数点前的数
    unsigned long int i_afterdot;//小数点后的数
    float f_afterdot;//实数型的小数部分

    //判断是否为负数
    if(fNum<0)
    {
        isnegative = 1;//设置负数标志
        fNum = 0 - fNum;//将负数变为正数
    }

    i_predot = (unsigned long int)fNum;//将小数点之前的数变为整数
    f_afterdot = fNum - i_predot;//单独取出小数点之后的数
    //根据设定的要保存的小数点后的位数,将小数点后相应的位数变到小数点之前
    for(n = dotsize;n>0;n-- )
    {
        f_afterdot = f_afterdot * 10;
    }
    i_afterdot = (unsigned long int)f_afterdot;//将小数点后相应位数的数字变为整数

    //先将小数点后的数转换为字符串
    n = dotsize;
    while(i_afterdot>0|n>0)
```

```
    {
        n--;
        str[iSize++] = i_afterdot%10+'0';  //对10取余并变为ASCII码
        i_afterdot = i_afterdot/10;//对10取商
    }
    str[iSize++] = '.';//加上小数点
    //处理小数点前为0的情况。
    if(i_predot==0)
        str[iSize++] = '0';
    //再将小数点前的数转换为字符串
    while(i_predot>0)
    {
        str[iSize++] = i_predot%10+'0';        //对10取余并变为ASCII码
        i_predot = i_predot/10;                //对10取商
    }
    if(isnegative==1)
        str[iSize++] = '-';                    //如果是负数,则在最后加上负号
        str[iSize] = '\0';                     //加上字符串结束标志
        p = str+iSize-1;                       //将P指针指向字符串结束标志之前
        for(;p-s>0;p--,s++)                    //将字符串中存储的数调头
    {
        *s^= *p;
        *p^= *s;
        *s^= *p;
    }
    //返回指针字符串大小
    return iSize;
}
```

函数功能:把浮点数转换为字符串。

1.8.3 实训知识检测

1. 如何显示汉字字符?(提示:设置汉字点阵字库,并调用)

2. 如何将其他传感器采集参数集成?(提示:将其他采集模块,融合在一个大工程中,如果有多个中断,设置对应的中断优先级)

3. GPS 的空间部分是由 24 颗工作卫星组成,它位于距地表 20 200 km 的上空,均匀分布在 6 个轨道面上每个轨道 4 颗,轨道倾角为 55°。此外,还有 4 颗有源备份卫星在轨运行。卫星的分布使得在全球任何地方、任何时间都可观测到 4 颗以上的卫星,并能保持良好定位解算精度。

4. 简述 GPS 原理。(略)

第 2 章　结点传感器实训

2.1　实训 9—蜂鸣器实训

2.1.1　相关基础知识

1. 蜂鸣器介绍

蜂鸣器的作用:蜂鸣器是一种一体化结构的电子讯响器,采用直流电压供电,广泛应用于计算机、打印机、复印机、报警器、电子玩具、汽车电子设备、电话机、定时器等电子产品中作发声器件。

蜂鸣器的分类:蜂鸣器主要分为压电式蜂鸣器和电磁式蜂鸣器两种类型。

蜂鸣器的电路图形符号:蜂鸣器在电路中用字母"H"或"HA"(旧标准用"FM""LB""JD"等)表示。

2. 蜂鸣器的结构原理

(1) 压电式蜂鸣器。压电式蜂鸣器主要由多谐振荡器、压电蜂鸣片、阻抗匹配器及共鸣箱、外壳等组成。有的压电式蜂鸣器外壳上还装有发光二极管。

● 多谐振荡器由晶体管或集成电路构成。当接通电源后(1.5～15 V 直流工作电压),多谐振荡器起振,输出 1.5～2.5 kHz 的音频信号,阻抗匹配器推动压电蜂鸣片发声。

● 压电蜂鸣片由锆钛酸铅或铌镁酸铅压电陶瓷材料制成。在陶瓷片的两面镀上银电极,经极化和老化处理后,再与黄铜片或不锈钢片粘在一起。

(2) 电磁式蜂鸣器。电磁式蜂鸣器由振荡器、电磁线圈、磁铁、振动膜片及外壳等组成。

● 接通电源后,振荡器产生的音频信号电流通过电磁线圈,使电磁线圈产生磁场。振动膜片在电磁线圈和磁铁的相互作用下,周期性地振动发声。

本无线传感器结点使用蜂鸣器类型如图 2-1-1 所示,类型描述如下。

品牌:AAC。

型号:DET501。

种类:蜂鸣器(贴片)。

驱动方式:电磁式。

是否有源:无源。

图 2-1-1　蜂鸣器

材质:PPO。

规格尺寸:5 mm×5 mm×2.5 mm。

声道数:单声道。

贴片蜂鸣器工作参数如表 2-1-1 所示。

表 2-1-1

Rated Voltage(Vo-p)	3
Operating Voltage(Vo-p)	2～4
* Rated Current (mA)	≤90
* Sound Output at 10cm(dB)	≥75
Coil Resistance (ohm)	12±3
Resonant Frequency (Hz)	4000
Operating Temperature(℃)	−20～+70
Storage Temperature(℃)	−30～+80
* Value applying rated voltage, rated frequency,1/2duty, square wave.	

电路驱动原理如图 2-1-2 所示,通过 I/O 口高低电平,控制晶体管 MMBT3904 导通与否;来控制蜂鸣器的发声。

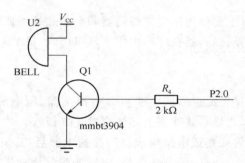

图 2-1-2　蜂鸣器电路原理图

2.1.2　实训操作指南

1. 实训名称

蜂鸣器实训,实训的核心为 CC2530,通过 CC2530 I/O 开关配置输出控制 I/O 控制蜂鸣器发声。

2. 实训目的

学习如何设置 CC2530 的 I/O 开关配置输出,详细了解蜂鸣器的分类以及基本原理,了解蜂鸣器的参数指标特性,学会使用 I/O 控制蜂鸣器发声。

3. 实训设备

(1) 硬件:PC(一台)。

(2) CC2530 无线传感器结点(1 个,模块加红色底板)如图 2-1-3 所示。

(3) CC Debugger 仿真器如图 2-1-4 所示。

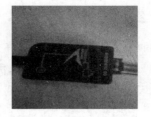

图 2-1-3　CC2530 无线传感器结点　　　　图 2-1-4　CC Debugger 仿真器

（4）软件：IAR Embedded Workbench for MCS-51 开发环境。

4. 实训步骤及结果

（1）启动 IAR，打开工作区文件："CC2530 模块\
无线传感网演示例程\02. 传感器应用例程\CC2530-
蜂鸣器\forJ1. eww"。

（2）连接仿真器和 CC2530 无线结点（红色底板）
如图 2-1-5 所示。

（3）用 IAR 从仿真器下载工程（快捷键 Ctrl＋D，
如果 IAR 提示不能下载，按下仿真器侧面的 Reset 按
键）；单击运行按钮将听到周期重复的"嗒嗒"声。

关键代码说明：

void Initial(void)；

void main(void)；函数原型如下。

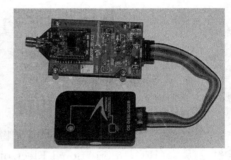

图 2-1-5　CC2530 无线结点和
仿真器连接示意图

```
/****************************
// IO 初始化程序
****************************/
void Initial(void)
{
    P2DIR |= 0x01; //CC2530 的 P2.0 口设置为输出
}
/****************************
//主函数
****************************/
void main(void)
{
    Initial();//调用初始化函数
    while(1)
    {
        Bell = 0;//蜂鸣器关闭
        Delay(5000);
        Bell = 1;//蜂鸣器打开
        Delay(5000);
    }
}
```

2.1.3 实训知识检测

1. 如何用蜂鸣器发出长短间隔不一的提示音？（提示：通过不同的延迟组合）
2. 如何提高蜂鸣器的音量？（提示：在工作电压范围内，提高电压，增大晶体管驱动电流）
3. 简述蜂鸣器的作用。（略）
4. 蜂鸣器主要分为压电式蜂鸣器和电磁式蜂鸣器两种类型。
5. 蜂鸣器在电路中用字母"H"或"HA"表示。
6. 简述压电式蜂鸣器的结构原理。（略）
7. 简述电磁式蜂鸣器的结构原理。（略）

2.2 实训 10—可燃气体 CO 模块

2.2.1 相关基础知识

1. 传感器的含义及工作原理

传感器的定义传感器是一种能把物理量或化学量转变成便于利用的电信号的器件。国际电工委员会(IEC，International Electrotechnical Committee)的定义为："传感器是测量系统中的一种前置部件，它将输入变量转换成可供测量的信号"。按照 Gopel 等的说法是："传感器是包括承载体和电路连接的敏感元件"，而"传感器系统则是组合有某种信息处理（模拟或数字）能力的系统"。传感器是传感系统的一个组成部分，它是被测量信号输入的第一道关口。

传感器把某种形式的能量转换成另一种形式的能量。有两类：有源的和无源的。有源传感器能将一种能量形式直接转变成另一种，不需要外接的能源或激励源。

无源传感器不能直接转换能量形式，但它能控制从另一输入端输入的能量或激励能，传感器承担将某个对象或过程的特定特性转换成数量的工作。其"对象"可以是固体、液体或气体，而它们的状态可以是静态的，也可以是动态（即过程）的。对象特性被转换量化后可以通过多种方式检测。对象的特性可以是物理性质的，也可以是化学性质的。按照其工作原理，它将对象特性或状态参数转换成可测定的电学量，然后将此电信号分离出来，送入传感器系统加以评测或标示。

2. 传感器原理结构

在一段特制的弹性轴上粘贴上专用的测扭应片并组成变桥，即为基础扭矩传感器；在轴上固定着：(1)能源环形变压器的次级线圈。(2)信号环形变压器初级线圈。(3)轴上印刷电路板，电路板上包含整流稳定电源、仪表放大电路、V/F 变换电路及信号输出电路。在传感器的外壳上固定着：

（1）激磁电路；

（2）能源环形变压器的初级线圈（输入）；

（3）信号环形变压器次级线圈（输出）；

（4）信号处理电路。

向传感器提供±15 V 电源，激磁电路中的晶体振荡器产生 400 Hz 的方波，经过 TDA2030 功率放大器即产生交流激磁功率电源，通过能源环形变压器 T1 从静止的初级线圈传递至旋转的次级线圈,得到的交流电源通过轴上的整流滤波电路得到±5 V 的直流电源,该电源做运算放大器 AD822 的工作电源;由基准电源 AD589 与双运放 AD822 组成的高精度稳压电源产生±4.5 V 的精密直流电源,该电源既作为电桥电源,又作为放大器及 V/F 转换器的工作电源。当弹性轴受扭时,应变桥检测得到的 mV 级的应变信号通过仪表放大器 AD620 放大成 1.5 V±1 V 的强信号,再通过 V/F 转换器 LM131 变换成频率信号,通过信号环形变压器 T2 从旋转的初级线圈传递至静止次级线圈,再经过外壳上的信号处理电路滤波、整形即可得到与弹性轴承受的扭矩成正比的频率信号,该信号为 TTL 电平,既可提供给专用二次仪表或频率计显示也可直接送计算机处理。由于该旋转变压器动—静环之间只有零点几毫米的间隙,加之传感器轴上部分都密封在金属外壳之内,形成有效的屏蔽,因此具有很强的抗干扰能力。

传感器分类有:压电加速度传感器在军事、航天航空、工业自动化、工程机械、铁路机车、消费电子、海洋船舶等领域得到广泛运用。加速度传感器(线和角加速度)分低频高精度力平衡伺服型、低频低成本热对流型和中高频电容式加速度位移传感器,总频响范围从 DC 至 3 000 Hz,应用领域包括汽车运动控制、汽车测试、家电、游戏产品、办公自动化、GPS、PDA、手机、振动检测、建筑仪器以及实训设备等。红外温度传感器广泛应用于家用电器(微波炉、空调、油烟机、吹风机、烤面包机、电磁炉、炒锅、暖风机等)、医用/家用体温计、办公自动化、便携式非接触红外温度传感器、工业现场温度测量仪器以及电力自动化等。不仅能提供传感器、模块或完整的测温仪器,还能根据用户需要提供包括光学透镜、ASIC、算法等一揽子解决方案。

传感器的应用传感器的应用领域涉及机械制造、工业过程控制、汽车电子产品、通信电子产品、消费电子产品和专用设备等。

① 专用设备

专用设备主要包括医疗、环保、气象等领域应用的专业电子设备。目前医疗领域是传感器销售量巨大、利润可观的新兴市场,该领域要求传感器件向小型化、低成本和高可靠性方向发展。

② 工业自动化

工业领域应用的传感器,如工艺控制、工业机械以及传统的,各种测量工艺变量(如温度、液位、压力、流量等)的,测量电子特性(电流、电压等)和物理量(运动、速度、负载以及强度)的,以及传统的接近/定位传感器发展迅速。

③ 通信电子产品

手机产量的大幅增长及手机新功能的不断增加给传感器市场带来机遇与挑战,彩屏手机和摄像手机市场份额不断上升增加了传感器在该领域的应用比例。此外,应用于集团电话和无绳电话的超声波传感器、用于磁存储介质的磁场传感器等都将出现强势增长。

3. 传感器类型

传感器有许多分类方法,下面就来看看传感器类型有哪些?

按工作原理传感器类型可划分为:

(1) 光电式传感器

光电式传感器在非电量电测及自动控制技术中占有重要的地位。

它是利用光电器件的光电效应和光学原理制成的,主要用于光强、光通量、位移、浓度等参数的测量。

(2) 电势型传感器

电势型传感器是利用热电效应、光电效应、霍尔效应等原理制成的,主要用于温度、磁通、电流、速度、光强、热辐射等参数的测量。

（3）电荷传感器

电荷传感器是利用压电效应原理制成的，主要用于力及加速度的测量。

（4）半导体传感器

半导体传感器是利用半导体的压阻效应、内光电效应、磁电效应、半导体与气体接触产生物质变化等原理制成，主要用于温度、湿度、压力、加速度、磁场和有害气体的测量。

（5）电学式传感器

电学式传感器是非电量电测技术中应用范围较广的一种传感器，常用的有电阻式传感器、电容式传感器、电感式传感器、磁电式传感器及电涡流式传感器等。

电阻式传感器是利用变阻器将被测非电量转换为电阻信号的原理制成。电阻式传感器一般有电位器式、触点变阻式、电阻应变片式及压阻式传感器等。电阻式传感器主要用于位移、压力、力、应变、力矩、气流流速、液位和液体流量等参数的测量。

电容式传感器是利用改变电容的几何尺寸或改变介质的性质和含量，从而使电容量发生变化的原理制成。主要用于压力、位移、液位、厚度、水分含量等参数的测量。

电感式传感器是利用改变磁路几何尺寸、磁体位置来改变电感或互感的电感量或压磁效应原理制成的。主要用于位移、压力、力、振动、加速度等参数的测量。

磁电式传感器是利用电磁感应原理，把被测非电量转换成电量制成。主要用于流量、转速和位移等参数的测量。

电涡流式传感器是利用金属在磁场中运动切割磁力线，在金属内形成涡流的原理制成。主要用于位移及厚度等参数的测量。

（6）磁学式传感器

磁学式传感器是利用铁磁物质的一些物理效应而制成的，主要用于位移、转矩等参数的测量。

（7）谐振式传感器

谐振式传感器是利用改变电或机械的固有参数来改变谐振频率的原理制成，主要用来测量压力。

（8）电化学式传感器

电化学式传感器是以离子导电为基础制成，根据其电特性的形成不同，电化学传感器可分为电位式传感器、电导式传感器、电量式传感器、极谱式传感器和电解式传感器等。电化学式传感器主要用于分析气体、液体或溶于液体的固体成分、液体的酸碱度、电导率及氧化还原电位等参数的测量。

按被测物理量传感器类型可划分为：

温度传感器、湿度传感器、压力传感器、位移传感器、流量传感器、液位传感器、力传感器、加速度传感器、转矩传感器等。

按照其用途传感器类型可划分：

压力敏和力敏传感器、位置传感器、液面传感器、能耗传感器、速度传感器、热敏传感器、加速度传感器、射线辐射传感器、振动传感器、湿敏传感器、磁敏传感器、气敏传感器、真空度传感器、生物传感器等。

温湿度传感器采用数字型高精度温湿度传感器 SHT10。SHTxx 系列单芯片传感器是一款含有已校准数字信号输出的温湿度复合传感器。它应用专利的工业过程微加工技术（CMOSens®），确保产品具有极高的可靠性与卓越的长期稳定性。传感器包括一个电容式聚合体测试元件和一个能隙式测温元件,并与一个 14 位的 A/D 转换器以及串行接口电路在同一芯片上实现无缝连接。因此,该产品具有品质卓越、超快响应、抗干扰能力强、性价比极高等优点。原理图如图 2-2-1 所示。

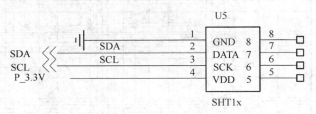

图 2-2-1　原理图

4. MQ-7 简介

MQ-7 双路信号输出(模拟量输出及 TTL 电平输出);TTL 输出有效信号为低电平。(当输出低电平时信号灯亮,可直接接单片机);模拟量输出 0~5 V 电压,浓度越高电压越高。对一氧化碳具有很高的灵敏度和良好的选择性。具有长期的使用寿命和可靠的稳定性,用于家庭、环境的一氧化碳探测装置。适宜于一氧化碳、煤气等的探测。主要参数,如表 2-2-1、表 2-2-2所示。

(1)环境条件(表 2-2-1)

表 2-2-1

符号	参数名称	技术条件	备注
Tao	使用温度	−10 ℃~50 ℃	
Tas	存储温度	−20 ℃~70 ℃	建议使用范围
RH	相对湿度	<95%RH	
O_2	氧气浓度	21%(标准条件)氧气浓度会影响灵敏度特性	最小值>2%

(2)灵敏度特性(表 2-2-2)

表 2-2-2

符号	参数名称	技术条件	备注
Rs	敏感体电阻	2~20K	在 100ppmCO 中
a(300/100ppm)	浓缩斜率	<0.6	Rs(300ppm)/RS(100ppm)
标准工作条件	温度 −20 ℃±2 ℃　相对湿度 65%±5%		
	V_c:5 V±0.1 V　　VH:5 V±0.1 V　　VL:1.5±0.1 V		
预热时间	≥48 小时	探测范围:10ppm~1000ppm 一氧化碳	

灵敏度曲线如图 2-2-2 所示,参数如下。

温度:20 ℃;相对湿度:65%;氧气浓度:21%,RL=10 kΩ。

R_s:器件在不同气体,不同浓度下的电阻值。

R_0:器件在洁净空气中的电阻值。

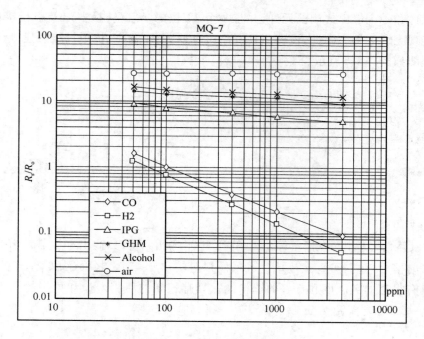

图 2-2-2　CO 灵敏曲线图

5. MQ-7 工作原理

传感器的表贴电阻 R_s,是通过与其串联的 R_L 上的有效电压信号 V_{RL} 的输出而获得。两者之间的关系为:$R_s/R_L = (V_c - V_{RL})/V_{RL}$。

传感器由洁净空气转入一氧化碳气氛中,R_L 上的输出电压变化如图 2-2-3 所示,输出信号的测定是在一个完整的加热周期(由高电压至低电压 2.5 分钟)或两个完整的加热周期内测定。

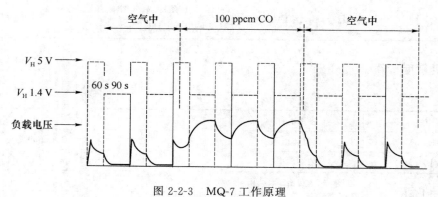

图 2-2-3　MQ-7 工作原理

6. MQ-7 引脚说明

引脚图如图 2-2-4 所示,参数如下。

VCC:接 5 V 电源。

DOUT:数字 TTL 电平输出口(TTL 输出有效信号为低电平,当输出低电平时信号灯亮,可直接接单片机)。

AOUT:模拟量输出(模拟量输出 0~5 V 电压)。

GND:接外部电路的地。

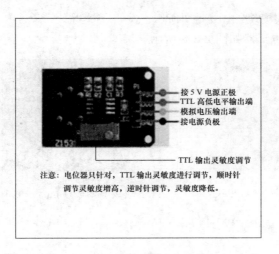

图 2-2-4　MQ-7 引脚图

MQ-7 两路输出,该模块与 CC2530 单片机接口如图 2-2-5 所示。

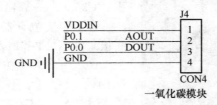

图 2-2-5　MQ-7 电路原理图

2.2.2　实训操作指南

1. 实训名称

可燃气体 CO 模块实训,实训的核心为 MQ-7 一氧化碳传感器模块,通过 MQ-7 一氧化碳传感器模块与无线传感结点完成实训。

2. 实训目的

通过本实训了解到了 MQ-7 的两路输出,当气体浓度大于预设的阈值时(通过电位器调节),底板上的 LED1 亮,了解 MQ-7 一氧化碳模块的工作原理,输出电压与电阻之间的关系。

学习灵活使用 MQ-7 一氧化碳传感器模块的双路信号输出(模拟量输出和 TTL 电平输出)。TTL 输出有效信号为低电平,通过底板上的 LED 灯指示。

3. 实训设备

(1) 硬件:PC(一台)。

(2) CC2530 传感器结点(1 个,红色底板)如图 2-2-6 所示。

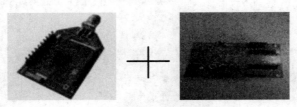

图 2-2-6　CC2530 无线传感器结点

（3）MQ-7 一氧化碳模块如图 2-2-7 所示。

（4）CC Debugger 仿真器如图 2-2-8 所示。

图 2-2-7　CO 模块　　　　　　图 2-2-8　CC Debugger 仿真器

（5）软件：IAR Embedded Workbench for MCS-51 开发环境。

4. 实训步骤及结果

图 2-2-9　无线结点与仿真器连接图

（1）启动 IAR，打开工作区文件："实 CC2530 模块\无线传感网演示例程\02.传感器应用例程\CC2530——一氧化碳\key.eww"。

（2）连接仿真器和 CC2530 无线结点（红色底板），如图 2-2-9 所示。

（3）用 IAR 从仿真器下载工程（快捷键 Ctrl＋D，如果 IAR 提示不能下载，按下仿真器侧面的 Reset 按键。注：只有当 CC Debugger 上面的指示灯为绿色时方可下载）。

（4）给底板上电，等待传感器预热 3～5 分钟，如图 2-2-10 所示。

（5）调节传感器去上的电位器，预设一个临界值，然后对着 CO 模块吹一口气，当气体中 CO 值大于预设的值时，地板上的 LED 灯就会亮，如图 2-2-11 所示。

图 2-2-10　无线结点供电　　　　　　图 2-2-11　MQ-7 测试结果

关键代码说明：

```
//定义控制灯的端口
#define RLED P1_2        //定义 LED1 为 CO 模块的显示
#define  DOUT   P0_0    //CO 模块的输出,有效电平为低电平
```

```
//函数声明
void Delay(uint);          //延时函数
void Initial(void);        //初始化 P0 口
```

　　void Delay(uint n);函数原型如下。

```
/* * * * * * * * * * * * * * * * * * * * * * * * * * *
//延时
 * * * * * * * * * * * * * * * * * * * * * * * * * * */
void Delay(uint n)
{
        uint tt;
        for(tt = 0;tt<n;tt++);
        for(tt = 0;tt<n;tt++);
        for(tt = 0;tt<n;tt++);
        for(tt = 0;tt<n;tt++);
        for(tt = 0;tt<n;tt++);
}
```

　　void Initial(void);函数原型如下。

```
/* * * * * * * * * * * * * * * * * * * * * * * * * *
//初始化程序
 * * * * * * * * * * * * * * * * * * * * * * * * * * */
void Initial(void)
{
            P1DIR |= 0x04;         //LED 定义为输出
            P0SEL &= ~0x01;        //P0_0 输入
            P0DIR &= ~0x01;        //
            P0INP |= 0x01;         //三态

            RLED = 1;              //关 LED
}
```

　　函数功能:设置 P1_2 LED 为输出,P0_0 为输入。

　　void main(void);函数原型如下。

```
/* * * * * * * * * * * * * * * * * * * * * * * * * *
//主函数
 * * * * * * * * * * * * * * * * * * * * * * * * * */
void main(void)
{
            Initial();            //调用初始化函数
            RLED = OFF;           //LED1   关 LED
            while(1)
```

```
    {
        if(DOUT == 0)
        {
         RLED = ON;        //开 LED
        }
        RLED = OFF;        //关 LED
    }
}
```

2.2.3　实训知识检测

1. 如何用模拟口,CC2530 做 AD 采集用串口输出?(提示:CC2530 带内置 12 位 AD)

2. 如何提高一氧化碳传感器的精度?(提示:校准或在较好环境下测试)

3. 如何通过电压值得到当前的一氧化碳的浓度?(提示:通过某个温度下输出电压与浓度的曲线关系)

4. 什么是传感器?由哪几部分组成?它们的作用与相互关系怎样?(传感器由两个基本元件组成:敏感元件与转换元件具体如图 2-2-12 所示。)

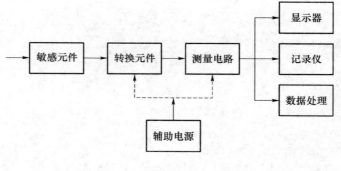

图 2-2-12

5. 传感器的定义是什么?它们是如何分类的?(传感器是一种能把特定的被测信号,按一定规律转换成某种可用信号输出的器件或装置,以满足信息的传输、处理、记录、显示和控制等要求。根据不同的分类方式,有不同的分类。)

6. 传感器的主要特性有哪些?(主要分为静态特性和动态特性。衡量静态特性的重要指标是线性度、灵敏度、迟滞和重复性等。)

7. 传感器的误差大小与其精度、准确度之间的关系是什么?

8. 查阅资料,查找半导体气敏传感器有哪几种类型?

9. 什么是气体的湿度?什么是露点?(大气的干湿程度通常用绝对湿度和相对湿度来表示。露点:降低温度可使未饱和水汽变成饱和水汽。)

10. 气敏传感器的特性?(气敏传感器的特性主要有灵敏度、响应时间、选择性、稳定性、温度特性、湿度特性、电源电压特性。)

11. 查找文献最近有什么新型的气敏传感器。

2.3　实训 11—红外人体感应模块

2.3.1　相关基础知识

1. HC—SR501 介绍

HC—SR501 是基于红外线技术的自动控制模块,采用德国原装进口 LHI778 探头设计,灵敏度高,可靠性强,超低电压工作模式,广泛应用于各类自动感应电器设备,尤其是干电池供电的自动控制产品。主要技术参数如表 2-3-1 所示。

表 2-3-1　主要技术参数

产品型号	HC—SR501 人体感应模块
工作电压范围	直流电压 4.5～20 V
静态电流	<50 μA
电平输出	高 3.3 V /低 0 V
触发方式	L 不可重复触发/H 重复触发
延时时间	0.5～200 s(可调)可制作范围零点几秒至几十秒
封锁时间	2.5 s(默认)可制作范围零点几秒至几十秒
电路板外形尺寸	32 mm×24 mm
感应角度	<100°锥角
工作温度	−15～+70 ℃
感应透镜尺寸	直径:23 mm(默认)

功能特点如下所述。

(1) 全自动感应:人进入其感应范围则输出高电平,人离开感应范围则自动延时关闭高电平,输出低电平。

(2) 光敏控制(可选择,出厂时未设)可设置光敏控制,白天或光线强时不感应。

(3) 温度补偿(可选择,出厂时未设):在夏天当环境温度升高至 30～32 ℃,探测距离稍变短,温度补偿可作一定的性能补偿。

(4) 两种触发方式(可跳线选择)如下。

① 不可重复触发方式:即感应输出高电平后,延时时间段一结束,输出将自动从高电平变成低电平。

② 可重复触发方式:即感应输出高电平后,在延时时间段内,如果有人体在其感应范围活动,其输出将一直保持高电平,直到人离开后才延时将高电平变为低电平(感应模块检测到人体的每一次活动后会自动顺延一个延时时间段,并且以最后一次活动的时间为延时时间的起始点)。

(5) 具有感应封锁时间(默认设置:2.5 s 封锁时间):感应模块在每一次感应输出后(高电平变成低电平),可以紧跟着设置一个封锁时间段,在此时间段内感应器不接受任何感应信号。此功能可以实现"感应输出时间"和"封锁时间"两者的间隔工作,可应用于间隔探测产品;同时此功能可有效抑制负载切换过程中产生的各种干扰。(此时间可设置在零点几秒至几十秒)。

(6) 工作电压范围宽:默认工作电压 DC 4.5～20 V。

(7) 微功耗:静态电流<50 μA,特别适合干电池供电的自动控制产品。

（8）输出高电平信号：可方便与各类电路实现对接。

（9）感应模块通电后有一分钟左右的初始化时间，在此期间模块会间隔地输出 0～3 次，一分钟后进入待机状态。

（10）应尽量避免灯光等干扰源近距离直射模块表面的透镜，以免引进干扰信号产生误动作；使用环境尽量避免流动的风，风也会对感应器造成干扰。

（11）感应模块采用双元探头，探头的窗口为长方形，双元（A 元 B 元）位于较长方向的两端，当人体从左到右或从右到左走过时，红外光谱到达双元的时间、距离有差值，差值越大，感应越灵敏，当人体从正面走向探头或从上到下或从下到上方向走过时，双元检测不到红外光谱距离的变化，无差值，因此感应不灵敏或不工作；所以安装感应器时应使探头双元的方向与人体活动最多的方向尽量相平行，保证人体经过时先后被探头双元所感应。为了增加感应角度范围，本模块采用圆形透镜，也使得探头四面都感应，但左右两侧仍然比上下两个方向感应范围大、灵敏度强，安装时仍须尽量按以上要求。

2. 红外感应模块

（1）引脚说明

红外人体感应模式引脚图如图 2-3-1 所示。

图 2-3-1　红外人体感应模块引脚图

VCC：　直流电压 4.5～20 V。

OUT：　数字电平输出。

GND：地。

注：

① 调节距离电位器顺时针旋转，感应距离增大（约 7 m），反之，感应距离减小（约 3 m）。

② 调节延时电位器顺时针旋转，感应延时加长（约 300 s），反之，感应延时减短（约 0.5 s）。

该模块与 CC2530 单片机接口如图 2-3-2 所示。

（2）感应范围（图 2-3-3）

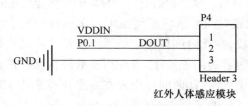

图 2-3-2　红外人体感应模块电路原理图

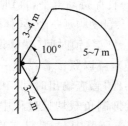

图 2-3-3　红外人体感应范围

2.3.2　实训操作指南

1. 实训名称

红外人体感应模块实训,核心是红外人体感应模块,通过红外人体感应模块和 CC2530 传感器结点完成该实训。

2. 实训目的

学习使用 HC—SR501 红外人体感应模块探测功能,传感器模块的 TTL 电平输出,TTL 输出有效信号为高电平,通过改变电位器阻值大小可实现距离和延时的变化,通过底板上的 LED 灯指示。

3. 实训设备

(1) 硬件:PC(一台)。

(2) CC2530 传感器结点(1 个,红色底板)如图 2-3-4 所示。

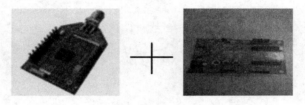

图 2-3-4　CC2530 无线传感器结点

(3) 红外人体感应模块如图 2-3-5 所示。

(4) CC Debugger 仿真器如图 2-3-6 所示。

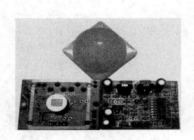

图 2-3-5　红外人体感应模块　　　　　图 2-3-6　CC Debugger 仿真器

(5) 软件:IAR Embedded Workbench for MCS-51 开发环境。

4. 实训步骤及结果

(1) 启动 IAR,打开工作区文件:"C2530 模块\无线传感网演示例程\02. 传感器应用例程\CC2530-红外人体感应模块\key. eww"。

(2) 连接仿真器和 CC2530 无线结点(红色底板)如图 2-3-7 所示。

(3) 用 IAR 从仿真器下载工程(快捷键 Ctrl+D,如果 IAR 提示不能下载,按下仿真器侧面的 Reset 按键注:只有当 CC Debugger 上面的指示灯为绿色时方可下载)。

(4) 给底板上电,等待传感器预热 1~2 分钟。

(5) 用物体切入人体红外的感应区,可以看到底板上的 LED1 会亮,如图 2-3-8 所示(注:感应模块采用双元探头,探头的窗口为长方形,双元(A 元 B 元)位于较长方向的两端,当人体从左到右或从右到左走过时,红外光谱到达双元的时间、距离有差值,差值越大,感应越灵敏)。

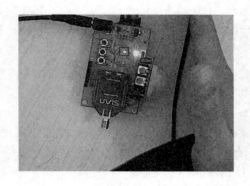

图 2-3-7　无线结点与仿真器连接图　　　　图 2-3-8　红外人体感应传感器测试结果

（6）调节模块上的电位器，可以调节距离，灵敏度。

关键代码说明：

```
//定义控制灯的端口

#define ON 0                    //LED 状态
#define OFF 1

#define RLED P1_2               //定义 LED1 红外人体感应模块的显示
#define  DOUT   P0_1            //红外人体感应模块的输出,有效电平为高电平

//函数声明
void Delay(uint);               //延时函数
void Initial(void);             //初始化 P0 口
```

void Delay(uint n);函数原型如下。

```
/ * * * * * * * * * * * * * * * * * * * * * * * * * * * *
//延时
 * * * * * * * * * * * * * * * * * * * * * * * * * * * /
void Delay(uint n)
{
    uint tt;
    for(tt = 0;tt<n;tt ++ );
    for(tt = 0;tt<n;tt ++ );
    for(tt = 0;tt<n;tt ++ );
    for(tt = 0;tt<n;tt ++ );
    for(tt = 0;tt<n;tt ++ );
}
```

void Initial(void);函数原型如下。

```
/***************************
//初始化程序
*************************** /
void Initial(void)
{
    P1DIR | = 0x04;              //LED 定义为输出
        POSEL & = ~0x02;        //P0_1 输入
        PODIR & = ~0x02;        //
        P0INP | = 0x02;         //三态
    RLED = 1;                    //关 LED
}
```

函数功能:I/O 初始化,P0_1 输入。

void main(void);函数原型如下。

```
/***************************
//主函数
*************************** /
void main(void)
{
    Initial();                  //调用初始化函数
    RLED = OFF;                 //LED1
    while(1)
    {
        if(DOUT == 1)   //输出有效电平为高电平
        {
         RLED = ON;       //LED 亮
        }
        RLED = OFF;       //LED 灭
    }
}
```

2.3.3 实训知识检测

1. 如何通过 HC—SR501 红外人体感应模块控制实际的电灯?

2. 传感器的动态特性、基本概念及主要性能指标的含意是什么?(传感器的动态特性,是指其输出对随时间变化的输入量的响应特性。)

3. 传感器是一种能把特定的被测信号,按一定规律转换成某种可用信号输出的器件或装置,以满足信息的传输、处理、记录、显示和控制等要求。敏感元件与转换元件是传感器的两个基本元件。

4. 传感器的输出量对于随时间变化的输入量的响应特性称为传感器的动态特性,衡量静态特性的重要指标是线性度、灵敏度、迟滞和重复性等。

5. 传感器信号处理的主要目的是,根据传感器输出信号的特点采取不同的信号处理方法来提高测量系统的测量精度和线性度。

2.4　实训12—MQ-2烟雾传感器

2.4.1　相关基础知识

1. MQ-2 介绍

MQ-2烟雾模块具有双路信号输出（模拟量输出及TTL电平输出）；TTL输出有效信号为低电平。（当输出低电平时信号灯亮，可直接接单片机）；模拟量输出0～5V电压，浓度越高电压越高。对一氧化碳具有很高的灵敏度和良好的选择性。具有长期的使用寿命和可靠的稳定性，快速的响应恢复特性，适用于家庭或工厂的气体泄漏监测装置，适宜于液化气、丁烷、丙烷、甲烷、酒精、氢气、烟雾等监测装置。

主要技术参数：

（1）环境条件（表2-4-1）

表2-4-1　环境条件

符号	参数名称	技术条件	备注
Tao	使用温度	−10℃～50℃	
Tas	存储温度	−20℃～70℃	建议使用范围
R_H	相对湿度	<95%RH	
O_2	氧气浓度	21%（标准条件）氧气浓度 会影响灵敏度特性	最小值>2%

（2）灵敏度特性（表2-4-2、表2-4-3）

表2-4-2　灵敏度特性

符号	参数名称	技术条件	备注
R_s	敏感体电阻	3k～30kΩ	在100ppmCO中
a(300/100ppm)	浓缩斜率	<0.6	R_s(300ppm)/R_s(100ppm)
标准工作条件	温度 −20℃±2℃　相对湿度65%±5%		
	V_c:5V±0.1V　　V_H:5V±0.1V　　V_L:1.5±0.1V		
预热时间	≥48小时	探测范围:10ppm～1000ppm 一氧化碳	

表2-4-3

符号	参数名称	技术条件	备注
R_s	敏感体电阻	3k～30kΩ	探测浓度范围: 100～10 000 ppm 液化气和丙烷 300～5 000 ppm 丁烷 5 000～20 000 ppm 甲烷 300～5 000 ppm 氢气 100～2 000 ppm 酒精
a（3000/1000 异丁烷）	浓缩斜率	<0.6	
标准工作条件	温度 −20℃±2℃　相对湿度65%±5%		
	V_c:5V±0.1V　　V_H:5V±0.1V　　V_L:1.5±0.1V		
预热时间	≥24小时		

烟雾灵敏度曲线如图2-4-1所示。

温度:20℃。相对湿度:65%。氧气浓度:21%,R_L=5kΩ。

R_s:器件在不同气体,不同浓度下的电阻值。

R_o:器件在洁净空气中的电阻值。

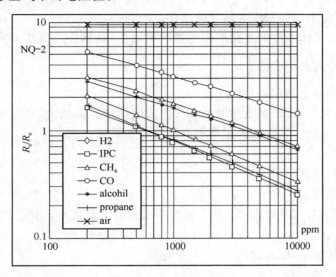

图 2-4-1　烟雾灵敏度曲线图

温湿度特性如图 2-4-2 所示。

R_o:20 ℃,33％R_H 条件下,1 000 ppm 氢气中元件电阻。

R_s:不同温度、湿度下,1 000 ppm 氢气中元件电阻。

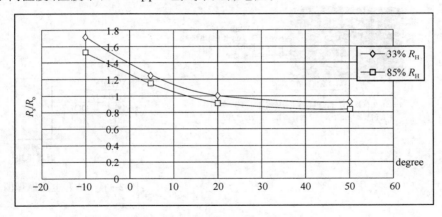

图 2-4-2　烟雾温湿度特性图

2. MQ-2 原理与计算

MQ-2 型烟雾传感器采用的是二氧化锡半导体气敏材料,属于表面离子式 N 型半导体。处于 200～300 ℃时,二氧化锡吸附空气中的氧,形成氧的负离子吸附,使半导体中的电子密度减少,从而使其电阻值增加。当传感器与烟雾接触时,半导体中的电子密度会受到烟雾的作用而变化,就会引起表面导电率的变化。利用这一点就可以获得这种烟雾存在的信息,烟雾的浓度越大,导电率越大,输出电阻越低,则输出的模拟信号就越大。

用 MQ-2 烟雾传感器来检测火灾烟雾的最好办法是通过其输出电压与门限电压比较得出。(门限电压需要经过烟雾测试)

（1）MQ-2 的计算公式

阻值 R 与空气中被测气体的浓度 C 的计算关系式

$$\log R = m\log C + n(m, n\ 均为常数)$$

常数 n：与气体检测灵敏度有关，除了随传感器材料和气体种类不同而变化外，还会由于测量温度和激活剂的不同而发生大幅度的变化。

常数 m：表示随气体浓度而变化的传感器的灵敏度（也称作为气体分离率）。对于可燃性气体来说，m 的值多数介于 $\frac{1}{3} \sim \frac{1}{2}$ 之间。

（2）MQ-2 传感器的输出电压

根据 MQ-2 的工作原理（其电导率随着气体浓度的增大而增大，其电阻是电导率的倒数，所以电阻是随之减小的。其特性就相当于一个滑动变阻器）。

引脚说明：

引脚图如图 2-4-3 所示。

VCC：接 5 V 电源。

DOUT：数字 TTL 电平输出口（TTL 输出有效信号为低电平，当输出低电平时信号灯亮，可直接接单片机）。

AOUT：模拟量输出（模拟量输出 0～5 V 电压）。

GND：接外部电路的地。

MQ-2 烟雾模块两路输出，该模块与 CC2530 单片机接口如图 2-4-4 所示。

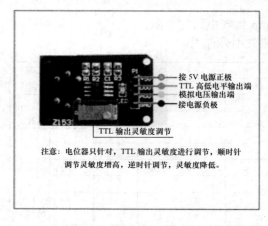

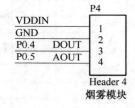

图 2-4-3　烟雾引脚图　　　　　图 2-4-4　烟雾电路原理图

2.4.2　实训操作指南

1. 实训名称

MQ-2 烟雾传感器实训，实训核心为 MQ-2 烟雾传感器。通过 CC2530 传感器结点和 MQ-2 烟雾传感器完成该实训。

2. 实训目的

学习灵活使用 MQ-2 烟雾传感器模块的双路信号输出（模拟量输出和 TTL 电平输出）。TTL 输出有效信号为低电平，通过底板上的 LED 灯指示。

3. 实训设备

（1）硬件：PC（一台）。

（2）CC2530 传感器结点（1 个，红色底板）如图 2-4-5 所示。

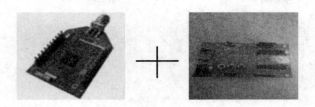

图 2-4-5　CC2530 无线传感器结点

（3）MQ-2 烟雾模块如图 2-4-6 所示。

（4）CC Debugger 仿真器如图 2-4-7 所示。

图 2-4-6　MQ-2 烟雾模块　　　　图 2-4-7　CC Debugger 仿真器

（5）软件：IAR Embedded Workbench for MCS-51 开发环境。

4. 实训步骤及结果

（1）启动 IAR，打开工作区文件："CC2530 模块\无线传感网演示例程\02. 传感器应用例程\CC2530-烟雾模块\key. eww"。

（2）连接仿真器和 CC2530 无线结点（红色底板）如图 2-4-8 所示。

（3）用 IAR 从仿真器下载工程（快捷键 Ctrl＋D，如果 IAR 提示不能下载，按下仿真器侧面的 Reset 按键注：只有当 CC Debugger 上面的指示灯为绿色时方可下载）。

（4）给底板上电，等待传感器预热 3～5 分钟，如图 2-4-9所示。

图 2-4-8　无线结点与仿真器连接图

（5）调节传感器上的电位器，预设一个临界值，然后对着烟雾模块传感器放烟，当气体中的一氧化碳值大于预设的值时，底板上的 LED 灯就会亮，如图 2-4-10 所示。

图 2-4-9　无线结点上电　　　　　图 2-4-10　烟雾测试

关键代码说明：

```
#define ON 0              //LED 状态低电平亮高电平灭
#define OFF 1
//定义控制灯的端口
#define RLED P1_2         //定义 LED1 为烟雾模块的显示
#define  DOUT  P0_4       //烟雾模块的输出,有效电平为低电平


//函数声明
void Delay(uint);         //延时函数
void Initial(void);       //初始化 P0 口
```

void Delay(uint n);函数模型如下。

```
/*****************************
//延时
*****************************/
void Delay(uint n)
{
        uint tt;
        for(tt = 0;tt<n;tt++);
        for(tt = 0;tt<n;tt++);
        for(tt = 0;tt<n;tt++);
        for(tt = 0;tt<n;tt++);
        for(tt = 0;tt<n;tt++);
}
```

void Initial(void);函数模型如下。

```
/*****************************
//初始化程序
*****************************/
void Initial(void)
{
        P1DIR |= 0x04;            //LED 定义为输出
        P0SEL &= ~0x10;          //P0_4 输入
        P0DIR &= ~0x10;
        P0INP |= 0x10;           //三态
    RLED = 1;                    //关 LED
}
```

函数功能:定义 P1_2 为输出,P0_4 为输入。

void main(void);函数模型如下。

```
/******************************
//主函数
******************************/
void main(void)
{
    Initial();              //调用初始化函数

    RLED = OFF;            //LED1
    while(1)
    {
        if(DOUT == 0)
        {
         RLED = ON;         //LED 亮
        }
        RLED = OFF;
    }
}
```

2.4.3　实训知识检测

1. 如何用模拟口,CC2530 做 AD 采集用串口输出?（提示:CC2530 带内置 12 位 AD)

2. 如何提高烟雾模块传感器的精度?（提示:校准,或在较好环境下测试)

3. 如何通过电压值得到当前的一氧化碳的浓度?（提示:通过某个温度下输出电压与浓度的曲线关系)

4. 什么是智能传感器?智能传感器有哪些实现方式?（智能传感器(Intelligent Sensor)是具有信息处理功能的传感器。智能传感器主要由传感器、微处理器(或微计算机)及相关电路组成,包括传感器、信号调理电路、微处理器、输出接口等。)

5. 下列特性中,C 不是气敏传感器的特性之一。

A. 稳定性　　B. 选择性　　C. 互换性　　D. 电源电压特性

2.5　实训 13—超声波传感器

2.5.1　相关基础知识

1. 超声波测距模块参数

超声波测距模块可实现 2 cm～4.5 m 的非接触测距功能,拥有 2.4～5.5 V 的宽电压输入范围,静态功耗低于 2 mA,自带温度传感器对测距结果进行校正,同时具有 GPIO,串口等多种通信方式,内带"看门狗",工作稳定可靠。主要技术参数如表 2-5-1 所示。

表 2-5-1　主要技术参数

电气参数	超声波测距模块
工作电压	DC 2.4～5.5 V
静态电流	2 mA
工作温度	−20～+70 ℃
输出方式	电平或 UART(跳线帽选择)
感应角度	小于 15°
探测距离	2～450 cm
探测精度	0.3 cm+1%
UART 模式下串口配置	波特率 9 600,起始位 1 位,停止位 1 位,数据位 8 位,无奇偶校验,无流控制

2. 超声波测距模块引脚说明(图 2-5-1)

VCC:接 VCC 电源(供电范围 2.4～5.5 V)。

Trig/TX:当为 UART 模式时,接外部电路 UART 的 TX 端;当为电平触发模式时,接外部电路的 Trig 端。

Echo/RX:当为 UART 模式时,接外部电路 UART 的 RX 端;当为电平触发模式时,接外部电路的 Echo 端。

GND:接外部电路的地。

接口说明:模式选择跳线接口如图 2-5-2 所示。模式选择跳线的间距为 2.54 mm,当插上跳线帽时为 UART(串口)模式,拔掉时为电平触发模式。

超声波模块与单片机接口如图 2-5-3 所示。

图 2-5-1　超声波模块引脚图

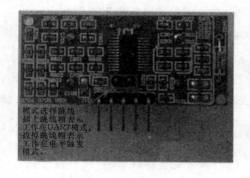

图 2-5-2　超声波模块背面图

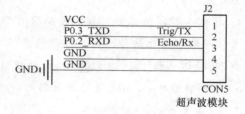

图 2-5-3　超声波电路原理图

2.5.2　实训操作指南

1. 实训名称

超声波传感器实训,实训核心为超声波模块,通过 CC2530 传感器结点和超声波模块完成该实训。

2. 实训目的

学习灵活使用超声波模块进行测距。

3. 实训设备

(1) 硬件:PC(一台)。

（2）CC2530 传感器结点（1 个，红色底板）如图 2-5-4 所示。

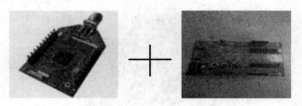

图 2-5-4　CC2530 无线传感器结点

（3）超声波模块如图 2-5-5 所示。

（4）CC Debugger 仿真器如图 2-5-6 所示。

（5）软件：IAR Embedded Workbench for MCS-51 开发环境。

4. 实训步骤及结果

（1）启动 IAR，打开工作区文件："CC2530 模块\无线传感网演示例程\02.传感器应用例程\超声波测距\IDE\light_switch\srf05_cc2530\ Iar\light_switch. eww"。

（2）连接仿真器和 CC2530 无线结点（红色底板）如图 2-5-7 所示。

  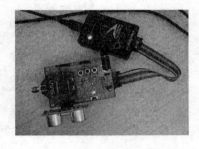

图 2-5-5　超声波模块　　图 2-5-6　CC Debugger 仿真器　　图 2-5-7　CC2530 无线结点与仿真器连接图

（3）用 IAR 从仿真器下载工程（快捷键 Ctrl＋D，如果 IAR 提示不能下载，按下仿真器侧面的 Reset 按键。注：只有当 CC DEBUGGER 上面的指示灯为绿色时方可下载）。

（4）打开主程序，将 CHOOSE_FLAG 改为 0，将程序下载到传感器底板，并运行，如图 2-5-8所示。

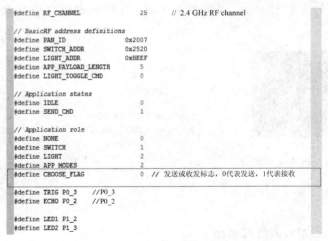

图 2-5-8　下载无线结点程序

（5）将 CC Debugger 连接到网关底板，如图 2-5-9 所示。

图 2-5-9　网关与仿真器连接图

（6）将主程序中的 CHOOSE_FLAG 改为 1，编译后下载到网管底板，并运行，如图 2-5-10 所示。

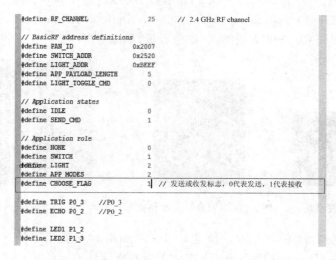

图 2-5-10　下载网关程序

（7）运行结果如图 2-5-11 所示。

注意：当作实训的人数较多时，以免发生干扰，需要更改程序中的接收和发送地址，如图 2-5-12所示。

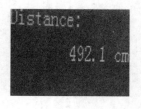

图 2-5-11　网关显示图

```
#define SWITCH_ADDR        0x2520
#define LIGHT_ADDR         0xBEEF
```

图 2-5-12

将这两行地址改了即可，如图 2-5-13 所示。

关键代码说明

void InitTime1(void)；函数模型如下。

```
#define SWITCH_ADDR             0x2520+1
#define LIGHT_ADDR              0xBEEF+1
```

图 2-5-13　更改地址

```
void InitTime1(void)
{
    /* 设置定时器 T1,8 分频,模模式,从 0 计数到 T1CC0 */
    T1CTL |= 0x06;                  //8 分频,模模式,从 0 计数到 T1CC      Page105
    /* 装入定时器初值(比较值)先装低位再装高位 */
    T1CC0L = 0x50;                  //是定时器 20μs 中断一次
    T1CC0H = 0x00;

    T1CCTL0 ^= 1<<2;                //选择定时器 1 通道 0 比较模式

    IEN1 = 0x02;                    //P0 口定时器 1 中断使能
    EA = 1;                         //使能全局中断
}
```

函数功能:定时器 1 初始化。

void Init_UltrasoundRanging();函数模型如下。

```
void Init_UltrasoundRanging()
{
    P0SEL &= ~0x08;
    P0DIR |= 0x01<<3;      //0 为输入 1 为输出   00001000   设置 TRIG P0_3 为输出模式

    TRIG = 0;              //将 TRIG 设置为低电平
    halMcuWaitUs(10);
    //Delay_10us(1);       //需要延时 10μs 以上的高电平
}
```

函数功能:I/O 初始化,设置 P0_3 为输出。

void　UltrasoundRanging(long * Times);函数模型如下。

```
void  UltrasoundRanging(long * Times)
{
    // long Times = 0;             //超声波从发送波到接收到波所用的时间
    uint8 TimeOutFlag = 0;
    TRIG = 1;
    halMcuWaitUs(10);
    //Delay_10us(1);              //需要延时 10μs 以上的高电平
    TRIG = 0;
```

```
    countTime = 0;
    while (ECHO == 0)
    {
        if (countTime > 30000)      //当等待时间为300ms视为超时,超声波前面没有障碍物
        {
            TimeOutFlag = 1;
            break;
        }

    }
    countTime = 0;                  //发射超声波的时刻
    while(ECHO)
    {
        if (TimeOutFlag == 1)
        {

            break;
        }
    }
    if (TimeOutFlag == 1)
        * Times = 0;                //无障碍物
    else
        * Times =   countTime;      //cont为有障碍物时,接收到超声波的回波时刻
    countTime = 0;
    TimeOutFlag = 0;

}
```

函数功能:测量超声波发射到接收所用时间。

static void SendPressure();函数模型如下。

```
static void SendPressure()
{
    long Times;
    float Distance = 0.0;
    uint32 DistanceInt = 0;


#ifdef ASSY_EXP4618_CC2420
    halLcdWriteSymbol(HAL_LCD_SYMBOL_TX, 1);
#endif
```

```
// Initialize BasicRF

basicRfConfig.myAddr = SWITCH_ADDR;

if(basicRfInit(&basicRfConfig) == FAILED) {

  HAL_ASSERT(FALSE);

}


  while (1)

{


    UltrasoundRanging(&Times);


    Distance = Times * 3.4;    //单位为 mm,Times 代表的时间应为 Times * 20μs

    DistanceInt = (uint32)Distance;


    halMcuWaitMs(900);

    if (DistanceInt)

    {

        P1_0 = ! P1_0;

        pTxData[0] = (DistanceInt & 0xFF000000)>>24;

        pTxData[1] = (DistanceInt & 0xFF0000)>>16;

        pTxData[2] = (DistanceInt & 0xFF00)>>8;

        pTxData[3] = (DistanceInt & 0xFF);

        pTxData[4] = '\0';

      basicRfSendPacket(LIGHT_ADDR, pTxData, APP_PAYLOAD_LENGTH);


    }


    if (countTime > 50000)

    {

        countTime = 0;

    }

  }

}
```

函数功能：计算距离,再将距离值发送给网关板。

2.5.3 实训知识检测

1. 如何提高测量精度？（略）

2. 如何利用超声波模块的串口模式测量距离？（略）

3. 什么是超声波？（低于 16 Hz 的机械波称为次声波高于 2×10^4 Hz 的机械波,称为超声波。）

4. 超声波的基本特性？（它具有频率高、波长短、绕射现象小的特点，特别是方向性好、能够成为射线而定向传播等。）

5. 超声波传感器的基本原理是什么？超声波探头有哪几种结构形式？（超声波传感器是利用超声波的特性研制而成的传感器。超声波振动频率高于可听声波。由换能晶片在电压的激励下，发生振动能产生超声波。超声波对液体、固体的穿透能力强，在不透明的固体中它可穿透几十米的深度。超声波碰到杂质或分界面，会发生显著反射，形成反射成回波碰到活动物体能产生多普勒效应。超声波探头主要由压电晶片组成，既可以发射超声波也可以接收超声波。小功率超声探头多用来探测。它有许多不同的结构，可分直探头、斜探头、表面波探头、兰姆波探头、双探头等。）

6. 从超声波的行进方向来看可分为哪两种基本类型？（超声波是一种在弹性介质中的机械振荡，有两种形式：横向振荡（横波）及纵向振荡（纵波）。）

7. 查资料了解超声波测厚度、液位和流量的原理。

8. 超声波传感器的主要性能指标有工作频率、工作温度和灵敏度。

2.6　实训 14—三轴加速度传感器

2.6.1　相关基础知识

1. MPU-60X0 介绍

MPU-60X0 是全球首例 9 轴运动处理传感器。它集成了 3 轴 MEMS 陀螺仪，3 轴 MEMS 加速度计，以及一个可扩展的数字运动处理器 DMP（Digital Motion Processor），可用 I²C 接口连接一个第三方的数字传感器，比如磁力计。扩展之后就可以通过其 I²C 或 SPI 接口输出一个 9 轴的信号（SPI 接口仅在 MPU-6000 可用）。MPU-60X0 也可以通过其 I²C 接口连接非惯性的数字传感器，比如压力传感器。MPU-60X0 对陀螺仪和加速度计分别用了三个 16 位的 ADC，将其测量的模拟量转化为可输出的数字量。为了精确跟踪快速和慢速的运动，传感器的测量范围都是用户可控的，陀螺仪可测范围为 ±250°/s(dps)、±500°/s(dps)、±1 000°/s (dps)、±2 000°/s(dps)，加速度计可测范围为 ±2g、±4g、±8g、±16g。一个片上 1 024 字节的 FIFO，有助于降低系统功耗。和所有设备寄存器之间的通信采用 400 kHz 的 I²C 接口或 1 MHz 的 SPI 接口（SPI 仅 MPU-6 000 可用）。对于需要高速传输的应用，对寄存器的读取和中断可用 20 MHz 的 SPI。另外，片上还内嵌了一个温度传感器和在工作环境下仅有 ±1% 变动的振荡器。

芯片尺寸 4 mm×4 mm×0.9 mm，采用 QFN 封装（无引线方形封装），可承受最大 10 000 g 的冲击，并有可编程的低通滤波器。关于电源，MPU-60X0 可支持 VDD 范围 2.5 V±5%，3.0 V±5%，或 3.3 V±5%。另外 MPU-6050 还有一个 VLOGIC 引脚，用来为 I²C 输出提供逻辑电平。VLOGIC 电压可取 1.8 V±5% 或者 VDD。可程式控制的中断（interrupt）支援姿势识别、摇摄、画面放大缩小、滚动、快速下降中断、high-G 中断、零动作感应、触击感应、摇动感应功能。VDD 供电电压为 2.5 V±5%、3.0 V±5%、3.3 V±5%，VDDIO 为 1.8 V±5%。

陀螺仪运作电流:5 mA,陀螺仪待命电流:5 μA;加速器运作电流:500 μA,加速器省电模式电流:40 μA@10 Hz,高达 400 kHz 快速模式的 I^2C,或最高至 20 MHz 的 SPI 串行主机接口(serial host interface)内建振荡器在工作温度范围内仅有±1%频率变化。可选外部时钟输入 32.768 kHz 或 19.2 MHz。

2. MPU-60X0 性能(表 2-6-1)

表 2-6-1　电气参数

电气参数	MPU6050
通信方式	I^2C 接口通信,无 SPI 接口
供电电源	V_{CC}:3～5 V
陀螺仪范围	±250°/s,±500°/s,±1 000°/s,±2 000°/s
三轴加速范围	±2 g,±4 g,±8 g,±16 g

实物图及引脚说明:

实物图如图 2-6-1 所示。

引脚定义:

VCC:电源供电 3～5 V。

GND:接地。

SCL:IIC 时钟引脚定义。

SDA:IIC 数据引脚定义。

XDA:IIC 串行数据引脚,用于连接外部传感器。

XCL:IIC 串行时钟引脚,用于连接外部传感器。

ADO:IIC 从属地址。

INT:中断数字输出。

GY-521 三轴陀螺仪模块与单片机接口电路如图 2-6-2 所示。

图 2-6-1　三轴陀螺仪引脚图　　　　图 2-6-2　GY-521 三轴陀螺仪电路原理图

2.6.2　实训操作指南

1. 实训名称

三轴加速度传感器实训,试验核心为 GY-521 三轴陀螺仪模块,通过 CC2530 传感器结点和 GY-521 三轴陀螺仪模块完成实训。

2. 实训目的

学习灵活使用 GY-521 三轴陀螺仪模块,学习如何根据 ICC 时序图编写 IIC 程序,如何测量计算三轴的加速度和角速度。

3. 实训设备

(1)硬件:PC(一台)。

(2)CC2530 传感器结点(1 个,红色底板)如图 2-6-3 所示。

图 2-6-3　CC2530 无线传感器结点

(3)GY-521 三轴陀螺仪模块如图 2-6-4 所示。

(4)CC Debugger 仿真器如图 2-6-5 所示。

(5)软件:IAR Embedded Workbench for MCS-51 开发环境。

4. 实训步骤及结果

(1)启动 IAR,打开工作区文件:"CC2530 模块\无线传感网演示例程\02.传感器应用例程\三轴加速度模块\IDE\light_switch\srf05_cc2530\Iar\light_switch.eww"。

(2)连接仿真器和 CC2530 无线结点(红色底板)如图 2-6-6 所示。

图 2-6-4　三轴陀螺仪模块　　图 2-6-5　CC Debugger 仿真器　　图 2-6-6　无线结点与仿真器连接图

(3)用 IAR 从仿真器下载工程(快捷键 Ctrl+D,如果 IAR 提示不能下载,按下仿真器侧面的 Reset 按键。注:只有当 CC Debugger 上面的指示灯为绿色时方可下载)。

(4)打开主程序,将 CHOOSE_FLAG 改为 0,将程序下载到传感器底板,并运行,如图 2-6-7 所示。

(5)将 CC Debugger 连接到网关底板(此时无线结点的电源不能拔),如图 2-6-8 所示。

(6)将主程序中的 CHOOSE_FLAG 改为 1,编译后下载到网关底板,并运行,如图 2-6-9 所示。

运行结果如图 2-6-10、图 2-6-11 所示。

三轴加速度:按下"LEFT"S4 键切换到三轴旋转角度。

```
light_switch.c *

// Application states
#define IDLE            0
#define SEND_CMD        1

// Application role
#define NONE            0
#define SWITCH          1
#define LIGHT           2
#define APP_MODES       2


#define CHOOSE_FLAG     0    // 发送或收发标示. 0代表发送. 1代表接收

/********************************************************************************
* LOCAL VARIABLES
*/
static uint8 pTxData[APP_PAYLOAD_LENGTH];
static uint8 pRxData[APP_PAYLOAD_LENGTH];
static basicRfCfg_t basicRfConfig;

#ifdef SECURITY_CCM
// Security key
static uint8 key[]= {
    0xc0, 0xc1, 0xc2, 0xc3, 0xc4, 0xc5, 0xc6, 0xc7,
    0xc8, 0xc9, 0xca, 0xcb, 0xcc, 0xcd, 0xce, 0xcf,
};
#endif
```

图 2-6-7　下载无线结点程序

图 2-6-8　无线网关与仿真器连接图

```
// Application states
#define IDLE            0
#define SEND_CMD        1

// Application role
#define NONE            0
#define SWITCH          1
#define LIGHT           2
#define APP_MODES       2


#define CHOOSE_FLAG     1    // 发送跟收发标示. 0代表发送. 1代表接收

/********************************************************************************
* LOCAL VARIABLES
*/
static uint8 pTxData[APP_PAYLOAD_LENGTH];
static uint8 pRxData[APP_PAYLOAD_LENGTH];
static basicRfCfg_t basicRfConfig;

#ifdef SECURITY_CCM
// Security key
static uint8 key[]= {
    0xc0, 0xc1, 0xc2, 0xc3, 0xc4, 0xc5, 0xc6, 0xc7,
    0xc8, 0xc9, 0xca, 0xcb, 0xcc, 0xcd, 0xce, 0xcf,
};
#endif
```

图 2-6-9　现在无线网关程序

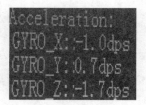

图 2-6-10　网关显示三轴加速度图　　　图 2-6-11　网关显示三轴旋转角度图

注意：当作实训的人数较多时，以免发生干扰，需要更改程序中的接收和发送地址，如图 2-6-12 所示。

将这两行地址改了即可，如图 2-6-13 所示。

```
#define SWITCH_ADDR          0x2520
#define LIGHT_ADDR           0xBEEF
```

```
#define SWITCH_ADDR          0x2520+1
#define LIGHT_ADDR           0xBEEF+1
```

图 2-6-12　更改地址（1）　　　　　　　图 2-6-13　更改地址（2）

关键代码说明：

相关函数定义。

```
//**************************************
//定义单片机端口
//**************************************
#define SCL P0_4        //IIC 时钟引脚定义
#define SDA P0_5        //IIC 数据引脚定义
//MPU6050 操作函数
void   InitMPU6050();       //初始化 MPU6050
void   I2C_Start();
void   I2C_Stop();
void   I2C_SendACK(uint8 ack);
int8   I2C_RecvACK();
void   I2C_SendByte(uint8 dat);
BYTE I2C_RecvByte();
void   I2C_ReadPage();
void   I2C_WritePage();
void   display_ACCEL_x();
void   display_ACCEL_y();
void   display_ACCEL_z();
uint8 Single_ReadI2C(uint8 REG_Address);//读取 I²C 数据
void   Single_WriteI2C(uint8 REG_Address,uint8 REG_data);//向 I²C 写入数据
```

void Delay_Accele(uint16 n)；函数模型如下。

```
void Delay_Accele(uint16 n)
{
    uint16 i;
    for(i = 0;i<n;i++);
    for(i = 0;i<n;i++);
    for(i = 0;i<n;i++);
    for(i = 0;i<n;i++);
    for(i = 0;i<n;i++);
}
```

函数功能:延时。

void InitialAccele(void);函数模型如下。

```
void InitialAccele(void)
{
    P1SEL& = ~0X0;
    P1DIR| = 0X0C;
    SCL = 1;
    SDA  = 1;
    Delay_Accele(500);

}
```

函数功能:初始化 I/O 口,SCL,SDA.拉高。

void I2C_Start();函数模型如下。

```
void I2C_Start()
{
    PODIR = 0x30;           //p0.4 p0.5 输出
    Delayus(5);
    SDA = 1;                //拉高数据线
    SCL = 1;                //拉高时钟线
    Delayus(5);             //延时
    SDA = 0;                //产生下降沿
    Delayus(5);             //延时
    SCL = 0;                //拉低时钟线
    Delayus(5);
}
```

函数功能:IIC 起始信号。

void I2C_Stop();函数模型如下。

```
void I2C_Stop()
{
        SCL = 0;
        Delayus(5);
        PODIR = 0x30;                    //p0.4 p0.5 输出
        Delayus(5);
        SDA = 0;                         //拉低数据线
        SCL = 1;                         //拉高时钟线
        Delayus(5);                      //延时
        SDA = 1;                         //产生上升沿
        Delayus(5);                      //延时
}
```

函数功能:IIC 停止信号。

void I2C_SendACK(uint8 ack);函数模型如下。

```
void I2C_SendACK(uint8 ack)
{
        SCL = 0;
        Delayus(5);
        PODIR = 0x30;                    //p0.4 p0.5 输出
        Delayus(5);
        SDA = ack;                       //写应答信号
        SCL = 1;                         //拉高时钟线
        Delayus(5);                      //延时
        SCL = 0;                         //拉低时钟线
        Delayus(5);                      //延时
}
```

函数功能:I2C 发送应答信号。

int8 I2C_RecvACK();函数模型如下。

```
int8 I2C_RecvACK()
{
        SCL = 0;
        Delayus(5);
        PODIR = 0x30;                    //p0.4 p0.5 输出
        Delayus(5);
        SDA = 1;
        Delayus(5);
        PODIR = 0x10;                    //p0.4 输出
        SCL = 1;                         //拉高时钟线
        Delayus(5);                      //延时
        if(SDA == 1)
```

```
    {
        SCL = 0;
        return 0;                //er
    }
        SCL = 0;
        return 1;
}
```

函数功能：I²C 接收应答信号。

void I2C_SendByte(uint8 dat);函数模型如下。

```
void I2C_SendByte(uint8 dat)
{
        uint8 i,j;
        PODIR = 0x30;
        Delayus(5);

        for (i = 0; i<8; i++)                //8 位计数器
        {
            j = dat>>(7 - i);                //移出数据的最高位
            SDA = j&0x01;                    //送数据口
            SCL = 1;                         //拉高时钟线
            Delayus(5);                      //延时
            SCL = 0;                         //拉低时钟线
            Delayus(5);                      //延时
        }
        I2C_RecvACK();
}
```

函数功能：向 I²C 总线发送一个字节数据。

BYTE I2C_RecvByte();函数模型如下。

```
BYTE I2C_RecvByte()
{
        BYTE i;
        BYTE dat = 0;
        SCL = 0;
        Delayus(5);
        PODIR = 0x30;
        Delayus(5);
        SDA = 1;                    //使能内部上拉,准备读取数据,
        Delayus(5);
        PODIR = 0x10;
        Delayus(5);
```

```
    for (i = 0; i<8; i++)            //8位计数器
    {
        dat << = 1;
        SCL = 1;                     //拉高时钟线
        Delayus(5);                  //延时
        dat | = SDA;                 //读数据
        SCL = 0;                     //拉低时钟线
        Delayus(5);                  //延时
    }
    return dat;
}
```

函数功能：从 I²C 总线接收一个字节数据。

void Single_WriteI2C(uint8 REG_Address,uint8 REG_data);函数模型如下。

```
void Single_WriteI2C(uint8 REG_Address,uint8 REG_data)
{
    I2C_Start();                     //起始信号
    I2C_SendByte(SlaveAddress);      //发送设备地址 + 写信号
    I2C_SendByte(REG_Address);       //内部寄存器地址
    I2C_SendByte(REG_data);          //内部寄存器数据
    I2C_Stop();                      //发送停止信号
}
```

函数功能：向 I²C 设备写入一个字节数据。

uint8 Single_ReadI2C(uint8 REG_Address);函数模型如下。

```
uint8 Single_ReadI2C(uint8 REG_Address)
{
    uint8 REG_data;
    I2C_Start();                          //起始信号
    I2C_SendByte(SlaveAddress);           //发送设备地址 + 写信号
    I2C_SendByte(REG_Address);            //发送存储单元地址,从 0 开始
    I2C_Start();                          //起始信号
    I2C_SendByte(SlaveAddress + 1);       //发送设备地址 + 读信号
    REG_data = I2C_RecvByte();            //读出寄存器数据
    I2C_SendACK(1);                       //接收应答信号
    I2C_Stop();                           //停止信号
    return REG_data;
}
```

函数功能：从 I2C 设备读取一个字节数据。

void InitMPU6050();函数模型如下。

```
void InitMPU6050()
{
    Single_WriteI2C(PWR_MGMT_1, 0x00);        //解除休眠状态
    Single_WriteI2C(SMPLRT_DIV, 0x07);
    Single_WriteI2C(CONFIG, 0x06);
    Single_WriteI2C(GYRO_CONFIG, 0x18);       //角度为 - 2 000～2 000
    Single_WriteI2C(ACCEL_CONFIG, 0x01);      //加速度为 - 2g～2g 高通滤波器截止频率 5 Hz
}
```

函数功能：初始化 MPU6050。

int GetData(uint8 REG_Address)；函数模型如下。

```
int GetData(uint8 REG_Address)
{
    char H,L;
    H = Single_ReadI2C(REG_Address);
    L = Single_ReadI2C(REG_Address + 1);
    return (H<<8) + L;            //合成数据
}
```

函数功能：读取寄存器的值，合成数据。

static void SendPressure()；函数模型如下。

```
static void SendPressure()
{

    float    ACCEL_XOUT,ACCEL_YOUT,ACCEL_ZOUT,GYRO_XOUT,GYRO_YOUT,GYRO_ZOUT;
    uint16   ACCEL_XOUT_Int,ACCEL_YOUT_Int,ACCEL_ZOUT_Int;
    uint16   GYRO_XOUT_Int,GYRO_YOUT_Int,GYRO_ZOUT_Int;
#ifdef ASSY_EXP4618_CC2420
    halLcdWriteSymbol(HAL_LCD_SYMBOL_TX, 1);
#endif
    // Initialize BasicRF
    basicRfConfig.myAddr = SWITCH_ADDR;
    if(basicRfInit(&basicRfConfig) == FAILED) {
      HAL_ASSERT(FALSE);
    }
     while (1)
     {

        ACCEL_XOUT = GetData(ACCEL_XOUT_H);    //X 轴加速度 g
        ACCEL_XOUT/ = 16384.0;
        Delay_Accele(5000);
        ACCEL_YOUT = GetData(ACCEL_YOUT_H);    //Y 轴加速度 g
```

```
        ACCEL_YOUT/ = 16384.0;
        Delay_Accele(5000);
        ACCEL_ZOUT = GetData(ACCEL_ZOUT_H);      //Z轴加速度 g
        ACCEL_ZOUT/ = 16384.0;
        Delay_Accele(5000);

        GYRO_XOUT = GetData(GYRO_XOUT_H);
        GYRO_XOUT/ = 16.4;      //X轴角速度度
         Delay_Accele(5000);
        GYRO_YOUT = GetData(GYRO_YOUT_H);
        GYRO_YOUT/ = 16.4;      //Y轴角速度度
         Delay_Accele(5000);
        GYRO_ZOUT = GetData(GYRO_ZOUT_H);
        GYRO_ZOUT/ = 16.4;      //Z轴角速度度
}
```

函数功能:向网关结点发送数据。

2.6.3　实训知识检测

1. 怎样提高测量精度?（略）
2. 怎样调节量程,在磁场干扰的情况下如何保证读数?（略）
3. 在微电子机械系统（MEMS）中,材料以 <u>A</u> 为主。
A. 硅　　　　B. 钨　　　　C. 铁　　　　D. 钼

2.7　实训 15—三轴指南针传感器

2.7.1　相关基础知识

1. 霍尼韦尔 HMC5883L 介绍

霍尼韦尔 HMC5883L 是一种表面贴装的高集成模块,并带有数字接口的弱磁传感器芯片,应用于低成本罗盘和磁场检测领域。HMC5883L 包括最先进的高分辨率 HMC118X 系列磁阻传感器,并附带霍尼韦尔专利的集成电路包括放大器、自动消磁驱动器、偏差校准、能使罗盘精度控制在 1°~2°的 12 位模数转换器,简易的 I2C 系列总线接口。HMC5883L 是采用无铅表面封装技术,带有 16 引脚,尺寸为 3.0 mm×3.0 mm×0.9 mm。HMC5883L 的所应用领域有手机、笔记本电脑、消费类电子、汽车导航系统和个人导航系统。HMC5883L 采用霍尼韦尔各向异性磁阻（AMR）技术,该技术的优点是其他磁传感器技术所无法企及。这些各向异性传感器具有在轴向高灵敏度和线性高精度的特点。传感器带有的对于正交轴低敏感性的固相结构能用于测量地球磁场的方向和大小,其测量范围从毫高斯到 8 高斯（gauss）。霍尼韦尔的磁传感器在低磁场传感器行业中是灵敏度最高和可靠性最好的传感器。

2. 三轴电子指南针模块(表 2-7-1)

表 2-7-1　主要技术参数

特性	条件	最小	标准	最大	单位
供电电压	VDD 参考 AGND	2.16	1.8	3.6	μA
	VDDIO 参考 DGND	1.71		VDD+0.1	μA
平均电流损耗	闲置模式　测量模式(7.5Hz ODR) 没有应用测量平均值,即设置 MA1:MA0＝00)VDD = 2.5 V,DDIO = 1.8 V	— —	2— 100	 —	μA μA
磁场范围	满量程(FS) - 全部施加磁场(典型)	-8		+8	高斯
磁动态范围	3-bit 增益控制	±1		±8	高斯
解析度	VDD＝3.0 V, GN＝2		5		毫高斯
启动时间	I2C 控制准备时间		200		μs
测量周期	从接收指令到数据准备		6		ms
增益公差	所有增益/动态范围设置		±5		%
IIC 地址	7-bit 地址		0x1E		Hex
	8-bit 读取地址		0x3D		Hex
	8-bit 写入地址		0x3C		Hex
IIC 率	由 I2C 主机控制		400		kHz

实物图及引脚说明。

实物图如图 2-7-1 所示。

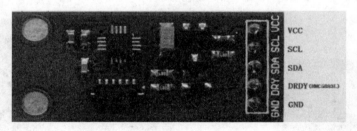

图 2-7-1　三轴电子指南针模块引脚

VCC:电源供给范围 3~5 V。

SCL:IIC 时钟线。

SDA:IIC 数据线。

DRDY:HMC5883L 数据准备,中断引脚。

GND:电源接地。

GY-273 与单片机接口如图 2-7-2 所示。

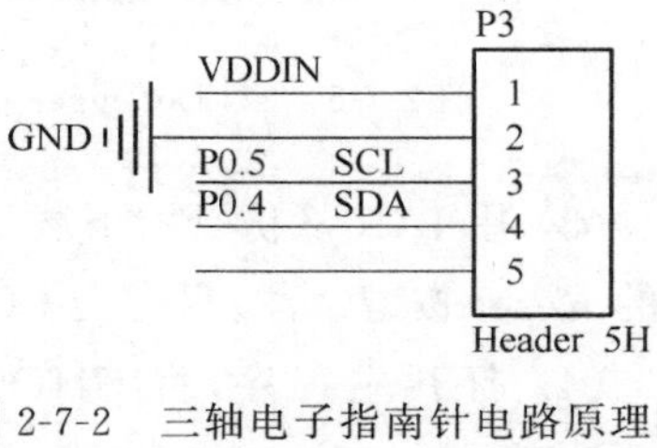

图 2-7-2　三轴电子指南针电路原理图

2.7.2　实训操作指南

1. 实训名称

三轴指南针传感器实训,核心是 GY-273 三轴电子指南针模块,通过 CC2530 传感器结点和 GY-273 三轴电子指南针模块完成实训。

2. 实训目的

学习灵活使用 GY-273 三轴电子指南针模块,学习如何根据 IIC 时序图编写 IIC 程序,如何测量计算三轴的偏角。

3. 实训设备

(1) 硬件:PC(一台)。

(2) CC2530 传感器结点(1 个,红色底板)如图 2-7-3 所示。

(3) GY-273 三轴电子指南针模块如图 2-7-4 所示。

图 2-7-3　CC2530 无线传感器结点　　　　图 2-7-4　三轴电子指南针模块

(4) CC Debugger 仿真器如图 2-7-5 所示。

(5) 软件:IAR Embedded Workbench for MCS-51 开发环境。

4. 实训步骤及结果

(1) 启动 IAR,打开工作区文件:"CC2530 模块\无线传感网演示例程\02. 传感器应用例程\三轴电子指南针模块\IDE\light_switch\srf05_cc2530\ Iar\light_switch. eww"。

(2) 连接仿真器和 CC2530 无线结点(红色底板)如图 2-7-6 所示。

图 2-7-5　CC Debugger 仿真器　　　图 2-7-6　三轴电子指南针与仿真器连接图

(3) 用 IAR 从仿真器下载工程(快捷键 Ctrl+D,如果 IAR 提示不能下载,按下仿真器侧面的 Reset 按键。注:只有当 CC Debugger 上面的指示灯为绿色时方可下载)。

(4) 打开主程序,将 CHOOSE_FLAG 改为 0,将程序下载到传感器底板,并运行,如图 2-7-7 所示。

(5) 将 CC Debugger 连接到网关底板,如图 2-7-8 所示。

(6) 将主程序中的 CHOOSE_FLAG 改为 1,编译后下载到网管底板,并运行,如图 2-7-9 所示。

运行结果如图 2-7-10 所示。

```
// BasicRF address definitions
#define PAN_ID              0x2007      //定义模块ID
#define SWITCH_ADDR         0x2520
#define LIGHT_ADDR          0xBEEF
#define APP_PAYLOAD_LENGTH   13         //定义数据长度
#define LIGHT_TOGGLE_CMD     0

// Application states
#define IDLE                 0
#define SEND_CMD             1

// Application role
#define NONE                 0
#define SWITCH               1
#define LIGHT                2
#define APP_MODES            2
#define CHOOSE_FLAG          0      // 发送或收发标示，0代表发送，1代表接收
/***************************************************************************************
* LOCAL VARIABLES
*/
static uint8 pTxData[APP_PAYLOAD_LENGTH];
static uint8 pRxData[APP_PAYLOAD_LENGTH];
static basicRfCfg_t basicRfConfig;
```

图 2-7-7　下载无线结点程序

图 2-7-8　下载网关与仿真器连接图

```
/***************************************************************************************
* CONSTANTS
*/
// Application parameters
#define RF_CHANNEL           25         // 2.4 GHz RF channel

// BasicRF address definitions
#define PAN_ID              0x2007      //定义模块ID
#define SWITCH_ADDR         0x2520
#define LIGHT_ADDR          0xBEEF
#define APP_PAYLOAD_LENGTH   13         //定义数据长度
#define LIGHT_TOGGLE_CMD     0

// Application states
#define IDLE                 0
#define SEND_CMD             1

// Application role
#define NONE                 0
#define SWITCH               1
#define LIGHT                2
#define APP_MODES            2
#define CHOOSE_FLAG          1      // 发送或收发标示，0代表发送，1代表接收

/***************************************************************************************
* LOCAL VARIABLES
*/
```

图 2-7-9　下载无线网关程序

改变 XYZ 的方向,可以看到不同平面角度的变化。

注意:当作实训的人数较多时,以免发生干扰,需要更改程序中的接收和发送地址,如图 2-7-11 所示。

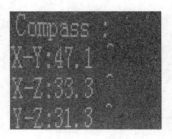

```
#define SWITCH_ADDR        0x2520
#define LIGHT_ADDR         0xBEEF
```

图 2-7-10　无线网关显示图　　　　　　图 2-7-11　更改地址(1)

将这两行地址改了即可,如图 2-7-12 所示。

```
#define SWITCH_ADDR        0x2520+1
#define LIGHT_ADDR         0xBEEF+1
```

图 2-7-12　更改地址(2)

关键代码说明:

功能函数/接口定义。

```
typedef unsigned char BYTE;
typedef unsigned char  uchar;
typedef unsigned short ushort;
typedef unsigned int   uint;
//**********************************
//定义单片机端口
//**********************************
#define SCL P0_5                                      //IIC 时钟引脚定义
#define SDA P0_4                                      //IIC 数据引脚定义
#define LED1 P1_2                                     //定义 LED 方便调试
#define LED2 P1_3
void Delay(uint);                                     //延时函数
void Initial(void);                                   //初始化 P0 口
#defineSlaveAddress    0x3C                           //定义器件在 IIC 总线中的从地址
BYTE BUF[8];                                          //接收数据缓存区
int  dis_data;                                        //变量

void InitLcd();
void Init_HMC5883(void);                              //初始化 5883
void WriteDataLCM(uchar dataW);
void WriteCommandLCM(uchar CMD,uchar Attribc);
void  Single_Write_HMC5883(uchar REG_Address,uchar REG_data);   //单个写入数据
uchar Single_Read_HMC5883(uchar REG_Address);        //单个读取内部寄存器数据
```

```
void   Multiple_Read_HMC5883();                          //连续的读取内部寄存器数据
//以下是模拟 iic 使用函数--------------
void HMC5883_Start();
void HMC5883_Stop();
void HMC5883_SendACK(uchar ack);
char   HMC5883_RecvACK();
void HMC5883_SendByte(BYTE dat);
BYTE HMC5883_RecvByte();
void HMC5883_ReadPage();
void HMC5883_WritePage();
```

　　void Delay(uint n);函数模型如下。

```
void Delay(uint n)
{
    uint i;
    for(i = 0;i<n;i++);
    for(i = 0;i<n;i++);
    for(i = 0;i<n;i++);
    for(i = 0;i<n;i++);
    for(i = 0;i<n;i++);
}
```

　　函数功能:定性延时。
　　void Initial(void);函数模型如下。

```
void Initial(void)
{
        P1SEL& = ~0X0C;
        P1DIR| = 0X0C;            //p1.2 p1.3 输出
        P0SEL = 0x00;             //普通 I/O
        // P0DIR | = 0x20;
        //P0INP | = 0x20;         //三态
        LED1 = 1;                 //熄灭 LED
        LED2 = 1;
}
```

　　函数功能:I/O 口初始化。
　　void HMC5883_Start();函数模型如下。

```
void HMC5883_Start()
{
        P0DIR = 0X30;
        Delayus(5);
        SDA = 1;                          //拉高数据线
```

```
        SCL = 1;                        //拉高时钟线
        Delayus(5);                     //延时
        SDA = 0;                        //产生下降沿
        Delayus(5);                     //延时
        SCL = 0;                        //拉低时钟线
}
```

函数功能：IIC 起始信号。

void HMC5883_Stop();函数模型如下。

```
void HMC5883_Stop()
{
        P0DIR = 0X30;
        Delayus(5);
        SCL = 0;
        SDA = 0;                        //拉低数据线
        SCL = 1;                        //拉高时钟线
        Delayus(5);                     //延时
        SDA = 1;                        //产生上升沿
        Delayus(5);                     //延时
}
```

函数功能：IIC 停止信号。

void HMC5883_SendACK(uchar ack);函数模型如下。

```
void HMC5883_SendACK(uchar ack)
{

        P0DIR = 0x30;                   //p0.4 p0.5 输出
        Delayus(5);
        SCL = 0;
        Delayus(5);
        SDA = ack;                      //写应答信号
        SCL = 1;                        //拉高时钟线
        Delayus(5);                     //延时
        SCL = 0;                        //拉低时钟线
        Delayus(5);                     //延时
}
```

函数功能：IIC 发送应答信号。

char HMC5883_RecvACK();函数模型如下。

```
char HMC5883_RecvACK()
{
```

```
    PODIR = 0x30;                  //p0.4 p0.5 输出
    Delayus(5);
    SCL = 0;
    Delayus(5);
    SDA = 1;
    Delayus(5);
    PODIR = 0x20;                  //p0.5 输出
    SCL = 1;                       //拉高时钟线
    Delayus(5);                    //延时
    if(SDA == 1)
    {
        SCL = 0;
        return 0;                  //er
    }
    SCL = 0;
    return 1;
}
```

函数功能:IIC 接收应答信号。

void HMC5883_SendByte(uchar dat);函数模型如下。

```
void HMC5883_SendByte(uchar dat)
{
    uchar i,j;
    PODIR = 0x30;                  //p0.4 p0.5 输出
    Delayus(5);
    for (i = 0; i<8; i++)          //8 位计数器
    {
        j = dat>>(7 - i);         //移出数据的最高位
        SDA = j&0x01;             //送数据口
        SCL = 1;                   //拉高时钟线
        Delayus(5);                //延时
        SCL = 0;                   //拉低时钟线
        Delayus(5);                //延时
    }
    HMC5883_RecvACK();
}
```

函数功能:向 IIC 总线发送一个字节数据。

BYTE HMC5883_RecvByte();函数模型如下。

```
BYTE HMC5883_RecvByte()
{
    BYTE i;
```

```
        BYTE dat = 0;

        PODIR = 0x30;              //p0.4 p0.5 输出
        Delayus(5);
        SCL = 0;
        Delayus(5);
        SDA = 1;                   //使能内部上拉,准备读取数据,
        Delayus(5);
        PODIR = 0x20;              //p0.5 输出
        Delayus(5);                //使能内部上拉,准备读取数据,
        for (i = 0; i<8; i++)      //8 位计数器
    {

            dat <<= 1;
            SCL = 1;               //拉高时钟线
            Delayus(5);            //延时
            dat |= SDA;            //读数据
            SCL = 0;               //拉低时钟线
            Delayus(5);            //延时
    }
    return dat;
}
```

函数功能:从 IIC 总线接收一个字节数据。

void Single_Write_HMC5883(uchar REG_Address,uchar REG_data);函数模型如下。

```
void Single_Write_HMC5883(uchar REG_Address,uchar REG_data)
{
    HMC5883_Start();                    //起始信号
    HMC5883_SendByte(SlaveAddress);     //发送设备地址 + 写信号
    HMC5883_SendByte(REG_Address);      //内部寄存器地址,请参考中文 pdf
    HMC5883_SendByte(REG_data);         //内部寄存器数据,请参考中文 pdf
    HMC5883_Stop();                     //发送停止信号
}
```

函数功能:IIC 设备初始化。

uchar Single_Read_HMC5883(uchar REG_Address);函数模型如下。

```
uchar Single_Read_HMC5883(uchar REG_Address)
{   uchar REG_data;
    HMC5883_Start();                        //起始信号
    HMC5883_SendByte(SlaveAddress);         //发送设备地址 + 写信号
    HMC5883_SendByte(REG_Address);          //发送存储单元地址,从 0 开始
    HMC5883_Start();                        //起始信号
    HMC5883_SendByte(SlaveAddress + 1);     //发送设备地址 + 读信号
    REG_data = HMC5883_RecvByte();          //读出寄存器数据
```

```
        HMC5883_SendACK(1);
        HMC5883_Stop();                              //停止信号
        return REG_data;
}
```

函数功能:单字节读取内部寄存器。

void Multiple_read_HMC5883(void);函数模型如下。

```
void Multiple_read_HMC5883(void)
{       uchar i;
        HMC5883_Start();                             //起始信号
        HMC5883_SendByte(SlaveAddress);              //发送设备地址 + 写信号
        HMC5883_SendByte(0x03);                      //发送存储单元地址,从 0x3 开始
        HMC5883_Start();                             //起始信号
        HMC5883_SendByte(SlaveAddress + 1);          //发送设备地址 + 读信号
        for (i = 0; i<6; i++)                        //连续读取 6 个地址数据,存储中 BUF
    {
        BUF[i] = HMC5883_RecvByte();                 //BUF[0]存储数据
        if (i == 5)
        {
            HMC5883_SendACK(1);                      //最后一个数据需要回 NOACK
        }
        else
        {
            HMC5883_SendACK(0);                      //回应 ACK
        }
    }
    HMC5883_Stop();                                  //停止信号
    Delay(5000);
}
```

函数功能:连续读出 HMC5883 内部角度数据,地址范围 0x3～0x5。

void Init_HMC5883();函数模型如下。

```
void Init_HMC5883()
{
        Single_Write_HMC5883(0x02,0x00);
}
```

函数功能:初始化 HMC5883。

void HMC5883Convert();函数模型如下。

```
void HMC5883Convert()
{
    int x,y,z;
```

```
Initial();
Delay(50);
Init_HMC5883();
LED1 = 1;      //熄灭 LED
LED2 = 1;

Multiple_read_HMC5883();      //连续读出数据,存储在 BUF 中
//--------- 显示 X 轴
x = BUF[0] << 8 | BUF[1]; //Combine MSB and LSB of X Data output register
z = BUF[2] << 8 | BUF[3]; //Combine MSB and LSB of Z Data output register
y = BUF[4] << 8 | BUF[5]; //Combine MSB and LSB of Y Data output register

angle_xy = atan2((double)y,(double)x) * (180 / 3.14159265) + 180; //获取 xy 平面角度
Delay(50000);
angle_xz = atan2((double)z,(double)x) * (180 / 3.14159265) + 180; //获取 xz 平面角度
Delay(50000);
angle_yz = atan2((double)z,(double)y) * (180 / 3.14159265) + 180; //获取 yz 平面角度
LED1 = ~LED1;
Delay(50000);
}
```

函数功能:读取寄存器值,换算相应的平面角度。

2.7.3 实训知识检测

1. 如何提高测量精度?(略)
2. 在磁场干扰的情况下如何正确读数?(略)
3. 霍尼韦尔的磁传感器在低磁场传感器行业中是灵敏度最高和可靠性最好的传感器。

2.8 实训 16—大气压强传感器

2.8.1 相关基础知识

1. GY—65 气压模块参数(表 2-8-1)

表 2-8-1 主要技术参数

电气参数	GY—65 气压模块
工作电压	1.8 V~5.5 V
压力范围	300~1 100 hPa(海拔 500~9 000 m)
尺寸	20.3 mm×15.7 mm×11.6 mm
低功耗	5 μA 在标准模式
反应时间	7.5 ms
待机电流	0.1 μA

2. GY—65 气压模块原理

模块实物图及引脚说明：

实物图如图 2-8-1 所示。

VCC：电源供电 3～5 V。

SDA：IIC 总线数据线。

SCL：IIC 总线的时钟线。

XCLR：主设备清零输入。

ECO：结束转换输出。

GND：地。

GY—65 气压模块与单片机接口图如图 2-8-2 所示。

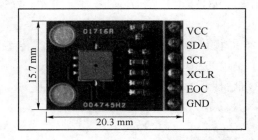 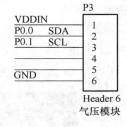

图 2-8-1　GY—65 大气压强引脚图　　　2-8-2　GY—65 大气压强电路原理图

2.8.2　实训操作指南

1. 实训名称

大气压强传感器实训，核心是 GY—65 气压模块，通过 CC2530 传感器结点和 GY—65 完成实训。

2. 实训目的

学习灵活使用 GY—65 气压模块，学习如何根据 ICC 时序图编写 IIC 程序、如何测量当前的气压值。

3. 实训设备

（1）硬件：PC（一台）。

（2）CC2530 传感器结点（1 个，红色底板）如图 2-8-3 所示。

图 2-8-3　CC2530 无线传感器结点

（3）GY—65 大气压强模块如图 2-8-4 所示。

（4）CC Debugger 仿真器如图 2-8-5 所示。

图 2-8-4 GY—65 大气压强模块

图 2-8-5 CC Debugger 仿真器

（5）软件：IAR Embedded Workbench for MCS-51 开发环境。

4. 实训步骤及结果

（1）启动 IAR，打开工作区文件："CC2530 模块\无线传感网演示例程\02.传感器应用例程\大气压强传感器\IDE\light_switch\srf05_cc2530\Iar\light_switch.eww"。

（2）连接仿真器和 CC2530 无线结点（红色底板）如图 2-8-6 所示。

图 2-8-6 大气压强与仿真器连接图

（3）用 IAR 从仿真器下载工程（快捷键 Ctrl＋D，如果 IAR 提示不能下载，按下仿真器侧面的 Reset 按键。注：只有当 CC Debugger 上面的指示灯为绿色时方可下载）。

（4）打开主程序，将 CHOOSE_FLAG 改为 0，将程序下载到传感器底板，并运行，如图 2-8-7所示。

（5）将 CC Debugger 连接到网关底板如图 2-8-8 所示。

（6）将主程序中的 CHOOSE_FLAG 改为 1，编译后下载到网关底板，并运行，如图 2-8-9 所示。

（7）运行结果如图 2-8-10 所示。

注意：当作实训的人数较多时，以免发生干扰，需要更改程序中的接收和发送地址，如图 2-8-11所示。

```
// BasicRF address definitions
#define PAN_ID                    0x2007
#define SWITCH_ADDR               0x2520
#define LIGHT_ADDR                0xBEEF
#define APP_PAYLOAD_LENGTH         5
#define LIGHT_TOGGLE_CMD           0

// Application states
#define IDLE                       0
#define SEND_CMD                   1

// Application role
#define NONE                       0
#define SWITCH                     1
#define LIGHT                      2
#define APP_MODES                  2
#define CHOOSE_FLAG                0      // 发送或收发标示，0代表发送，1代表接收

/********************************
 * LOCAL VARIABLES
 ********************************/
static uint8 pTxData[APP_PAYLOAD_LENGTH];
```

图 2-8-7   下载无线结点程序

图 2-8-8   无线网关与仿真器连接图

```
*/
// Application parameters
#define RF_CHANNEL                25        // 2.4 GHz RF channel

// BasicRF address definitions
#define PAN_ID                    0x2007
#define SWITCH_ADDR               0x2520
#define LIGHT_ADDR                0xBEEF
#define APP_PAYLOAD_LENGTH         5
#define LIGHT_TOGGLE_CMD           0

// Application states
#define IDLE                       0
#define SEND_CMD                   1

// Application role
#define NONE                       0
#define SWITCH                     1
#define LIGHT                      2
#define APP_MODES                  2
#define CHOOSE_FLAG                1      // 发送或收发标示，0代表发送，1代表接收
```

图 2-8-9   下载无线网关程序

图 2-8-10　无线网关显示

```
#define SWITCH_ADDR          0x2520+1
#define LIGHT_ADDR           0xBEEF+1
```

图 2-8-11　更改地址(1)

将这两行地址改了即可,如图 2-8-12 所示。

```
#define SWITCH_ADDR          0x2520+1
#define LIGHT_ADDR           0xBEEF+1
```

图 2-8-12　更改地址(2)

关键代码说明。

功能函数/接口定义如下。

```
#defineBMP085_SlaveAddress   0xee        //定义器件在 IIC 总线中的从地址
#define OSS 0// Oversampling Setting (note: code is not set up to use other OSS values)
//*****************************************
//定义单片机端口
//*****************************************

#define SCL P0_1                          //IIC 时钟引脚定义
#define SDA P0_0                          //IIC 数据引脚定义
#define LED1 P1_2
#define LED2 P1_3

void BMP085_Start(void);
void BMP085_Stop(void);
BYTE BMP085_RecvByte(void);
int BMP085_RecvACK(void);
void BMP085_SendByte(BYTE dat);
short Multiple_read(UINT8 ST_Address);
void BMP085_SendACK(uint8 ack);
short ac1;
short ac2;
short ac3;
unsigned short ac4;
unsigned short ac5;
unsigned short ac6;
short b1;
short b2;
short mb;
short mc;
short md;
```

void delay(unsigned int k);函数模型如下。

```
void delay(unsigned int k)
{
    unsigned int i,j;
    for(i = 0;i<k;i ++)
{
    for(j = 0;j<121;j ++)
    {;}}
}
```

函数功能:延时。

void BMP085_Start();函数模型如下。

```
void BMP085_Start()
{
    P0DIR = 0X03;
    Delay(5);
    SDA = 1;                    //拉高数据线
    SCL = 1;                    //拉高时钟线
    Delay(5);                   //延时
    SDA = 0;                    //产生下降沿
    Delay(5);                   //延时
    SCL = 0;                    //拉低时钟线
}
```

函数功能:IIC 起始信号。

void BMP085_Stop();函数模型如下。

```
void BMP085_Stop()
{
    P0DIR = 0X03;
    Delay(5000);
    SDA = 0;                    //拉低数据线
    SCL = 1;                    //拉高时钟线
    Delay(5);                   //延时
    SDA = 1;                    //产生上升沿
    Delay(5);                   //延时
}
```

函数功能:IIC 停止信号。

BYTE BMP085_RecvByte();函数模型如下。

```
BYTE BMP085_RecvByte()
{
    BYTE i;
    BYTE dat = 0;
    SCL = 0;
    P0DIR = 0X03;
    Delay(5);
    SDA = 1;                    //使能内部上拉,准备读取数据
    P0DIR = 0X02;
    Delay(5);
    for (i = 0; i<8; i++)       //8位计数器
    {
        dat << = 1;
        SCL = 1;                //拉高时钟线
        Delay(5);               //延时
        dat | = SDA;            //读数据
        SCL = 0;                //拉低时钟线
        Delay(5);               //延时
    }
    return dat;
}
```

函数功能:从 IIC 总线接收一个字节数据。

int BMP085_RecvACK();函数模型如下。

```
int BMP085_RecvACK()
{
    SCL = 0;
    Delay(5);
    P0DIR = 0x03;           //p0.4 p0.5 输出
    Delay(5);
    SDA = 1;
    Delay(5);
    P0DIR = 0x02;           //p0.4 输出
    SCL = 1;                //拉高时钟线
    Delay(5);               //延时
    if(SDA == 1)
    {
        SCL = 0;
        return 0;           //er
    }
    SCL = 0;
    return 1;
}
```

函数功能:IIC 接收应答信号。

void BMP085_SendACK(uint8 ack);函数模型如下。

```
void BMP085_SendACK(uint8 ack)
{
    SCL = 0;
    PODIR = 0X03;
    Delay(5);
    SDA = ack;                    //写应答信号
    SCL = 1;                      //拉高时钟线
    halMcuWaitMs(5);              //延时
    SCL = 0;                      //拉低时钟线
    halMcuWaitMs(5);              //延时
}
```

函数功能:发送应答信号。

void BMP085_SendByte(BYTE data);函数模型如下。

```
void BMP085_SendByte(BYTE data)
{
    BYTE i,j;
    PODIR = 0X03;
    Delay(5);
    for (i = 0; i<8; i++)         //8 位计数器
    {
        j = dat>>(7 - i);         //移出数据的最高位
        SDA = j&0x01;             //送数据口
        SCL = 1;                  //拉高时钟线
        Delay(5);                 //延时
        SCL = 0;                  //拉低时钟线
        Delay(5);                 //延时
    }
    BMP085_RecvACK();
}
```

函数功能:向 IIC 总线发送一个字节数据。

short Multiple_read(uint8 ST_Address);函数模型如下。

```
short Multiple_read(uint8 ST_Address)
{
    uint8 msb, lsb;
    short _data;

    BMP085_Start();                              //起始信号
    BMP085_SendByte(BMP085_SlaveAddress);        //发送设备地址 + 写信号
```

```
    BMP085_SendByte(ST_Address);                  //发送存储单元地址
    BMP085_Start();                               //起始信号
    BMP085_SendByte(BMP085_SlaveAddress + 1);     //发送设备地址 + 读信号

    msb = BMP085_RecvByte();                       //BUF[0]存储
    BMP085_SendACK(0);                             //回应 ACK
    lsb = BMP085_RecvByte();
    BMP085_SendACK(1);                             //最后一个数据需要回 NOACK
    BMP085_Stop();                                 //停止信号
    //Delay5ms();
    halMcuWaitMs(5);
    _data = msb << 8;
    _data |= lsb;
    return _data;
}
```

函数功能:读出 BMP085 内部数据,连续两个。

void Init_BMP085();函数模型如下。

```
void Init_BMP085()
{
    ac1 = Multiple_read(0xAA);
    ac2 = Multiple_read(0xAC);
    ac3 = Multiple_read(0xAE);
    ac4 = Multiple_read(0xB0);
    ac5 = Multiple_read(0xB2);
    ac6 = Multiple_read(0xB4);
    b1 =  Multiple_read(0xB6);
    b2 =  Multiple_read(0xB8);
    mb =  Multiple_read(0xBA);
    mc =  Multiple_read(0xBC);
    md =  Multiple_read(0xBE);
}
```

函数功能:初始化 BMP085。

void Initial(void);函数模型如下。

```
void Initial(void)
{
    P1SEL& = ~0X0C;
    P1DIR| = 0X0C;
    P0SEL = 0x00;           //输出
    // P0DIR  |  = 0x02;       //
    // P0INP  |  = 0x02;       //三态
    LED1 = 1;               //熄灭 LED
    LED2 = 1;
}
```

函数功能:初始化 I/O 口。

long bmp085ReadPressure(void);函数模型如下。

```
long bmp085ReadPressure(void)
{
    long pressure = 0;
    BMP085_Start();                         //起始信号
    BMP085_SendByte(BMP085_SlaveAddress);   //发送设备地址＋写信号
    BMP085_SendByte(0xF4);                  // write register address
    BMP085_SendByte(0x34);                  // write register data for pressure
    BMP085_Stop();                          //发送停止信号
    delay(10);                              // max time is 4.5ms

    pressure = Multiple_read(0xF6);
    pressure &= 0x0000FFFF;

    return pressure;
    //return (long) bmp085ReadShort(0xF6);
}
```

函数功能:读取压强的值。

long bmp085ReadTemp(void);函数模型如下。

```
long bmp085ReadTemp(void)
{

    BMP085_Start();                         //起始信号
    BMP085_SendByte(BMP085_SlaveAddress);   //发送设备地址＋写信号
    BMP085_SendByte(0xF4);                  // write register address
    BMP085_SendByte(0x2E);                  // write register data for temp
    BMP085_Stop();                          //发送停止信号
    delay(10);// max time is 4.5ms

    return (long) Multiple_read(0xF6);
}
```

函数功能:读取温度值。

int GetData(uint8 REG_Address);函数模型如下。

```
int GetData(uint8 REG_Address)
{
    char H,L;
    H = Single_ReadI2C(REG_Address);
    L = Single_ReadI2C(REG_Address + 1);
    return (H<<8) + L;          //合成数据
}
```

函数功能:读取寄存器值。

int32 bmp085Convert(void);函数模型如下。

```
int32 bmp085Convert(void)
{
    long   temperature;
    long   pressure;
    long ut;
    long up;
    long x1, x2, b5, b6, x3, b3, p;
    unsigned long b4, b7;
    ut = bmp085ReadTemp();
    ut = bmp085ReadTemp();      // 读取温度
    up = bmp085ReadPressure();
    up = bmp085ReadPressure();  //读取压强

    x1 = ((long)ut - ac6) * ac5 >> 15;
    x2 = ((long) mc << 11) / (x1 + md);
    b5 = x1 + x2;
    temperature = (b5 + 8) >> 4;
    b6 = b5 - 4000;
    x1 = (b2 * (b6 * b6 >> 12)) >> 11;
    x2 = ac2 * b6 >> 11;
    x3 = x1 + x2;
    b3 = (((long)ac1 * 4 + x3) + 2)/4;
    x1 = ac3 * b6 >> 13;
    x2 = (b1 * (b6 * b6 >> 12)) >> 16;
    x3 = ((x1 + x2) + 2) >> 2;
    b4 = (ac4 * (unsigned long)(x3 + 32768)) >> 15;
    b7 = ((unsigned long) up - b3) * (50000 >> OSS);
    if( b7 < 0x80000000)
          p = (b7 * 2) / b4 ;
else
p = (b7 / b4) * 2;
    x1 = (p >> 8) * (p >> 8);
    x1 = (x1 * 3038) >> 16;
    x2 = (-7357 * p) >> 16;
    pressure = p + ((x1 + x2 + 3791) >> 4);

    return pressure;
}
```

函数功能:根据寄存器的值换算成压强值。

static void SendPressure();函数模型如下。

```
static void SendPressure()
{
    uint32 count = 0;
    int32 AutoPressure;
# ifdef ASSY_EXP4618_CC2420
    halLcdWriteSymbol(HAL_LCD_SYMBOL_TX, 1);
# endif
    // Initialize BasicRF
    basicRfConfig.myAddr = SWITCH_ADDR;
    if(basicRfInit(&basicRfConfig) == FAILED)
    {
      HAL_ASSERT(FALSE);
    }
    while (TRUE)
    {
        if( ++ count == 200000 )
        {
            count = 0;
            AutoPressure = bmp085Convert();
            //写一个把大气压强变为字符串的函数
            pTxData[0] = (AutoPressure & 0xFF000000)>>24;
            pTxData[1] = (AutoPressure & 0xFF0000)>>16;
            pTxData[2] = (AutoPressure & 0xFF00)>>8;
            pTxData[3] = (AutoPressure & 0xFF);
            pTxData[4] = '\0';

            basicRfSendPacket(LIGHT_ADDR, pTxData, APP_PAYLOAD_LENGTH);
            P1_0 ^= 1;
        }
    }
}
```

函数功能:将得到的压强值发送给网关结点。

2.8.3　实训知识检测

1. 怎样提高测量精度？（略）
2. 如何根据气压值换算成海拔高度？（略）

2.9　实训17—高精度温湿度采集

2.9.1　相关基础知识

1. 温湿度传感器介绍

SHT1x（包括 SHT10，SHT11 和 SHT15）属于 Sensirion 温湿度传感器家族中的贴片
封装系列。传感器将传感元件和信号处理电路集成在一块微型电路板上,输出完全标定的数

字信号。传感器采用专利的 CMOSens® 技术,确保产品具有极高的可靠性与卓越的长期稳定性。传感器包括一个电容性聚合体测试敏感元件、一个用能隙材料制成的测温元件,并在同一芯片上,与 14 位的 A/D 转换器以及串行接口电路实现无缝连接。因此,该产品具有品质卓越、响应迅速、抗干扰能力强、性价比高等优点。

每个传感器芯片都在极为精确的湿度腔室中进行标定,校准系数以程序形式储存在 OTP 内存中,用于内部的信号校准。两线制的串行接口与内部的电压调整,使外围系统集成变得快速而简单。微小的体积、极低的功耗,使 SHT1x 成为各类应用的首选。

SHT1X 提供表贴 LCC 封装,可以使用标准回流焊接。同样性能的传感器还有插针型封装(SHT7X)和柔性 PCB 封装(SHTA1)。

SHT10 的关键分布如图 2-9-1 所示,熟悉底板原理图中,如下的温湿度传感器 SHT10 的接口电路;该芯片通过 I^2C 接口与 CC2530 单片机相连。温湿度电路原理图如图 2-9-2 所示。

引脚	名称	描述
1	GND	地
2	DATA	串行数据、双向
3	SCK	串行时钟、输入口
4	VDD	电源
NC	NC	必须为空

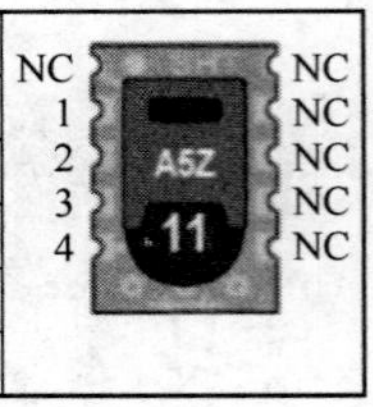

注:SHT1x引脚分配,NC保持悬空。

图 2-9-1　温湿度引脚图

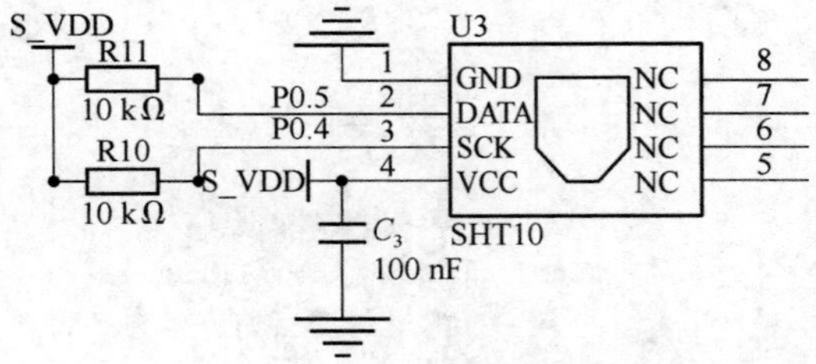

温湿度传感器SHT10

图 2-9-2　温湿度电路原理图

2. I^2C 总线介绍

该传感器芯片使用 I^2C 数字总线与 MCU 进行通信;I^2C 总线是使用广泛的 2 线数字接口。I^2C(Inter－Integrated Circuit)总线是由 PHILIPS 公司开发的两线式串行总线,用于连接微控制器及其外围设备。是微电子通信控制领域广泛采用的一种总线标准。它是同步通信的一种特殊形式,具有接口线少,控制方式简单,器件封装形式小,通信速率较高等优点。I^2C 总线连接图如图 2-9-3 所示。

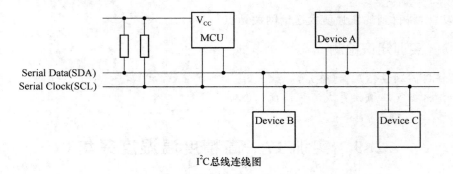

I^2C总线连线图

图 2-9-3　I^2C 总线连接图

I^2C 总线支持任何 IC 生产过程(NMOS CMOS、双极性)。两线——串行数据(SDA)和串行时钟(SCL)线在连接到总线的器件间传递信息。每个器件都有一个唯一的地址识别(无论是微控制器——MCU、LCD 驱动器、存储器或键盘接口),而且可以作为一个发送器或接收器(由器件的功能决定)。很明显,LCD 驱动器只是一个接收器,而存储器则既可以接收又可以发送数据。除了发送器和接收器外器件在执行数 据传输时也可以被看作是主机或从机。主机是初始化总线的数据传输并产生允许传输的时钟信号的器件。此时,任何被寻址的器件都被认为是从机。

I^2C 总线特征如下所述。

(1) 只要求两条总线线路:一条串行数据线 SDA,一条串行时钟线 SCL。

(2) 每个连接到总线的器件都可以通过唯一的地址和一直存在的简单的主机/从机关系软件设定地址,主机可以作为主机发送器或主机接收器。

(3) 它是一个真正的多主机总线,如果两个或更多主机同时初始化,数据传输可以通过冲突检测和仲裁防止数据被破坏。

(4) 串行的 8 位双向数据传输位速率在标准模式下可达 100 kbit/s,快速模式下可达 400 kbit/s,高速模式下可达 3.4 Mbit/s。

(5) 连接到相同总线的 IC 数量只受到总线的最大电容 400 pF 限制。

温湿度传感器接口 I^2C 的时序要求如图 2-9-4 所示。

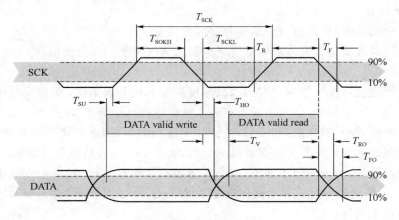

图 2-9-4　I^2C 时序要求图

注:时序图,缩写词在下表有注释。加重的 DATA 线由传感器控制,普通的 DATA 线由单片机控制,有效时间依据 SCK 的时序。

	参数	条件	min	typ	max	单位
F_{SCK}	SCK 频率	$V_{DD} > 4.5\ V$	0	0.1	5	MHz
		$V_{DD} < 4.5\ V$	0	0.1	1	MHz
T_{SCK2}	SCK 高/低时间		100	—	—	ns
$T_R T_F$	SCK 上升/下降时间		1	200	—	ns
T_{FO}	DATA 下降时间	OL=5pF	3.5	10	20	ns
		OL=100pF	30	40	200	ns
T_{RO}	DATA 上升时间		—	—	—	ns
T_V	DATA 有效时间		200	250		ns
T_{SU}	DATA 设置时间		100	150		ns
T_{HO}	DATA 保持时间		10	15		ns

传感器接口 I^2C 的湿度读取时序,要求如图 2-9-5 所示。

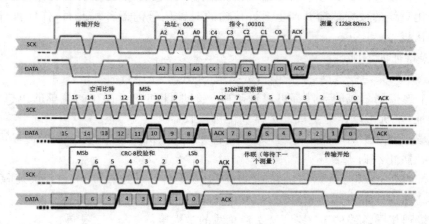

图 2-9-5　读取时序时 I^2C 要求图

3. 温湿度计算

温度的概念很清晰,下面重点介绍相对湿度的概念。

空气中实际所含水蒸气密度和同温度下饱和水蒸气密度的百分比值,称为空气的"相对湿度"。

空气的干湿程度和空气中所含有的水汽量接近饱和的程度有关,而和空气中含有水汽的绝对量却无直接关系。例如,空气中所含有的水汽的压强同样等于 1606.24 Pa(12.79 毫米汞柱)时,在炎热的夏天中午,气温约 35 ℃,人们并不感到潮湿,因此时离水汽饱和气压还很远,物体中的水分还能够继续蒸发。而在较冷的秋天,大约 15 ℃,人们却会感到潮湿,因这时的水汽压已经达到过饱和,水分不但不能蒸发,而且还要凝结成水,所以我们把空气中实际所含有的水汽的密度 ρ_1 与同温度时饱和水汽密度 ρ_2 的百分比 $\rho_1/\rho_2 \times 100\%$ 称为相对湿度。也可以用水汽压强的比来表示:

例如,空气中含有水汽的压强为 1 606.24 Pa(12.79 毫米汞柱),在 35 ℃时,饱和蒸汽压为 5 938.52 Pa(44.55 毫米汞柱),空气的相对湿度是 27%。

而在 15 ℃时,饱和蒸汽压是 1 606.24 Pa(12.79 毫米汞柱),相对湿度是 100%。

相对湿度计算公式(单位:%),如图 2-9-6 所示。

$$RH_{linear} = C_1 + C_2 \cdot SO_{RH} + C_3 \cdot SO_{RH}^2$$

SO_{RH}	C_1	C_2	C_3
12 bit	-4	0.0405	-2.8×10^{-6}
8 bit	-4	0.648	-7.2×10^{-4}

温度转换系统

图 2-9-6　湿度计算公式图

SORH:双线读取寄存器,数据 12 bit 湿度原始值:

C_1:-4。

C_2:0.0405。

C_3:-2.8×10^{-6}。

举例:采集数据为 826;那么相对湿度。

$$RH = -4+0.0405\times826-2.8\times10^{-6}\times826\times826 = 29.4\%RH(保留三位有效数字即可)$$

温度计算公式(单位:℃)如图 2-9-7 所示。

$$Temperature = D_1 + D_2 \cdot SO_T$$

VDD	$D_1[\text{℃}]$	$D_1[\text{℉}]$
5V	-40.00	-40.00
4V	-39.75	-39.55
3.5V³	-39.66	-39.39
3V³	-39.60	-39.28
2.5V³	-39.55	-39.19

SO_T	$D_2[\text{℃}]$	$D_2[\text{℉}]$
14 bit	0.01	0.018
12 bit	0.04	0.072

温度转换系数

图 2-9-7　温度计算公式图

采集数据 14 bit 温度原始值,比如为:6 070(十进制);工作在 3 V 电压下选择。

D_1:-39.6。

D_2:0.01。

那么:$T = 6070\times0.01-39.6 = 21.1(\text{℃})$

2.9.2　实训操作指南

1. 实训名称

高精度温湿度采集实训,核心为 CC2530 传感器结点,通过 CC2530 传感器结点完成实训。

2. 实训目的

学习如何从数字芯片接口读取温湿度数据,并通过温湿度系数转换公式,转换为实际的温湿度值,理解相对湿度的物理概念。

3. 实训设备

(1) 硬件:PC(一台)。

(2) CC2530 传感器结点(1 个,红色底板)如图 2-9-8 所示。

图 2-9-8　CC2530 无线传感器结点

(3) CC Debugger 仿真器如图 2-9-9 所示。

(4) 软件:IAR Embedded Workbench for MCS-51 开发环境。

4. 实训步骤及结果

(1) 启动 IAR,打开工作区文件:"CC2530 模块\无线传感网演示例程\02.传感器应用例程\温湿度传感器\IDE\light_switch\srf05_cc2530\Iar\light_switch.eww"。

(2) 连接仿真器和 CC2530 无线结点(红色底板)如图 2-9-10 所示。

(3) 用 IAR 从仿真器下载工程(快捷键 Ctrl+D,如果 IAR 提示不能下载,按下仿真器侧面的 Reset 按键)。注:只有当 CC Debugger 面的指示灯为绿色时方可下载。

(4) 打开主程序,将 CHOOSE_FLAG 改为 0,将程序下载到传感器底板,并运行,如图 2-9-11 所示。

图 2-9-9　CC Debugger 仿真器　　　　图 2-9-10　无线结点与仿真器连接图

```
#include "humiture.h"

/********************************************************************
 * CONSTANTS
 */
// Application parameters
#define RF_CHANNEL              25        // 2.4 GHz RF channel

// BasicRF address definitions
#define PAN_ID                  0x2007
#define SWITCH_ADDR             0x2520
#define LIGHT_ADDR              0xBEEF
#define APP_PAYLOAD_LENGTH      5
#define LIGHT_TOGGLE_CMD        0

// Application states
#define IDLE                    0
#define SEND_CMD                1

// Application role
#define NONE                    0
#define SWITCH                  1
#define LIGHT                   2
#define APP_MODES               2
#define CHOOSE_FLAG             0    // 发送或收发标示，0代表发送，1代表接收

/********************************************************************
 * LOCAL VARIABLES
 */
static uint8 pTxData[APP_PAYLOAD_LENGTH];
static uint8 pRxData[APP_PAYLOAD_LENGTH];
static basicRfCfg_t basicRfConfig;

// Mode menu
static menuItem_t pMenuItems[] =
{
#ifdef ASSY_EXP4618_CC2420
```

图 2-9-11　下载无线结点程序

（5）将 CC Debugger 连接到网关底板如图 2-9-12 所示。

图 2-9-12　无线网关与仿真器连接图

（6）将主程序中的 CHOOSE_FLAG 改为 1,编译后下载到网关底板,并运行,如图 2-9-13 所示。

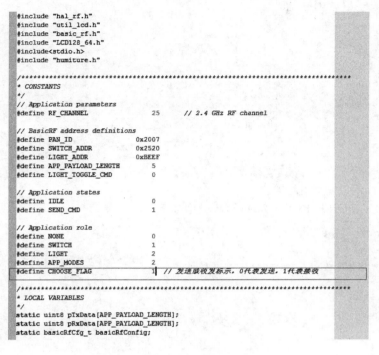

```
#include "hal_rf.h"
#include "util_lcd.h"
#include "basic_rf.h"
#include "LCD128_64.h"
#include<stdio.h>
#include "humiture.h"

/************************************************************************
 * CONSTANTS
 */
// Application parameters
#define RF_CHANNEL                    25          // 2.4 GHz RF channel

// BasicRF address definitions
#define PAN_ID                        0x2007
#define SWITCH_ADDR                   0x2520
#define LIGHT_ADDR                    0xBEEF
#define APP_PAYLOAD_LENGTH            5
#define LIGHT_TOGGLE_CMD              0

// Application states
#define IDLE                          0
#define SEND_CMD                      1

// Application role
#define NONE                          0
#define SWITCH                        1
#define LIGHT                         2
#define APP_MODES                     2
#define CHOOSE_FLAG                   1   // 发送或收发标示。0代表发送, 1代表接收

/************************************************************************
 * LOCAL VARIABLES
 */
static uint8 pTxData[APP_PAYLOAD_LENGTH];
static uint8 pRxData[APP_PAYLOAD_LENGTH];
static basicRfCfg_t basicRfConfig;
```

图 2-9-13　下载无线网关程序

（7）运行结果如图 2-9-14 所示。温度为 23.48 ℃,湿度为 49.66%。

注意:当作实训的人数较多时,以免发生干扰,需要更改程序中的接收和发送地址,如图 2-9-15所示。

将这两行地址改了即可,如图 2-9-16 所示。

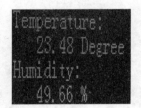

```
#define SWITCH_ADDR              0x2520
#define LIGHT_ADDR               0xBEEF
```

图 2-9-15　更改地址(1)

```
#define SWITCH_ADDR              0x2520+1
#define LIGHT_ADDR               0xBEEF+1
```

图 2-9-14　无线网关显示图　　　　　　　　　　图 2-9-16　更改地址(2)

关键代码说明。

功能函数/接口定义如下。

```
#define RLED P1_0        //定义 LED1 为 P10 口控制
#define YLED P1_1        //定义 LED2 为 P11 口控制
#define JVcc P0_1
void SHT1X_STAT(void);
void SHT1X_INT(void);
```

void HumitureInitial(void);函数模型如下。

```
void HumitureInitial(void)
{
    P1DIR | = 0x03;          //P10、P11 定义为输出
    P0SEL & = ~0xc0;         //P06 P07 输入
    P0DIR & = ~0xc0;
    P0INP | = 0xc0;          //三态
    SHT1X_INT();
    P0DIR | = 0x2;           //JVcc 定义为输出
    RLED = 1;                //关 LED
    YLED = 1;
    JVcc = 0;
}
```

函数功能:I/O 口初始化。

void SHT1X_PORT_INT(void);函数模型如下。

```
void SHT1X_PORT_INT(void)
{
    SHT1X_SCK_DIR | = SHT1X_SCK_BV;//时钟为输出
    SHT1X_DATA_OUT;
    SHT1X_SCK = 0;
    SHT1X_DAT = 1;
}
```

函数功能:IIC 引脚初始化。

uint8 WaitForSHT1XAck(void);函数模型如下。

```
uint8 WaitForSHT1XAck(void)
{
    uint8 bc = 0;
    uint16 i;
    i = 10000;
    SHT1X_DATA_IN;
    SHT1X_SCK = 0;
    NOP();
    NOP();
do{
    if(SHT1X_DAT == 0)
    break;
}while(i--);
    SHT1X_SCK = 1;
    NOP();
    bc = SHT1X_DAT;
    SHT1X_DATA_OUT;
    SHT1X_SCK = 0;
    NOP();
    return bc;
}
```

函数功能：发送应答信号。

void SHT1X_REST(void)；函数模型如下。

```
void SHT1X_REST(void)
{
    uint8 i;
    for(i = 0;i<9;i++)
    {
    SHT1X_SCK = 1;
    NOP_HUMITURE();
    SHT1X_SCK = 0;
    NOP_HUMITURE();
    }
    SHT1X_STAT();
}
```

函数功能：IIC 复位信号。

uint8 SendToSHT1X(uint8 data)；函数模型如下。

```
uint8 SendToSHT1X(uint8 data)
{
    uint8 i;
    SHT1X_SCK = 0;
    for(i = 0;i<8;i++)
    {
    if(data&0x80)
    {
    SHT1X_DAT = 1;
    }
        else
        {
    SHT1X_DAT = 0;
        }
        data << = 1;
        SHT1X_SCK = 1;
        NOP_HUMITURE();
        SHT1X_SCK = 0;
        NOP_HUMITURE();
    }
    if(WaitForSHT1XAck() == 0)
        return 1;
    else
        return 0;
}
```

函数功能:发送一个字节到 IIC 总线。

void SHT1X_STAT(void);函数模型如下。

```
void SHT1X_STAT(void)
{
        SHT1X_DATA_OUT;
        SHT1X_SCK = 1;
        NOP();
        NOP();
        NOP_HUMITURE();
        SHT1X_SCK = 0;
        NOP_HUMITURE();
        SHT1X_SCK = 1;
        NOP_HUMITURE();
        SHT1X_DAT = 1;
        NOP_HUMITURE();
        NOP_HUMITURE();
        SHT1X_SCK = 0;
}
```

函数功能:IIC 起始信号。

uint16 Read_SHT1X(uint8 option);函数模型如下。

```
uint16 Read_SHT1X(uint8 option)
{
        uint16 temp = 0;
        uint8 i;
        SHT1X_STAT();
        if(SendToSHT1X(option&0x1f) == 0)return 1;      //芯片没有应答
        SHT1X_DATA_IN;
        for(i = 0;i<10;i++)                              //等转换完成
        WaitForAminit(30000);
        SHT1X_SCK = 0;
        NOP_HUMITURE();
        SHT1X_SCK = 1;
        NOP_HUMITURE();
        if(SHT1X_DAT ! = 0)
{
        return 2;                                       //芯片没有响应转换完成
}
SHT1X_SCK = 0;
NOP_HUMITURE();
for(i = 0;i<7;i++)
{
```

```
SHT1X_SCK = 1;
NOP_HUMITURE();
temp << = 1;
if(SHT1X_DAT)
{
    temp | = 1;
}
SHT1X_SCK = 0;
NOP_HUMITURE();
}
SHT1X_DATA_OUT;
NOP();
SHT1X_DAT = 0;
NOP_HUMITURE();
SHT1X_SCK = 1;
NOP_HUMITURE();NOP();
SHT1X_SCK = 0;
NOP_HUMITURE();
NOP_HUMITURE();
        SHT1X_DATA_IN;
    for(i = 0;i<8;i++)
    {
        SHT1X_SCK = 1;
        NOP_HUMITURE();
        temp << = 1;
        if(SHT1X_DAT)
        {
                temp | = 1;
        }
        SHT1X_SCK = 0;
        NOP_HUMITURE();
    }
SHT1X_DATA_OUT;
NOP_HUMITURE();
SHT1X_DAT = 1;
SHT1X_SCK = 1;
NOP_HUMITURE();
SHT1X_SCK = 0;
return temp;
}
```

函数功能：IIC 读取信号。

static void SendPressure();函数模型如下。

```
static void SendPressure()
{
    uint32 count = 0;
    int16 tempVariable;
    int16 TempSpace;
    float f_Temp,f_RH;
    int16 Integer_Temp, Integer_RH;

#ifdef ASSY_EXP4618_CC2420
    halLcdWriteSymbol(HAL_LCD_SYMBOL_TX, 1);
#endif


    // Initialize BasicRF
    basicRfConfig.myAddr = SWITCH_ADDR;
    if(basicRfInit(&basicRfConfig) == FAILED) {
        HAL_ASSERT(FALSE);
    }
    while (TRUE)
    {
        if( ++count == 200000 )
        {
            count = 0;
            //AutoPressure = bmp085Convert();
            tempVariable = Read_SHT1X(3);   //14bit 温度原始值
            //根据手册 SHTxx_ 温湿度一体传感器.pdf 第5页温度计算公式得到,3 V 电压模式,单位摄
氏度
            f_Temp = tempVariable * 0.01 - 39.6;
            TempSpace = f_Temp - 25;//测量的温度与 25 ℃的差值,若差值太大对湿度进行修正
            if (TempSpace < 0)
                TempSpace *= -1;
            tempVariable = Read_SHT1X(5);   //12bit 湿度原始值
            //根据手册 SHTxx_ 温湿度一体传感器.pdf 第5页湿度修正计算公式得到,3 V 电压模式,单
位摄氏度,12 bit 模式
            f_RH = -4 + 0.0405 * tempVariable - (2.8e-6) * ((long)(tempVariable * tempVari-
able)); //单位,xx% 相对湿度
            if (TempSpace >= 25)
            {
                //当实际温度与 25 ℃相差很大时,用如下的温度补偿公式修正,SHTxx_ 温湿度一体
传感器.pdf 第5页
                f_RH = f_RH +(f_Temp - 25) * (1e-2 + tempVariable * (8e-5));
            }
            //写一个把大气压强变为字符串的函数
```

```
        Integer_Temp = f_Temp * 100;
        Integer_RH   = f_RH * 100;
        pTxData[0] = (Integer_Temp & 0xFF00)>>8;
        pTxData[1] = (Integer_Temp & 0xFF);
        pTxData[2] = (Integer_RH & 0xFF00)>>8;
        pTxData[3] = (Integer_RH & 0xFF);
        pTxData[4] = '\0';

        basicRfSendPacket(LIGHT_ADDR, pTxData, APP_PAYLOAD_LENGTH);
        P1_0 ^= 1;

    }
  }
}
```

函数功能:将得到的温湿度值发送给网关结点。

2.9.3　实训知识检测

1. 如何用 I^2C 连接多个从设备并驱动读写?

(提示:通过 I^2C 总线串联)

2. 如何提高温湿度传感器的精度?

(提示:校准,或替换高精度芯片)

3. 什么是绝对湿度和相对湿度?

(相对湿度,指空气中水汽压与饱和水汽压的百分比。绝对湿度指的是大气中水汽的密度,即单位大气中所含水汽的质量。)

4. 试述湿敏电容式和湿敏电阻式湿度传感器的工作原理。

(水分子具有较大的电偶极矩。在氢原子附近有极大的正电场,因而它具有很大的电子亲和力,使得水分子易于吸附在固体表面并渗透到固体内部。利用水分子这一特性制成的湿度传感器称为水分子亲和力型传感器。而把与水分子亲和力无关的湿度传感器,称为非水分子亲和力型传感器。)

5. 试述湿度传感器的应用。(略)

6. 什么是气体的湿度? 什么是露点?

(大气的干湿程度通常用绝对湿度和相对湿度来表示。露点:降低温度可使未饱和水汽变成饱和水汽。)

7. 电容式湿度传感器的工作原理是什么? 有什么特点? 使用时应注意什么问题?

(电容式湿度传感器的敏感元件为湿敏电容,主要材料一般为高分子聚合物、金属氧化物。这些材料对水分子有较强的吸附能力,吸附水分的多少随环境湿度而变化。由于水分子有较大的电偶极矩,吸水后材料的电容率发生变化。电容器的电容值也就发生变化。同样,把电容值的变化转变为电信号,就可以对湿度进行监测。)

8. 具有很高的线性度和低的温度漂移的传感器是B。

A. 温度传感器　　　B. 智能传感器　　　C. 超声波传感器　　　D. 湿度传感器

9. 湿度传感器按照结构分类法可分为电阻式和电容式两种基本形式,其湿度传感器的敏感元件分别为湿敏电阻和湿敏电容。

2.10　实训 18—光照采集

2.10.1　相关基础知识

1. 光学度量单位介绍

（1）照度

照度(illuminance)是光源照射在被照物体单位面积上的光通量。计算公式:照度＝光通量/单位面积,$E＝d\Phi/dA$,$1lx＝1lm/m^2$;单位:勒克斯(lx)。

照度是被照物表面在在单位面积上受到的光通量。一般用"呎烛光"来表示照度。1 呎烛光,是指发光强度为 1 烛光的光源,在距离光源一呎、面积为一平方呎的垂直面上所产生的光照度。呎烛光平均的光照度就是每平方呎 1 流明,故可写作 1 流明/平方呎。光照度也有用"米烛光"为单位,称作"勒克司",即一平方公尺的面积上受距离一米的烛光的照射。

同样强度的光源,在物体上的照度和其与光源的距离有关,所以呎烛光的光照度大于米烛光的光照度。1 呎烛光的光照度＝10.76 米烛光;1 米烛光的光照度＝0.093 呎烛光。

1967 年法国第十三届国际计量大会规定了以坎德拉、坎德拉/平方米、流明、勒克斯分别作为发光强度、光亮度、光通量和光照度等的单位,为统一工程技术中使用的光学度量单位有重要意义。为使您了解和使用便利,以下将有关知识做一简单介绍。

（2）坎德拉的定义

烛光、国际烛光、坎德拉(candela)的定义。

在每平方米 101 325 牛顿的标准大气压下,面积等于 1/60 平方厘米的绝对"黑体"(即能够吸收全部外来光线而毫无反射的理想物体),在纯铂(Pt)凝固温度(约 2 042 K 获 1 769 ℃)时,沿垂直方向的发光强度为 1 坎德拉。并且,烛光、国际烛光、坎德拉三个概念是有区别的,不宜等同。从数量上看,60 坎德拉等于 58.8 国际烛光,亥夫纳灯的 1 烛光等于 0.885 国际烛光或 0.919 坎德拉。

（3）发光强度与光亮度

发光强度简称光强,国际单位是 candela(坎德拉)简写 cd。Lcd 是指光源在指定方向的单位立体角内发出的光通量。光源辐射是均匀时,则光强为 $I＝F/\Omega$,Ω 为立体角,单位为球面度(sr),F 为光通量,单位是流明,对于点光源由 $I＝F/4$。光亮度是表示发光面明亮程度的,指发光表面在指定方向的发光强度与垂直且指定方向的发光面的面积之比,单位是坎德拉/平方米。对于一个漫散射面,尽管各个方向的光强和光通量不同,但各个方向的亮度都是相等的。电视机的荧光屏就是近似于这样的漫散射面,所以从各个方向上观看图像,都有相同的亮度感。

以下是部分光源的亮度值:单位 cd/m^2。日光灯:$(5\sim10)\times10^3$。月光(满月):2.5×10^3。黑白电视机荧光屏:120 左右。彩色电视机荧光屏:80 左右。

（4）光通量与流明

光源所发出的光能是向所有方向辐射的,对于在单位时间里通过某一面积的光能,称为通过这一面积的辐射能通量。各色光的频率不同,眼睛对各色光的敏感度也有所不同,即使各色光的辐射能通量相等,在视觉上并不能产生相同的明亮程度,在各色光中,黄色、绿色光能激起最大的明亮感觉。如果用绿色光作水准,令它的光通量等于辐射能通量,则对其他色光来说,激起明亮感觉的本领比绿色光为小,光通量也小于辐射能通量。光通量的单位是流明,是英文 lumen 的音译,简写为 1 m。一个 40 W 的日光灯输出的光通量大约是 2100 流明。

（5）光照度与勒克斯

光照度可用照度计直接测量。光照度的单位是勒克斯,是英文 lux 的音译,也可写为 lx。被光均匀照射的物体,在 1 平方米面积上得到的光通量是 1 流明时,它的照度是 1 勒克斯。有时为了充分利用光源,常在光源上附加一个反射装置,使得某些方向能够得到比较多的光通量,以增加这一被照面上的照度。例如汽车前灯、手电筒、摄影灯等。

以下是各种环境照度值:单位 lux。

黑夜:0.001～0.02。月夜:0.02～0.3。阴天室内:5～50。阴天室外:50～500。晴天室内:100～1 000。夏季中午太阳光下的照度:约为 10^6。阅读书刊时所需的照度:50～60。家用摄像机标准照度:1 400。

2. 光敏传感器介绍

手持照度计如图 2-10-1 所示。

本实训使用光敏电阻来感应照度值,光敏电阻体积小,使用范围广。光敏电阻是一种半导体材料制成的电阻,其电导率随着光照度的变化而变化。利用这一特性制成不同形状和受光面积的光敏电阻。光敏电阻广泛应用于玩具、灯具、照相机等行业。

传感器底板使用的 GL55 系列光敏传感器尺寸外观如图 2-10-2所示。

图 2-10-1　手持照度计

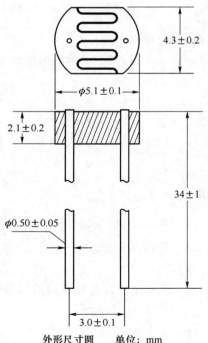

外形尺寸圆　单位: mm

图 2-10-2　GL55 系列光敏传感器尺寸外观图

其特性参数有：

最大外加电压：在黑暗中可连续施加给组件的最大电压。

暗电阻：关闭 10 lux 光照后第 10 秒的阻值。

最大功耗：环境温度为 25 ℃时的最大功耗。

亮电阻：用 400～600 lux 光照射 2 小时后，在标准光源（色温 2 856 K）10 lux 光下的测试值。

γ 值：10 lux 照度和 100 lux 照度下的标准电阻值之比的对数。

$$\gamma = \frac{\lg(R_{10}/R_{100})}{\lg(100/10)} = \lg(R_{10}/R_{100})$$

R_{10}、R_{100} 分别为 10 lux、100 lux 照度下的电阻值（γ 的公差为 ± 0.1）

GL558 光敏电阻传感器，模块原理图如图 2-10-3 所示。

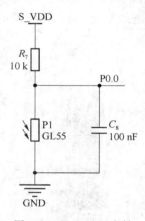

图 2-10-3　GL558 光敏
传感器电路原理图

通过不同的光照值，使得光敏电阻的电阻值发生变化，通过简单的串联分压电路，测试得到光敏电阻的值，然后根据该值对应的照度曲线，获得对应的照度值。

关于光敏电阻的供电，需要将 CC2530 的 P0_1 设置为输出，且为低电平，使得晶体管 9015 饱和导通，这样 S_VDD 与 VCC 连通，为 3 V 左右。

3. 光敏电阻照度值计算

以 3 V 为供电电压为例（这里 3.0 V 是默认电压，如果使用电池供电，应该运气程序前测试 AVDD 的具体电压值，有可能应为 2 节新电池供电是 3.2 V），如果 ADC 采集得到的电压为 x 伏（采集后已知），那么

$$\frac{R}{R+10} \times 3 = x \Rightarrow R = \frac{10x}{3-x}(\text{k}\Omega)$$

照度拟合计算公式（x 单位：kΩ，y 单位：lux）

以幂函数方式拟合照度（lux）曲线方程，其中 x 为瞬时的光电阻值（单位，kΩ），y 为照度值（单位，lux）。

$$y = \frac{1155}{x\sqrt{x}} + 1.97$$

通过 Matlab 函数绘图语句：fplot（@（x）1155 * x^（-1.5）+1.97，[1 1000]），如图 2-10-4 所示。

2.10.2　实训操作指南

1. 实训名称

光照采集实训，核心是 CC2530 传感器结点。

2. 实训目的

学习如何设置 CC2530 的发射功率，了解发射功率对接收信号强度 RSSI 的影响。

3. 实训设备

（1）硬件：PC（一台）。

（2）CC2530 传感器结点（1 个，红色底板）如图 2-10-5 所示。

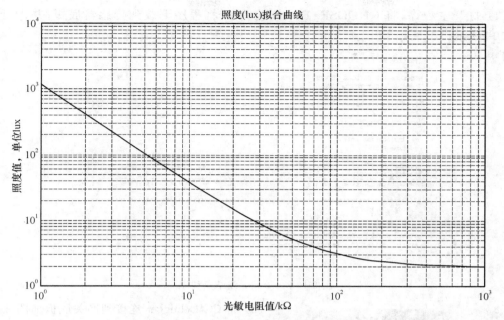

图 2-10-4　光照强度与光敏电阻值关系图

图 2-10-5　CC2530 无线传感器结点

（3）CC Debugger 仿真器如图 2-10-6 所示。

（4）软件：IAR Embedded Workbench for MCS-51 开发环境。

4. 实训步骤及结果

（1）启动 IAR，打开工作区文件："实 CC2530 模块\无线传感网演示例程\02. 传感器应用例程\光照强度传感器\IDE\light_switch\srf05_cc2530\Iar\light_switch.eww"。

（2）连接仿真器和 CC2530 无线结点（红色底板）如图 2-10-7 所示。

图 2-10-6　CC Debugger 仿真器

图 2-10-7　无线结点与仿真器连接图

（3）用 IAR 从仿真器下载工程（快捷键 Ctrl＋D，如果 IAR 提示不能下载，按下仿真器侧面的 Reset 按键）。注：只有当 CC Debugger 上面的指示灯为绿色时方可下载。

（4）打开主程序，将 CHOOSE_FLAG 改为 0，将程序下载到传感器底板，并运行，如图 2-10-8所示。

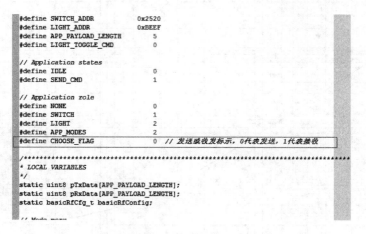

图 2-10-8　下载无线结点程序

图 2-10-9　无线网关与仿真器连接图

（5）将 CC Debugger 连接到网关底板如图 2-10-9 所示。

（6）将主程序中的 CHOOSE_FLAG 改为 1，编译后，下载到网关底板，并运行，如图 2-10-10 所示。

（7）运行结果如图 2-10-11 所示。

注意：当作实训的人数较多时，以免发生干扰，需要更改程序中的接收和发送地址，如图 2-10-12 所示。

将这两行地址改了即可，如图 2-10-13 所示。

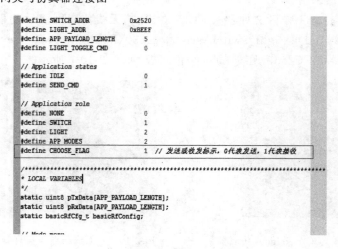

图 2-10-10　下载无线网关程序

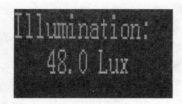

图 2-10-11　无线网关显示图

```
#define SWITCH_ADDR          0x2520
#define LIGHT_ADDR           0xBEEF
```

图 2-10-12　更改地址(1)

```
#define SWITCH_ADDR          0x2520+1
#define LIGHT_ADDR           0xBEEF+1
```

图 2-10-13　更改地址(2)

部分程序说明:

void Initialize(void);函数模型如下。

```
void Initialize(void)
{
    //P1 out
    P1DIR = 0x03;          //P1 控制 LED
    P1_0 = 1;
    P1_1 = 1;              //关 LED

    P2DIR |= 0x1;          //蜂鸣器定义为输出
        Bell = 0;          //关蜂鸣器

#ifdef SEND
        P0DIR |= 0x2;      //P0_1 定义为输出
    S_VDD = 0;             //低电平控制导通,打开光敏电阻工作电压通路
#endif
}
```

函数功能:I/O 初始化。

float ADC_Value(uint8 AD_channel);函数模型如下。

```
float ADC_Value(uint8 AD_channel)
{
        float num;
        char temp[2];
        uint16 adc;
        ADCCON3 = 0xB0 + AD_channel;   //单次转换,参考电压为外部电源电压,对某个通道进行采样
                                       //12 位分辨率
        ADCCON1 = 0x30;                //停止 A/D
        ADCCON1 |= 0x40;               //开始下一转换
        while(! ADC_SAMPLE_READY());
        temp[1] = ADCL;
    temp[0] = ADCH;
```

```
        adc = (uint16)temp[1];
        adc |= ( (uint16) temp[0] )<<8;

        adc >>= 4;              //12 位精度,补码,单端信号为整数,有效位 11 位,2048

        num = adc * 3.1/2048;  //8191->13 位  2047-->11 位二进制数参考电压为 AVDD 的值。
                                 12 位精确度
                               //注:这个 3.1v 参考电压是电源电压,为了精确计算,通常用万用表测
                                 量电源电压后,修改成实际值


        return num;
}
```

函数功能:初始化 ADC 通道并采集电压数据,参考电压 AVDD,转换对象是光敏电阻的电压值。

static void SendPressure();函数模型如下。

```
static void SendPressure()
{
    uint32 count = 0;
    float num,R_GL55,Lux;
    int32 InterLux;

#ifdef ASSY_EXP4618_CC2420
    halLcdWriteSymbol(HAL_LCD_SYMBOL_TX, 1);
#endif



    // Initialize BasicRF
    basicRfConfig.myAddr = SWITCH_ADDR;
    if(basicRfInit(&basicRfConfig) == FAILED) {
        HAL_ASSERT(FALSE);
    }
     while (TRUE)
    {
        if( ++count == 200000 )
        {
            count = 0;
            num = ADC_Value(0);  //ADC 通道 0,也就是光敏电阻的电压值;
            //这里 3.0 V 是默认电压,如果使用电池供电,
            //应该运气程序前测试 AVDD 的电压值,比如为 3.1 V;下面表达式修改为 3.1
            R_GL55 = num * 10/(3.1 - num); //单位,千欧;
            Lux = 1.97 + 1155/(R_GL55 * sqrt(R_GL55));//照度值,单位 lux,勒克斯
```

```
        InterLux = Lux * 10;

        //写一个把整数变为字符串的函数
        pTxData[0] = (InterLux & 0xFF000000)>>24;
        pTxData[1] = (InterLux & 0xFF0000)>>16;
        pTxData[2] = (InterLux & 0xFF00)>>8;
        pTxData[3] = (InterLux & 0xFF);
        pTxData[4] = '\0';

        basicRfSendPacket(LIGHT_ADDR, pTxData, APP_PAYLOAD_LENGTH);
        P1_1 ^= 1;//灯闪烁代表发送设备正在发送数据
    }
  }
}
```

函数功能:将光照强度值发送给网关结点。

2.10.3　实训知识检测

1. 如何校准照度值?(略)

2. 如何使用数字光强传感器?(提示:使用数字接口读取)

3. 根据传感技术所蕴含的基本效应,可以将传感器分为三种类型,下列类型中D不在其中。

A. 物理型　　B. 化学型　　C. 生物型　　D. 自然型

4. 在我们每个人的生活里处处都在使用着各种各样的传感器,下列使用到光电传感器的是C。

A. 电视机　　B. 燃气热水器报警　　C. 数码照相机　　D. 微波炉

2.11　实训 19—红外通信

2.11.1　相关基础知识

1. 红外模块原理简介

红外发射头:用于发射红外信号,波长为 940 nm 38 k NEC 编码信号的发射。

红外接收头:38 k NEC 解码,用于接收 NEC 红外信号,进而单片机进行分析解码操作。

红外头扩展:该接口为红外发射头的扩展,可以连接多个红外发射头(常称红外发射模块),用于安放到不同的位置实现多方位控制。

UART 单片机串口通信接口:该端口为单片机串口(TTL),作为与外界单片机的通信桥梁,其默认设置的波特率为 9 600 bit/s。

通信协议指令说明如表 2-11-1 所示。

表 2-11-1

地址	操作位	数据位 1	数据位 2	数据位 3
A1(FA)	XX	XX	XX	XX

解析：

地址——A1 为默认地址（可改）。FA 为通用地址（不可改）。

操作位——该位的数据用于代表当前的工作状态。

具体如表 2-11-2 所示。

表 2-11-2

F1	红外发射状态
F2	进入修改串口通信地址
F3	进入修改波特率

数据位——该数据位为对应不同状态的数据内容如表 2-11-3 所示。

表 2-11-3

操作位	数据位 1	数据位 2	数据位 3	说明
F1	用户码高位	用户码地位	命令码	
F2	00～FF	代表需要修改的通信地址		
F3	1～4	对应波特率的取值范围		

波特率取值范围（1～4），代表意义如下：

0x01：4 800 bit/s

0x02：9 600 bit/s

0x03：19 200 bit/s

0x04：57 600 bit/s

指令操作反馈信息如表 2-11-4 所示。

表 2-11-4

F1	发射成功
F2	串口地址修改成功
F3	波特率设置成功
无返回代表指令接收错误、操作不成功，以上指令操作重启有效	

解码信息输出：

红外信号编码由 1 个 16 位用户码（分为高低 8 位）、1 个命令码和 1 个命令码的反码组成。"用户码 1＋用户码 2＋命令码＋命令反码"我们在做解码操作时，只需要将遥控器对准红外接收头，按下要解码的按键，即可通过串口调试助手查看到解码的结果，结果输出为"用户码 1＋用户码 2＋命令码"三位。在做编码发送时也只需发送这三位即可。

举例：

发射信号编码为 1C 2F 33，数据位 3 的信号

{A1,F1,1C,2F,33}

修改串口通信地址为 0xA5

{A1,F2,A5,00,00}

修改波特率为 4 800 bit/s(对应序号 1)

{A1,F3,01,00,00}

2. 红外模块实物简介

模块实物及引脚说明如图 2-11-1、图 2-11-2 所示。

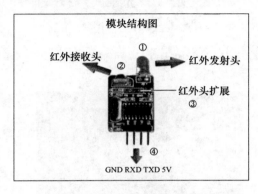

图 2-11-1　红外通信模块实物

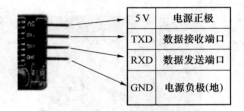

图 2-11-2　红外通信模块引脚

红外通信模块与单片机接口如图 2-11-3 所示。

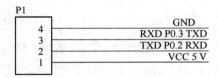

图 2-11-3　红外通信模块电路原理图

2.11.2　实训操作指南

1. 实训名称

红外通信实训,核心是红外通信模块。通过 CC2530 传感器结点和红外通信模块完成实训。

2. 实训目的

学习灵活使用红外通信模块,了解红外的编码解码,学习利用串口模式进行数据交换。

3. 实训设备

(1) CC2530 传感器结点(2 个,红色底板)如图 2-11-4 所示。

(2) 红外通信模块(2 个)如图 2-11-5 所示。

(3) CC Debugger 仿真器如图 2-11-6 所示。

(4) 软件:IAR Embedded Workbench for MCS-51 开发环境。

4. 实训步骤及结果

(1) 启动 IAR,打开工作区文件:"CC2530 模块\无线传感网演示例程\02. 传感器应用例程\红外编码解码模块\ forj16—uartrxtx. eww"。

（2）连接仿真器和 CC2530 无线结点（红色底板）如图 2-11-7 所示。

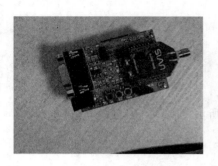

图 2-11-4　CC2530 无线传感器结点　　　　　图 2-11-5　红外通信模块

图 2-11-6　CC Debugger 仿真器　　　　　图 2-11-7　无线结点与仿真器连接图

（3）用 IAR 从仿真器下载工程（快捷键 Ctrl＋D，如果 IAR 提示不能下载，按下仿真器侧面的 Reset 按键。注：只有当 CC Debugger 上面的指示灯为绿色时方可下载）。

（4）打开主程序，将 moder 改为 0，将程序下载到传感器底板，并运行，如图 2-11-8 所示。

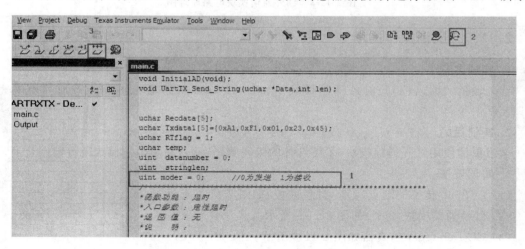

图 2-11-8　下载程序

（5）将 CC Dubgger 连接到另外一块蓝牙模块底板，并用一根公头转母头（交叉）的串口线和 USB 转串口线相连，USB 转串口线连接到 PC 端，如图 2-11-9 所示。

图 2-11-9　无线结点与仿真器连接图

（6）将主程序中的 moder 改为 1，编译后下载到底板，并运行，如图 2-11-10 所示。

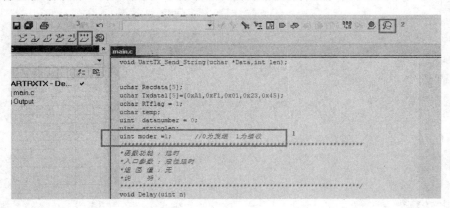

图 2-11-10　下载程序

（7）打开 PC 端的串口调试助手，选择相应的端口号，波特率为 9 600 bit/s，十六进制接收数据，即可收到数据，如图 2-11-11 所示。

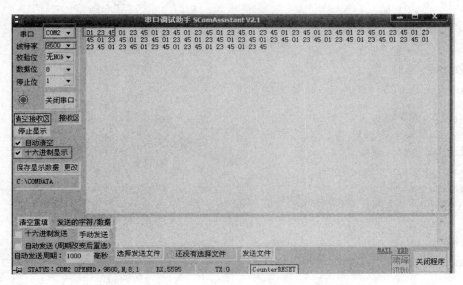

图 2-11-11　串口调试助手接收数据

发送数据位十六进制 01 23 45 接收到的也是 01 23 45。

注意:若串口不显示数据,请给两个结点重新上电。(蓝牙实训也是如此)

关键代码说明:

宏定义和全局变量的定义如下。

```
#define FALSE 0
#define TURE 1

//定义控制灯的端口
#define led1 P1_0
#define led2 P1_1

uchar Recdata[5];
uchar Txdata1[5] = {0xA1,0xF1,0x01,0x23,0x45};
uchar RTflag = 1;
uchar temp;
uint  datanumber = 0;
uint  stringlen;
uint moder = 0;        //0 为发送  1 为接收
```

void Delay(uint n);函数模型如下。

```
void Delay(uint n)
{
    uint i;
    for(i = 0;i<n;i++);
    for(i = 0;i<n;i++);
    for(i = 0;i<n;i++);
    for(i = 0;i<n;i++);
    for(i = 0;i<n;i++);
}
```

函数功能:延时。

void initUARTTest(void);函数模型如下。

```
void initUARTtest(void)
{
    CLKCONCMD & = ～0x40;               //晶振
    while(! (SLEEPSTA & 0x40));         //等待晶振稳定
    CLKCONCMD & = ～0x47;               //TICHSPD128 分频,CLKSPD 不分频
    SLEEPCMD | = 0x04;                  //关闭不用的 RC 振荡器

    PERCFG = 0x00;                      //位置 1 P0 口
    P0SEL = 0x3c;                       //P0 用作串口

    U0CSR | = 0x80;                     //UART 方式
```

```
    U0GCR | = 8;                //baud_e
    U0BAUD | = 59;              //波特率设为9600
    UTX0IF = 0;

    U0CSR | = 0X40;            //允许接收
    IEN0 | = 0x84;             //开总中断,接收中断
}
```

函数功能:初始化串口。

void UartTX_Send_String(uchar * Data,int len);函数模型如下。

```
void UartTX_Send_String(uchar * Data,int len)
{
    int j;
    for(j = 0;j<len;j ++ )
    {
        U0DBUF =  * Data ++ ;
        while(UTX0IF == 0);
        UTX0IF = 0;
    }
}
```

函数功能:串口发送字符串函数。

void main(void);函数模型如下。

```
void main(void)
{
    //P1 out
    P1DIR = 0x03;              //P1 控制 LED
    led1 = 1;
    led2 = 1;                  //关 LED
    initUARTtest();

    while(1)
    {
        if(moder == 1)
        {
        if(RTflag == 1)V       //接收
        {
          led2 = 0;            //接收状态指示
          if( temp ! = 0)
          {
                if(datanumber<4)
```

```
                    {                          //被定义为结束字符
                                               //最多能接收 4 个字符
                Recdata[datanumber++] = temp;
                    }
                else
                    {
                    RTflag = 2;                //进入发送状态
                    }
                if(datanumber == 3)
                    RTflag = 2;
                temp = 0;
            }
        }
    if(RTflag == 2)                            //发送
        {
        led2 = 1;                              //关绿色 LED
        led1 = 0;                              //发送状态指示
        U0CSR &= ~0x40;                        //不能收数
        UartTX_Send_String(Recdata,datanumber);
        U0CSR |= 0x40;                         //允许收数
        RTflag = 1;                            //恢复到接收状态
        datanumber = 0;                        //指针归 0
        led1 = ~led1;                          //关发送指示
        }
    }
if(moder == 0)
    {
        UartTX_Send_String(Txdata1,5);
        led2 = ~led2;
        Delay(50000);
        Delay(50000);
        Delay(50000);
        Delay(50000);
        Delay(50000);
    }
    }
}
```

函数功能：主函数。

__interrupt void UART0_ISR(void)；函数模型如下。

```
# pragma vector = URX0_VECTOR
__interrupt void UART0_ISR(void)
{
        URX0IF = 0;                    //清中断标志
        temp = U0DBUF;
}
```

函数功能：串口中断函数，接收字符串。

2.11.3　实训知识检测

1. 如何提高通信距离？已经减少误码率？（略）
2. 试分析传感器在各领域里的应用。（略）

2.12　实训 20—蓝牙 4.0

2.12.1　相关基础知识

1. MBTV4 模块性能

MBTV4 低功耗蓝牙模块，采用 TI 的 CC254x 作为核心处理器。模块运行在 2.4 GHz ISM band，GFSK 调制方式（高斯频移键控），40 频道 2 MHz 的通道间隙，3 个固定的广播通道，37 个自适应自动跳频数据通道，物理层可以和经典蓝牙 RF 组合成双模设备，2 MHz 间隙能更好地防止相邻频道的干扰。宽输出功率调节（−23 dBm～4 dBm），−93 dBm 高增益接收灵敏度。

MBTV4 模块的设计目的是桥接电子产品和智能移动设备，可广泛应用于有此需求的各种电子设备，如仪器仪表、物流跟踪、健康医疗、智能家居、运动计量、汽车电子、休闲玩具等。随着安卓智能设备对 BLE 技术的集成加速，智能手机标配 BLE 必将成为时尚，手机外设的市场需求将成级数倍增。用户可借此模块，以最短的开发周期整合现有方案或产品，以最快的速度占领市场，同时为企业的发展注入崭新的技术力量。

MBTV4 是目前市面上功能最为强大的串口蓝牙模块，起模块采用 Bluetooth4.0、支持主从模式、主持软/硬件设置主从模式、支持多大 36 条 AT 命令以及 9 条主动上报指令、串口波特率支持 1 200～1 382 400，基本特性如表 2-12-1 所示。

表 2-12-1　基本特性

灵敏度	−93 dBm
输出功率	Class1（100 米左右）
主芯片	TI CC254X
蓝牙规范	V4.0（完美支持）
应用范围	BLE、GAP、GATT、ATT、L2CAP、SMP 等
用户接口	PIO、AIO、UART、RESET、USB

续 表

波特率	默认出厂 9 600,用户可设置 1 200～1 382 400
供电电压	2.0～3.6 V
适用平台	Android4.3,IOS5/6/7,PC 蓝牙 4.0
工作状态指示	PIO1 连接状态输出
工作电流	(配对中:1mA)、(配对完毕未通信:250 μA)、(通信中:0.3～20 mA)需启用 AT+LOWPOWER 模式,支持自动 SLEEP
应用	可用于工业现场采控系统,GPS 导航系统,水电煤气抄表系统可与蓝牙笔记本电脑、台式 PC(加蓝牙适配器)、PDA、Android 智能手机完美通信
AT 主从切换	AT+ROLE0 从机 AT+ROLE1 主机 AT+ROLE2 由 PIO5 决定
硬件主从切换	主:PIO5=3.3 V 从:PIO5=GND

详细资料请参考 MBTV4 模块说明资料。

2. MBTV4 模块实物

模块实物及引脚说明如图 2-12-1 所示。

VCC:3.3～6 V。

GND:外部电路接地。

EN/CLR:使能引脚 0:OFF 1:EN 当为高电平 1 时要>1.6 V。

TXD:发送引脚。

RXD:接收引脚。

STATE:连接指示,当连接时输出高电平,未连接时输出低电平。

蓝牙 4.0 模块和单片机的接口如图 2-12-2 所示。

图 2-12-1　蓝牙 4.0 模块　　　　　　图 2-12-2　蓝牙 4.0 模块电路原理图

2.12.2　实训操作指南

1. 实训名称

蓝牙 4.0 实训,核心是蓝牙 4.0 模块。

2. 实训目的

学习灵活使用蓝牙 4.0 模块,了解蓝牙模块的主从模式,了解嵌入式蓝牙模块的低功耗模式,学习利用串口模式进行数据交换。

3. 实训设备

(1) 硬件:PC(一台)。

(2) CC2530 传感器结点(2 个,红色底板)如图 2-12-3 所示。

(3) 蓝牙 4.0 模块(2 个)如图 2-12-4 所示。

图 2-12-3　CC2530 无线传感器结点　　　　图 2-12-4　蓝牙 4.0 模块

（4）CC debugger 仿真器如图 2-12-5 所示。

（5）软件：IAR Embedded Workbench for MCS-51 开发环境。

4. 实训步骤及结果

启动 IAR，打开工作区文件："C2530 模块\无线传感网演示例程\02. 传感器应用例程\蓝牙模块\forj16-uartrxtx. eww"。

连接仿真器和 CC2530 无线结点（红色底板）如图 2-12-6 所示。

图 2-12-5　CC Debugger 仿真器　　　　图 2-12-6　无线结点与仿真器连接

用 IAR 从仿真器下载工程（快捷键 Ctrl＋D，如果 IAR 提示不能下载，按下仿真器侧面的 Reset 按键注：只有当 CC Debugger 上面的指示灯为绿色时方可下载）。

打开主程序，将 moder 改为 0，将程序下载到传感器底板，并运行，如图 2-12-7 所示。

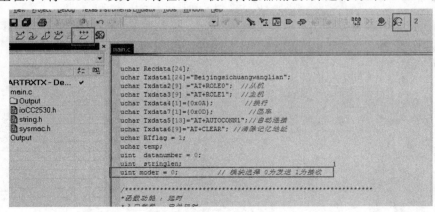

图 2-12-7　下载程序

将 CC Dubgger 连接到另一块蓝牙模块底板，并用一根公头转母头（交叉）的串口线和 USB 转串口线相连，USB 转串口线连接到 PC 端，如图 2-12-8 所示。

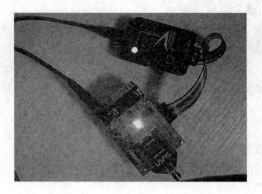

图 2-12-8　无线结点与仿真器连接

将主程序中的 moder 改为 1，编译后下载到底板，并运行，如图 2-12-9 所示。

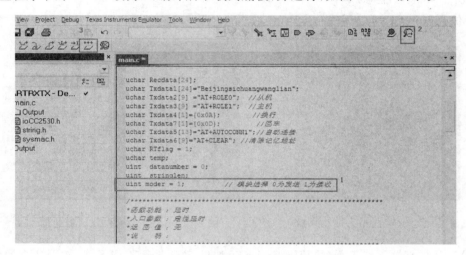

图 2-12-9　下载程序

打开 PC 端的串口调试助手，选择相应的端口号，波特率为 9 600 Baud/s，即可收到数据如图 2-12-10 所示。

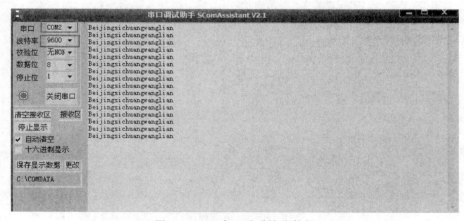

图 2-12-10　串口助手接收数据

发送 Beijingsichuangwanglian 接收到的也是 Beijingsichuangwanglian。

关键代码说明:

宏定义和全局变量定义模型如下。

```
#define FALSE 0
#define TURE 1

//定义控制灯的端口
#define led1 P1_0
#define led2 P1_1

uchar Recdata[24];
uchar Txdata1[24] = "Beijingsichuangwanglian";
uchar RTflag = 1;
uchar temp;
uint  datanumber = 0;
uint  stringlen;
uint moder = 0;                //模块选择 0 为发送 1 为接收
```

void Delay(uint n);函数模型如下。

```
void Delay(uint n)
{
      uint i;
      for(i = 0;i<n;i++);
      for(i = 0;i<n;i++);
      for(i = 0;i<n;i++);
      for(i = 0;i<n;i++);
      for(i = 0;i<n;i++);
}
```

函数功能:延时。

void initUARTtest(void);函数模型如下。

```
void initUARTtest(void)
{
      CLKCONCMD &= ~0x40;              //晶振
      while(! (SLEEPSTA & 0x40));      //等待晶振稳定
      CLKCONCMD &= ~0x47;             //TICHSPD128 分频,CLKSPD 不分频
      SLEEPCMD |= 0x04;               //关闭不用的 RC 振荡器

      PERCFG = 0x00;                  //位置 1 P0 口
      POSEL = 0x3c;                   //P0 用作串口

      U0CSR |= 0x80;                  //UART 方式
```

```
        U0GCR |= 8;              //baud_e
        U0BAUD |= 59;            //波特率设为 9600
        UTX0IF = 0;

        U0CSR |= 0X40;           //允许接收
        IEN0 |= 0x84;            //开总中断,接收中断
}
```

函数功能:初始化时钟和串口。

void UartTX_Send_String(void);函数模型如下。

```
void UartTX_Send_String(uchar * Data,int len)
{
    int j;
    for(j = 0;j<len;j++)
  {
        U0DBUF = * Data++;
        while(UTX0IF == 0);
        UTX0IF = 0;
  }
}
```

函数功能:发送字符串。

void main(void);函数模型如下。

```
void main(void)
{
                                        //P1 out
    P1DIR = 0x03;                       //P1 控制 LED
    led1 = 1;
    led2 = 1;                           //关 LED
    initUARTtest();
    while(1)
    {
        if(moder == 1)
        {
        if(RTflag == 1)                 //接收
          {
            led1 = 0;                   //接收状态指示
            if( temp ! = 0)
          {
                if(datanumber<23)
                {                       //被定义为结束字符
                                        //最多能接收 7 个字符
```

```
            Recdata[datanumber ++ ] = temp;
          }
          else
          {
            RTflag = 2;                      //进入发送状态
          }
          if(datanumber == 23)
            RTflag = 2;
            temp  = 0;
        }
    }
    if(RTflag == 2)                          //发送
    {
      led2 = 1;                              //关绿色 LED
      led1 = 0;                              //发送状态指示
      U0CSR & = ~0x40;                       //不能收数
      UartTX_Send_String(Recdata,datanumber);
      U0CSR | = 0x40;                        //允许收数
      RTflag = 1;                            //恢复到接收状态
      datanumber = 0;                        //指针归 0
      led1 = ~led1;                          //接收指示
    }
}
if(moder == 0)                               //发送
{

    UartTX_Send_String(Txdata1,24);
    led2 = ~led2;                            //发送指示
    //延时,这里延时是必要的,发送时延要大于接收时延,否则数据有可能出现混乱
    Delay(50000);
    Delay(50000);
    Delay(50000);
    Delay(50000);
    Delay(50000);
    Delay(50000);
    Delay(50000);
    Delay(50000);
    Delay(50000);
    Delay(50000);
    Delay(50000);
}
}
}
```

函数功能：主函数。

__interrupt void UART0_ISR(void)；函数模型如下。

```
#pragma vector = URX0_VECTOR
__interrupt void UART0_ISR(void)
{
    URX0IF = 0;              //清中断标志
    temp = U0DBUF;
}
```

函数功能：I/O 初始化。

2.12.3　实训知识检测

1. 如何实现在蓝牙没有数据传输时低功耗？

2. 如何提高通信距离？

3. MBTV4 模块的设计目的是桥接电子产品和智能移动设备，可广泛应用于有此需求的各种电子设备，如仪器仪表、物流跟踪、健康医疗、智能家居、运动计量、汽车电子、休闲玩具等。随着安卓智能设备对 BLE 技术的集成加速，智能手机标配 BLE 必将成为时尚，手机外设的市场需求将成级数倍增。用户可借此模块，以最短的开发周期整合现有方案或产品，以最快的速度占领市场，同时为企业的发展注入崭新的技术力量。

第 3 章　WINCE 实训

3.1　实训 21—WINCE 开发环境的建立

3.1.1　相关基础知识

1. Windows CE 操作系统简介

Windows CE 操作系统是 Windows 家族中的成员，为专门设计给掌上电脑（HPCs）以及嵌入式设备所使用的系统环境。这样的操作系统可使完整的可移动技术与现有的 Windows 桌面技术整合工作。Windows CE 被设计成针对小型设备（它是典型的拥有有限内存的无磁盘系统）的通用操作系统。

Windows CE 可以通过设计一层位于内核和硬件之间代码用来设定硬件平台，这即是众所周知的硬件抽象层（HAL）（在以前解释时，这被称为 OEMC（原始设备制造）适应层，即 OAL；内核压缩层，即 KAL。以免与微软公司的 Windows NT 操作系统的 HAL 混淆）。

与微软公司其他的 Windows 操作系统不同，Windows CE 并不是代表一个采用相同标准的对所有平台都适用的软件。为了足够灵活以达到适应广泛产品需求，Windows CE 可采用不同的标准模式，这就意味着，它能够从一系列软件模式中做出选择，从而使产品得到定制。另外，一些可利用模式也可作为其组成部分，这意味着这些模式能够通过从一套可利用的组份做出选择，从而成为标准模式。通过选择，Windows CE 能够达到系统要求的最小模式，从而减少存储脚本和操作系统的运行。

Windows CE 中的 C 代表袖珍（Compact）、消费（Consumer）、通信能力（Connectivity）和伴侣（Companion）；E 代表电子产品（Electronics）。与 Windows 95/98、Windows NT 不同的是，Windows CE 是所有源代码全部由微软公司自行开发的嵌入式新型操作系统，其操作界面虽来源于 Windows 95/98，但 Windows CE 是基于 Win32 API 重新开发、新型的信息设备的平台。Windows CE 具有模块化、结构化和基于 Win32 应用程序接口和与处理器无关等特点。Windows CE 不仅继承了传统的 Windows 图形界面，并且在 Windows CE 平台上可以使用 Windows 95/98 上的编程工具（如 Visual Basic、Visual C++ 等）、使用同样的函数、使用同样的界面风格，使绝大多数的应用软件只需简单的修改和移植就可以在 Windows CE 平台上继续使用。Windows CE 并非是专为单一装置设计的，所以微软公司为旗下采用 Windows

CE 作业系统的产品大致分为三条产品线，Pocket PC（掌上电脑）、Handheld PC（手持设备）及 Auto PC。

2. 数据采集

对于大部分制造业企业，测量仪器的自动数据采集一直是个令人烦恼的事情，即使仪器已经具有 RS232/485 等接口，但仍然在使用一边测量，一边手工记录到纸张，最后再输入到 PC 中处理的方式，不但工作繁重，同时也无法保证数据的准确性，常常管理人员得到的数据已经是滞后了一两天的数据；而对于现场的不良产品信息及相关的产量数据，如何实现高效率、简洁、实时的数据采集更是一大难题。

WinCE，它是将条码扫描装置与数据终端一体化，带有电池可离线操作的终端计算机设备。具备实时采集、自动存储、即时显示、即时反馈、自动处理、自动传输等功能。为现场数据的真实性、有效性、实时性、可用性提供了保证。其具有一体性、机动性、体积小、重量轻、高性能，并适于手持等特点。它主要应用于工业数据采集中。

Windows CE 的组成

Windows CE 主要由两大部分组成，一是 Windows CE 硬件设备；另一个是 Windows CE 中运行的采集端软件。

（1）硬件部分

在生产现场，由于空间的限制，一般情况下不方便放置常规的工控主机，同时也基于成本的考虑，所以采用工业级的嵌入式主机是一个比较好的解决方案，如广州太友科技的数据采集仪，此数据采集仪上配备有两个串口，仪器或设备可直接通过串口线与之相连，同时用户可在数据采集仪中设置产品相关的信息。

（2）软件部分

采集软件安装在数据采集仪中，用户通过采集软件进行数据的自动采集，并进行相关的处理，对于生产线的实时数据，由于一般只是输出数据，没有输出相应的参数值，规格值等，所以此时可在软件中设置相应的产品信息参数，然后由用户选择相应的产品信息，班次信息，批次信息等。

3. Windows CE 体系结构

基于 Windows CE 构建的嵌入式系统大致可以分为 4 个层次，从底层向上依次是：硬件层、OEM 层、操作系统层和应用层。不同层次是由不同厂商提供的，一般来说，硬件层和 OEM 层由硬件 OEM 厂商提供；操作系统层由微软公司提供；应用层由独立软件开发商提供。

每一层分别由不同的模块组成，每个模块又由不同的组件构成。这种层次性的结构试图将硬件和软件、操作系统和应用程序隔开，以便于实现系统的移植，便于进行硬件、软件、操作系统、应用程序等开发的人员分工合作、并行开发。

（1）硬件层

硬件层是指由 CPU、存储器、I/O 端口、扩展板卡等组成的嵌入式硬件系统，是 Windows CE 操作系统必不可少的载体。一方面，操作系统为嵌入式应用提供一个运行平台；另一方面，操作系统要运行在硬件之上，直接与硬件打交道并管理硬件。值得注意的是，由于嵌入式系统是以应用为核心的，嵌入式系统中的硬件通常是根据应用需要定制的，因此，各种硬件体系结构之间的差异非常大。"更小、更快、更省钱"几乎是所有嵌入式系统硬件的设计目标。

（2）OEM 层

OEM 层是逻辑上位于硬件和 Windows CE 操作系统之间的一层硬件相关代码。它的主要作用是对硬件进行抽象，抽象出统一的接口，然后 Windows CE 内核就可以用这些接口与硬件进行通信。

3.1.2　实训操作指南

1. 实训名称

Windows CE 开发环境的建立，主要任务是安装 Visual Studio 2008、Windows CE 6.0。

2. 实训目的

学会安装 Visual Studio 2008、Windows CE 6.0，建立开发环境。

3. 实训设备

PC 操作系统，Visual Studio 2008、Windows CE 6.0 集成开发环境。

Cortex A8 型开发板。

4. 实训步骤及结果

根据嵌入式系统交叉编译环境的特点，在进行 Windows CE 实训之前，简要介绍宿主 PC 上开发环境的建立过程。

① 安装 Visual Studio 2005。

② 安装 MSDN。

③ 安装编译完成的 Windows CE 6.0 SDK。

④ 安装 Windows Embedded CE 6.0。

（1）安装 Visual Studio 2005

首先，需要安装 Visual Studio 2008。在微软官方下载好 Visual Studio 2008 源程序后，单击 setup. exe，运行程序，安装对话框的效果如图 3-1-1、图 3-1-2 所示。

名称	修改日期	类型	大小
cab41	2013/11/5 18:58	好压 CAB 压缩文件	8,696 KB
cab42	2013/11/5 18:59	好压 CAB 压缩文件	9,098 KB
cab43	2013/11/5 18:59	好压 CAB 压缩文件	4,911 KB
cab44	2013/11/5 18:59	好压 CAB 压缩文件	6,888 KB
cab45	2013/11/5 18:59	好压 CAB 压缩文件	6,005 KB
cab46	2013/11/5 18:59	好压 CAB 压缩文件	5,000 KB
cab47	2013/11/5 18:59	好压 CAB 压缩文件	9,606 KB
cab48	2013/11/5 18:59	好压 CAB 压缩文件	6,753 KB
cab49	2013/11/5 18:59	好压 CAB 压缩文件	7,046 KB
cab50	2013/11/5 19:00	好压 CAB 压缩文件	8,744 KB
cab51	2013/11/5 19:00	好压 CAB 压缩文件	28,092 KB
cab52	2013/11/5 19:01	好压 CAB 压缩文件	14,850 KB
htmllite.dll	2013/11/5 18:51	应用程序扩展	173 KB
LocData	2013/11/5 18:51	配置设置	1 KB
msvcp90.dll	2013/11/5 18:51	应用程序扩展	556 KB
msvcr90.dll	2013/11/5 18:51	应用程序扩展	641 KB
readme	2013/11/5 18:51	360 se HTML Do...	45 KB
setup	2013/11/5 18:51	应用程序	646 KB
setup	2013/11/5 18:51	配置设置	37 KB
vs_setup	2013/11/5 19:03	Windows Install...	8,778 KB

图 3-1-1　单击 setup. exe

图 3-1-2　安装 Visual Studio 2008

单击对话框中的 Install Visual Studio 2008 进行安装，安装前的准备-加载文件效果如图 3-1-3 所示。

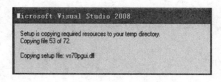

图 3-1-3　Visual Studio 2008 安装前准备

图 3-1-4、图 3-1-5 是 Visual Studio 2008 正在加载安装文件的对话框。

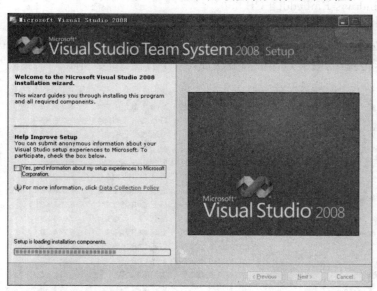

图 3-1-4　Visual Studio 2008 加载文件对话框

直接单击 Next 按钮，出现图 3-1-6 所示界面。

填上安装密钥和同意许可协议，单击 Next 按钮，选择安装方式，如图 3-1-7 所示。

此处是询问选择默认安装方式，还是全部安装方式，或者是自定义的安装方式，这里选择自定义的安装方式，然后单击 Next 按钮。如果选择的是 Default 或者是 Full 应该就会跳过第 5 步。这里还可以设置 Visual Studio 2008 的安装目录的。选择安装组件，如图 3-1-8 所示。

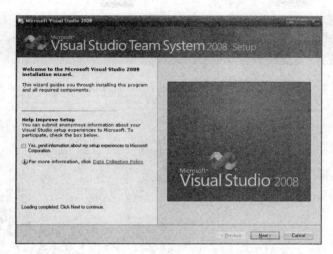

图 3-1-5　单击 Next 按钮

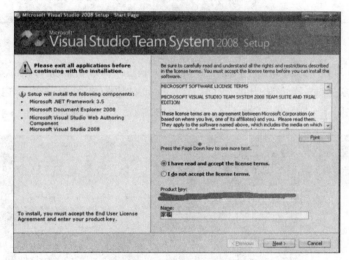

图 3-1-6　填写安装密钥

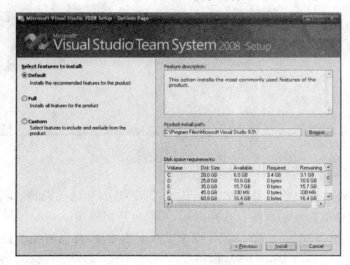

图 3-1-7　选择安装方式

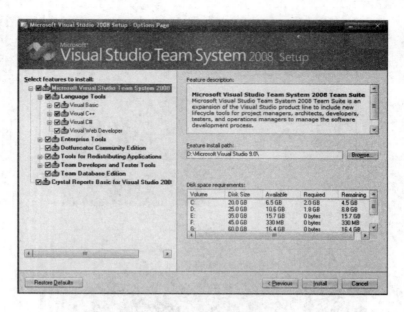

图 3-1-8　选择安装组件

默认情况下在自定义安装方式下面 Visual Studio 2008 帮我们选择的默认安装组件,然后也可能根据实际情况来选择安装组件(如果有些没有安装的话,以后还是可以修改的)。选择好了以后我们就可以进行安装了,单击 Install 按钮断续。安装过程,如图 3-1-9 所示。

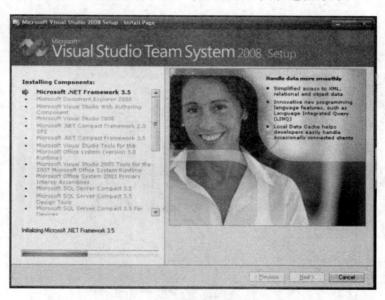

图 3-1-9　安装组件过程图

安装完成,安装完成的对话框如图 3-1-10 所示。

然后单击 Finish(完成)按钮并退出就行了。然后验证安装结果,如图 3-1-11 所示。

安装完一个软件以后我们总要打开它,来看看安装是否成功。

在打开 Visual Studio 2008 的时候,它会配置默认的环境,可以根据自己的喜好和实际情况选择一个,然后单击 Start Visual Studio 按钮,如图 3-1-12 所示。

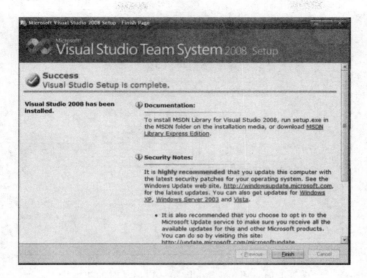

图 3-1-10　Visual Studio 安装完成

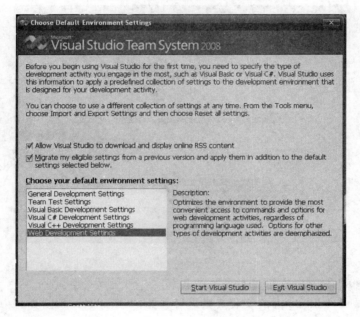

图 3-1-11　Visual Studio 第一次打开效果图

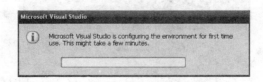

图 3-1-12　配置默认环境

程序第一次启动时的初始化，如图 3-1-13 所示。

Visual Studio 2008 的默认启动界面，我们再来看看它的版本信息，如图 3-1-14 所示。

到此 Visual Studio 2008 就安装完成了！

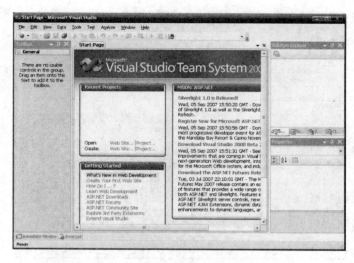

图 3-1-13　Visual Studio 第一次启动时的初始化

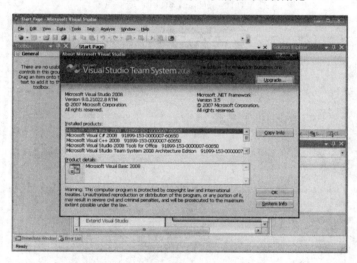

图 3-1-14　Visual Studio 版本信息

（2）安装 Visual Studio 2008 的 msdn

首先从 Visual Studio 2008 的安装页里进行选择，如图 3-1-15～图 3-1-20 所示。

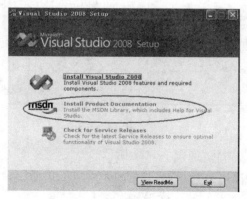

图 3-1-15　安装 msdn

图 3-1-16　加载 msdn 组件

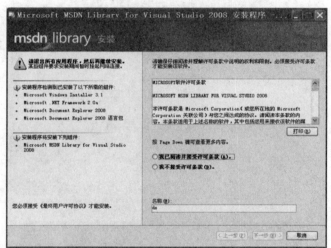

图 3-1-17　接受许可协议

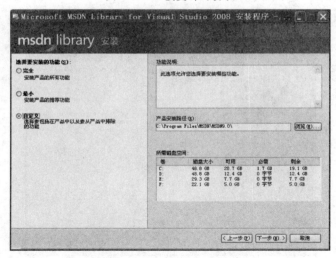

图 3-1-18　选择安装路径

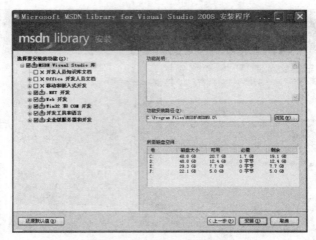

图 3-1-19 选择安装组件

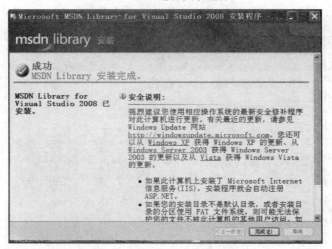

图 3-1-20 msdn 安装完成

（3）安装 Windows CE 6.0 SDK

单击 Mini210-CE6-SDK. msi，弹出如图 3-1-21～图 3-1-25 所示对话框。

图 3-1-21 Windows CE 6.0 想到管理器

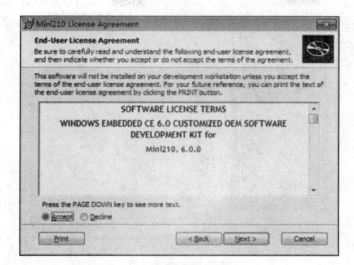

图 3-1-22　Mini210 许可协议

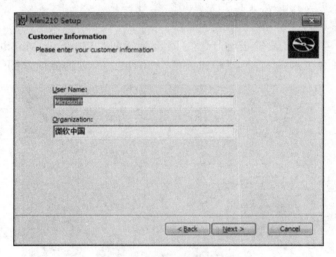

图 3-1-23　填写用户信息

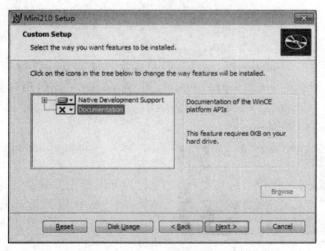

图 3-1-24　用户安装

图 3-1-25　安装完成

单击 Finish 按钮，Windows CE 开发环境就搭建完毕。

（4）与 PC 同步（基于 Windows 7）

在 Windows 7 系统中，开发板与 PC 的同步是通过"Windows Mobile 设备中心"（下称"同步中心"）来实现并管理的，它类似于以前的 ActiveSync，它的界面如图 3-1-26 所示。

图 3-1-26　Windows Mobile 设备中心

"同步中心"并非在 Windows 7 中自带，而是首次连接移动设备时通过互联网下载安装的，下面是详细的步骤。说明：如果开发板安装了 Windows CE 6，用户依然可以通过 Windows XP 系统的 ActiveSync 与之相连，具体步骤可以参考老版本的用户手册，在此介绍的步骤仅适用于 Windows 7 系统。

图 3-1-27　安装设备驱动

安装 Windows Mobile 设备中心实现 PC 同步。

当开发板中安装并运行 Windows CE 6 系统后，第一次和基于 Windows 7 系统的 PC 通过 USB 连接时，会弹出如图 3-1-27 所示的窗口。

很快，就会在桌面上出现提示窗口，此时要保证网络是和互联网连通的,系统会自动下载并安装配置相关的软件,安装完毕,出现如图 3-1-28 所示界面开始自动配置。

图 3-1-28　配置环境

图 3-1-29　启动 Windows Mobile 设备中心

出现"软件许可协议"窗口,单击"接受"按钮继续,如图 3-1-30 所示。

图 3-1-30　软件许可协议

准备安装,如图 3-1-31 所示。

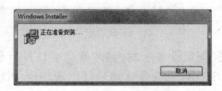

图 3-1-31　准备安装

出之后,很快就和开发板设备连接成功了,如图 3-1-32 所示。

图 3-1-32　与开发板设备连接

单击"不设置就进行连接"按钮,继续,出现如图 3-1-33、图 3-1-34 所示的界面。

图 3-1-33　与开发板设备连接

图 3-1-34　不设置就进行连接

　　此时,单击"文件管理"之"浏览设备上的内容"就会想打开目录一样打开开发板的根目录,如果开发板上插了优盘或者 SD 卡,也会像优盘一样出现相应的图标,如图 3-1-35 所示。

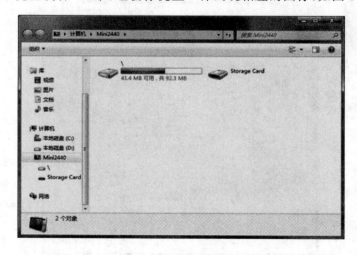

图 3-1-35　浏览设备上的内容

在此,打开"\"文件夹,它表示了整个开发板的目录内容,如图 3-1-36 所示,这时,你就可以通过拖放向开发板中复制文件了,当然也可以从开发板中读取文件。

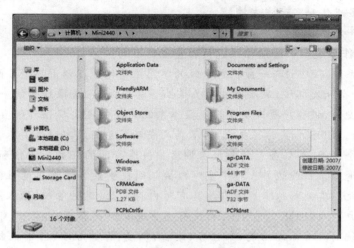

图 3-1-36　读取开发板中的文件

3.1.3　实训知识检测

1. 嵌入式操作系统的主要特点有哪些?

(嵌入式操作系统的主要特点有:①可定制性。一般需提供可添加或可裁剪的内核及其他功能,让用户按需配置。如调度算法、存储管理、设备驱程序。②可移植性。应该能够支持多种国际主流微处理器等硬件平台,给用户硬件选择的灵活性。③实时性。大多数嵌入式系统工作在实时性要求很高的环境中,要求嵌入式操作系统必须将实时性作为一个重要的指标来考虑。④低资源占有性。嵌入式系统通常资源有限,所以在保证其功能的前提下,尽可能减少系统对资源的占用。)

2. Windows CE 的特点。

(1) 精简的模块化操作系统:Windows CE 的可裁减性,使其体积也非常小。一个最小的可运行 Windows CE 内核只占 200 KB 左右。

(2) 多硬件平台支持。

(3) 支持有线和无线的网络连接。

(4) 稳健的实时性支持实时性是指能够在限定时间内执行完规定的功能,并对外部的异步事件做出反应的能力。Windows CE 是一个实时操作系统。

实时支持功能在以下几方面提升了 Windows CE 的性能:

① 支持嵌套中断;

② 允许更高优先级别的中断首先得到响应,而不是等待低级别的 ISR 完成;

③ 更好的线程响应能力;

④ 对高级别 IST(中断服务线程)的响应时间上限的要求更加严格,在线程响应能力方面的改进帮助开发人员掌握线程转换的具体时间,并通过增强的监控能力和对硬件的控制能力帮助开发人员创建更好嵌入式应用程序;

⑤ 更多的优先级别,256 个优先级别可以使开发人员在控制嵌入式系统的时序安排方面有更大的灵活性;

⑥ 更强的控制能力,对系统内的线程数量的控制能力可以使开发人员更好地掌握调度程序的工作情况。

(5) 丰富的多媒体和多语言支持。

(6) 强大的开发工具

3. 嵌入式操作系统与一般操作系统有哪些主要不同?

嵌入式操作系统(EOS)与一般操作系统的不同主要体现在以下几个方面:EOS的可配置与可扩充:作为一个开发环境,底层硬件的多样性得考虑,嵌入式操作系统一般要求提供尽可能多的硬件平台支持,供程序员开发使用。操作系统的功能也要提供可配置性,如调度、存储管理、文件系统等。EOS的实时性要求:为了满足嵌入式系统的实时性要求,嵌入式操作系统应该考虑以下几个方面:多任务。任务抢占调度。快速灵活的任务间通信和同步。方便的任务与中断之间的通信。性能边界。一个实时内核必须提供最坏情况下的性能优化,而非针对吞吐量的性能优化。其他特殊考虑。需要具有对内存分配、时钟管理、输入/输出系统的管理要求等方面。用户接口:EOS只有API而没有通常意义下的界面,亦即只有一个核心。在核心里只有操作系统的一些基本功能,如任务(线程)调度、存储管理、同步机制、中断管理、API等,而这些功能又可以根据不同的应用系统裁剪和扩充,以便以最小的代码量满足嵌入式系统的需求。可移植性:要使平台独立性更强,使系统易于向其他平台移植。

3.2 实训 22—Hello World

3.2.1 相关基础知识

1. Visual Studio 2008 介绍

Visual Studio 2008 在三个方面为开发人员提供了关键改进:

- 快速的应用程序开发;
- 突破性的用户体验;
- 高效的团队协作。

Visual Studio 2008 提供了高级开发工具、调试功能、数据库功能和创新功能,帮助在各种平台上快速创建当前最先进的应用程序。

Visual Studio 2008 包括各种增强功能,例如可视化设计器(使用 .NET Framework 3.5 加速开发)、对 Web 开发工具的大量改进,以及能够加速开发和处理所有类型数据的语言增强功能。Visual Studio 2008 为开发人员提供了所有相关的工具和框架支持,帮助创建引人注目的、令人印象深刻并支持 AJAX 的 Web 应用程序。

开发人员能够利用这些丰富的客户端和服务器端框架轻松构建以客户为中心的 Web 应用程序,这些应用程序可以集成任何后端数据提供程序、在任何当前浏览器内运行并完全访问 ASP NET 应用程序服务和 Microsoft 平台。

(1) 快速的程序开发

为了帮助开发人员迅速创建先进的软件,Visual Studio 2008 提供了改进的语言和数据功能,例如语言集成的查询(LINQ),各个编程人员可以利用这些功能更轻松地构建解决方案以分析和处理信息。

Visual Studio 2008 还使开发人员能够从同一开发环境内创建面向多个 . NET Framework 版本的应用程序。开发人员能够构建面向 . NET Framework 2.0、3.0 或 3.5 的应用程序,意味它们可以在同一环境中支持各种各样的项目。

（2）突破性体验

Visual Studio 2008 为开发人员提供了在最新平台上加速创建紧密联系的应用程序的新工具,这些平台包括 Web、Windows Vista、Office 2007、SQL Server 2008 和 Windows Server 2008。对于 Web,ASP NET AJAX 及其他新技术使开发人员能够迅速创建更高效、交互式更强和更个性化的新一代 Web 体验。

（3）高效的团队协作

Visual Studio 2008 提供了帮助开发团队改进协作的扩展的和改进的服务项目,包括帮助将数据库专业人员和图形设计人员加入到开发流程的工具。

3.2.2　实训操作指南

1. 实训名称

Hello World 实训。

2. 实训目的

本次实训的目的利用 Visual Studio 2008 开发 Windows CE 简单应用程序。

3. 实训设备

CORTEX A8 开发板,USB 延长线。

安装 Windows 系统的 PC、Visual Studio 2008 集成开发环境。

4. 实训步骤及结果

（1）硬件连接

① 用一根 USB 同步线将主机和目标板相连。

② 给开发板插上电源。

（2）程序编写:

① 启动 Visual Studio 2008,如图 3-2-1 所示。

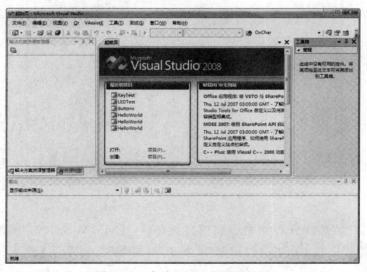

图 3-2-1　启动 Visual Studio 界面

② 选择"文件"—"打开"—"项目",在弹出的新建项目界面左侧的"项目类型"一栏选择"Visual C++——智能设备"项,界面右侧的"模板"一栏选择"win32 智能设备项目",并在界面下部的文件名称输入项目的相应名称(HelloWorld)和保存路径之后单击"确定"按钮,保存设置,如图 3-2-2 所示。

图 3-2-2　新建工程

③ 在 Win32 智能设备项目向导窗口中单击"下一步"按钮跳过,进入平台窗口,如图 3-2-3 所示,选择需要添加到项目中的 Platform SDK(Mini210-CE6-SDK)单击"下一步"按钮。

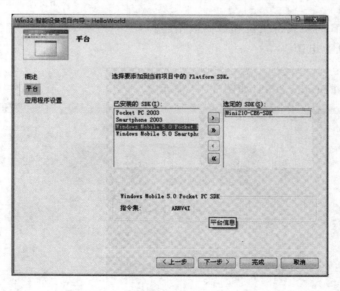

图 3-2-3　选择 Windows CE 平台

④ 在弹出的对话框(Win32 智能设备项目向导——HelloWorld)的"应用程序类型"中选择"Windows 应用程序",单击"完成"按钮,配置完毕,如图 3-2-4 所示。

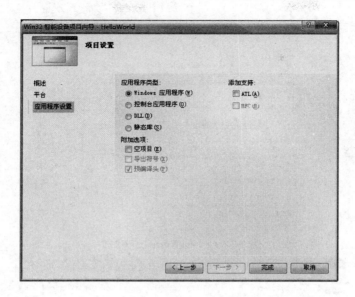

图 3-2-4　项目设置

经过上面步骤之后,我们的项目配置工作已结束,会弹出工程的编辑页面。

⑤ 展开 HelloWorld 和源文件后,在 HelloWorld. cpp 上双击打开源文件,如图 3-2-5 所示,在此编辑页面添加实训代码。需要对工程进行必要的配置:设置解决方案配置为"Debug",解决方案平台为:"Mini210-CE6-SDK(ARMV4I)"。

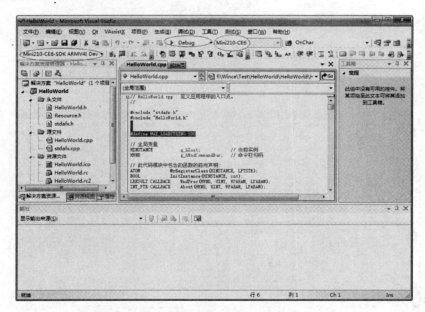

图 3-2-5　HelloWorld 项目结构

在 HelloWorld. cpp 的回调函数 WndProc 里面的重画消息处理处添加如图 3-2-6 所示代码。

⑥ 右击 HelloWorld,选择"生成"项,开始编译 Hello World 工程,如图 3-2-7 所示。

如图 3-2-7 所示对话框没有报错,显示如图 3-2-8 所示的界面,即生成成功。

```
        default:
            return DefWindowProc(hWnd, message, wParam, lParam);
        }
        break;
    case WM_CREATE:
        g_hWndCommandBar = CommandBar_Create(g_hInst, hWnd, 1);
        CommandBar_InsertMenubar(g_hWndCommandBar, g_hInst, IDR_MENU, 0);
        CommandBar_AddAdornments(g_hWndCommandBar, 0, 0);
        break;
    case WM_PAINT:
        hdc = BeginPaint(hWnd, &ps);

        // TODO: 在此添加任意绘图代码...
        RECT rt;
        GetClientRect(hWnd, &rt);
        rt.top= (rt.bottom-rt.top)/2;
        DrawText(hdc, TEXT("hello world"),-1, &rt, DT_CENTER);
        EndPaint(hWnd, &ps);

        EndPaint(hWnd, &ps);
        break;
    case WM_DESTROY:
        CommandBar_Destroy(g_hWndCommandBar);
        PostQuitMessage(0);
        break;
```

图 3-2-6   HelloWorld. cpp 文件

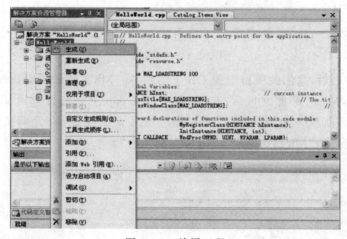

图 3-2-7   编译工程

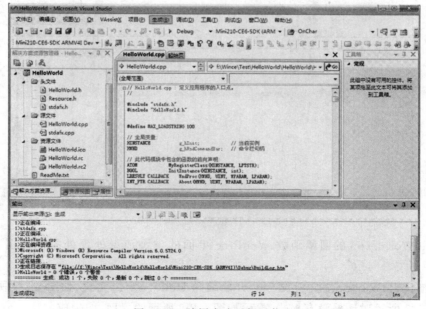

图 3-2-8   编译完成后提示信息

在工程目录"F：\Wince\Test\HelloWorld\Mini210-CE6-SDK（ARMV4I）\Debug"中生成的 HelloWorld．exe。在这里介绍一种调试运行的方式，后面实训不再赘言。在目标设备处选择"Mini210-CE6-SDK ARMV4I Device"，然后单击"Debug"按钮，如图 3-2-9 所示。

图 3-2-9　仿真下载

运行界面，如图 3-2-10 所示。

图 3-2-10　运行界面

⑦ 运行 HelloWorld

通过 usb 同步把"HelloWorld\Mini210-SDK（ARMV4I）\Debug"中生成的 HelloWorld．exe 复制到板子的"NANDFlash"上，如图 3-2-11 所示。

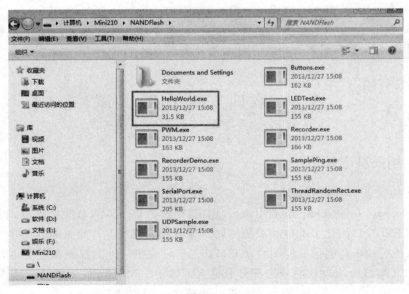

图 3-2-11　通过同步把 exe 复制到板子上

然后在 Cortex A8 开发板上的"NANDFlash"目录下找到"HelloWorld. exe"图标并双击运行,其运行后的界面如图 3-2-12 所示。

图 3-2-12　运作界面

3.2.3　实训知识检测

1. Visual Studio 2008 在哪些方面为开发人员提供了关键改进? 快速的应用程序开发,突破性的用户体验,高效的团队协作。

2. Visual Studio 2008 提供了高级开发工具、调试功能、数据库功能和创新功能,帮助在各种平台上快速创建当前最先进的应用程序。

3. 开发人员能够利用这些丰富的客户端和服务器端框架轻松构建以客户为中心的 Web 应用程序,这些应用程序可以集成任何后端数据提供程序、在任何当前浏览器内运行并完全访问 ASP,NET 应用程序服务和 Microsoft 平台。

4. Visual Studio 2008 为开发人员提供了在最新平台上加速创建紧密联系的应用程序的新工具,这些平台包括 Web、Windows Vista、Office 2007、SQL Server 2008 和 Windows Server 2008。

5. Visual Studio 2008 提供了帮助开发团队改进协作的扩展的和改进的服务项目,包括帮助将数据库专业人员和图形设计人员加入到开发流程的工具。

3.3　实训 23—LED 测试

3.3.1　相关基础知识

1. GPIO 的优点

General Purpose Input Output(通用输入/输出)简称为 GPIO,或总线扩展器,利用工业标准 I^2C、SMBus 或 SPI 接口简化了 I/O 接口的扩展。当微控制器或芯片组没有足够的 I/O 接口,或当系统需要采用远端串行通信或控制时,GPIO 产品能够提供额外的控制和监视功能。

每个 GPIO 端口可通过软件分别配置成输入或输出。Maxim 的 GPIO 产品线包括 8 端口至 28 端口的 GPIO,提供推挽式输出或漏极开路输出。提供微型 3 mm×3 mm QFN 封装。

GPIO 的优点如下：

- 低功耗：GPIO 具有更低的功率损耗（大约 $1\mu A$，μC 的工作电流则为 $100\mu A$）。
- 集成 IIC 从机接口：GPIO 内置 IIC 从机接口，即使在待机模式下也能够全速工作。
- 小封装：GPIO 器件提供最小的封装尺寸 3 mm×3 mm。
- 低成本：不用为没有使用的功能买单。
- 快速上市：不需要编写额外的代码、文档，不需要任何维护工作。
- 灵活的灯光控制：内置多路高分辨率的 PWM 输出。
- 可预先确定响应时间：缩短或确定外部事件与中断之间的响应时间。
- 更好的灯光效果：匹配的电流输出确保均匀的显示亮度。
- 布线简单：仅需使用 2 条就可以组成 IIC 总线或 3 条组成 SPI 总线。
- 于 ARM 的几组 GPIO 引脚，功能相似，GPxCON 控制引脚功能，GPxDAT 用于读写引脚数据。另外，GPxUP 用于确定是否使用上拉电阻。x 为 A,B,H/J，GPAUP 没有上拉电阻。

2. 寄存器编辑

（1）GPxCON 寄存器

用于配置引脚功能。PORT A 与 PORT B～PORT H/J 在功能选择上有所不同，GPACON 中每一位对应一根引脚，共 23 个引脚。当某位被设为 0 时候，相应引脚为输出引脚。此时可以在 GPADAT 中相应的写入 1 或者 0 来让此引脚输出高电平或者低电平；当某位被设为 1 时，相应引脚为地址线或用于地址控制，此时 GPADATA 无用。

一般而言 GPACON 通常被设为 1，以便访问外部器件。PORT B～PORT H/J 在寄存器操作方面完全相同，GPxCON 中每两位控制一根引脚，00 输入，01 输出，10 特殊功能，11 保留不用。

（2）GPxDAT 寄存器

GPxDAT 用于读写引脚，当引脚被设为输入时候，读此寄存器可知道相应引脚的电平状态高还是低，当引脚被设为输出时候，写此寄存器的位，可令引脚输出高电平还是低电平。

（3）GPxUP 寄存器

GPxUP 寄存器某位为 1 的时候，相应引脚没有内部上拉电阻；为 0 时候相应引脚有内部上拉电阻。

上拉电阻作用在于，当 GPIO 引脚处于第三种状态时候，既不是输出高电平，也不是输出低电平。而是呈现高阻态，相当于没有接芯片。它的电平状态由上下拉电阻决定。

3.3.2　实训操作指南

1. 实训名称

编写一个对话框程序，通过单击对话框的按钮控制 4 个 LED 灯的亮和灭。

2. 实训目的

熟悉 Visual Studio 2008 集成开发环境以及相关配置。熟悉控制 GPIO 口操作，了解底层驱动的实现过程。

3. 实训设备

（1）PC 操作系统，Visual Studio 2008、Windows CE 6.0 集成开发环境。

（2）Cortex A8 开发板。

4. 实训步骤及结果

在 A8 中提供了 4 个 LED 灯，它们通过 CreateFile 函数打开一个控制 LED 的设备句柄，然后通过 API 函数 DeviceIoControl 来实现对控制 LED 的设备句柄进行设置来控制 LED 的亮灭。

（1）创建项目请参照实训二，创建好项目后利用 Visual Studio 2008 制作界面如图 3-3-1 所示。

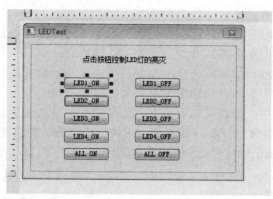

图 3-3-1　工程界面

（2）在项目中单击头文件的右键选择添加－＞新建项，添加一个 LED.h. 文件，如图 3-3-2 所示。

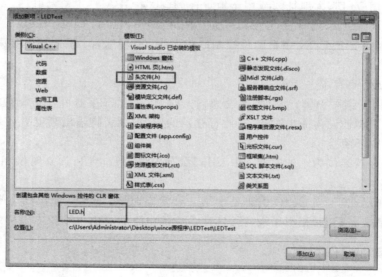

图 3-3-2　添加 LED.h 文件

在 LED.h 中添加一个 TLED 类，代码如下：

```
classTLED
{
public:

    TLED(void):Dev(INVALID_HANDLE_VALUE)
    {
```

```
}
//创建一个设备句柄
boolOpen(void)
{
    Dev = CreateFile(L"LED1:", GENERIC_READ | GENERIC_WRITE, 0, NULL, OPEN_EXISTING, 0, 0);
    returnDev ! = INVALID_HANDLE_VALUE;
}
//听过对设备句柄操作来控制 LED 灯的亮灭
//No 代表第几个 LED 灯,范围 0～3,0 表示是第一个 LED 灯
// On 代表第 No +1 个 LED 灯的亮灭,true 代表灯亮,false 代表灯灭
boolSwitch(unsignedNo, boolOn)
{
    boolret;
    if (No> = 4)
    {
        returnfalse;
    }
    if (Dev ! = INVALID_HANDLE_VALUE)
    {
        unsignedintCode = No + 1 + (On ? 0 : 5);
        ret = !! DeviceIoControl(Dev, Code, 0, 0, 0, 0, 0, 0);
    } else {
        ret = false;
    }
    returnret;
}


~TLED(void)
{
    if (Dev ! = INVALID_HANDLE_VALUE) {
        CloseHandle(Dev);
    }
}
private:
    HANDLEDev;
};
```

（3）在 CLEDTestDlg. cpp 文件里面的 OnInitDialog 函数里面添加：LED. Open（）；而对于每个按钮的响应内容基本上是类似的,下面仅列出 LED1 亮和灭这 2 个按钮的内容。

```
voidCLEDTestDlg:;OnBnClickedButton1()
{
    // TODO:在此添加控件通知处理程序代码
    LED. Switch(0, true);
}
voidCLEDTestDlg:;OnBnClickedButton2()
{
```

```
// TODO：在此添加控件通知处理程序代码
LED.Switch(0, false);
}
```

当代码添加完毕后,编译出来即可进行测试,运行时的如图 3-3-3 所示。

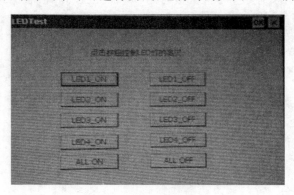

图 3-3-3　运作界面

3.3.3　实训知识检测

1. 当微控制器或芯片组没有足够的 I/O 端口,或当系统需要采用远端串行通信或控制时,GPIO 产品能够提供额外的控制和监视功能。

2. 每个 GPIO 端口可通过软件分别配置成输入或输出。Maxim 的 GPIO 产品线包括8 端口至28 端口的 GPIO,提供推挽式输出或漏极开路输出。

3. 简述 GPIO 的优点。(略)

4. 一般而言 GPACON 通常被设为1,以便访问外部器件。PORT B～PORT H/J 在寄存器操作方面完全相同,GPxCON 中每两位控制一根引脚,00 输入,01 输出,10 特殊功能,11 保留不用。

5. 上拉电阻作用在于,当 GPIO 引脚处于第三种状态时候,既不是输出高电平,也不是输出低电平。而是呈现高阻态,相当于没有接芯片。它的电平状态由上下拉电阻决定。

3.4　实训 24—按键测试

3.4.1　相关基础知识

1. THREADINFO 结构介绍

当一个线程第一次被创建时,系统假定线程不会用于任何与用户相关的任务。这样可以减少线程对系统资源的要求。但是,一旦该线程调用一个与图形用户界面有关的函数(如检查它的消息队列或建立一个窗口),系统就会为该线程分配一些另外的资源,以便它能够执行与用户界面有关的任务。特别是,系统分配了一个 THREADINFO 结构,并将这个数据结构与线程联系起来。

THREADINFO 结构体如图 3-4-1 所示。

(1)将消息发送到线程的消息队列

当线程有了与之联系的 THREADINFO 结构时,消息就有自己的消息队列集合。通过调用函数 BOOL PostMesssage(HWND hwnd, UINT uMsg, WPARAM wParam, LPARAM lParam)可以将消息放置在线程的登记消息队列中。

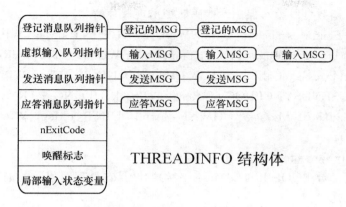

图 3-4-1　THREADINFO 结构体

当一个线程调用这个函数时,系统要确定是哪个线程建立了用 hwnd 参数标识的窗口。然后系统分配一块内存,将这个消息参数存储在这块内存中,并将这块内存增加到相应线程的登记消息队列中。并且该函数还设置 QS_POSTMESSAGE 唤醒位。函数 PostMesssage 在登记了消息后立即返回,调用该函数的线程不知道登记的消息是否被指定窗口的窗口过程所处理。

还可通过调用函数 BOOL PostThread Messsage(DWORD dwThreadId,UINT uMsg, WPARAM wParam,LPARAM lParam)将消息放置在线程的登记消息队列中,同 PostMesssage 函数一样,该函数在向线程的队列登记消息后立即返回,调用该函数的线程不知道消息是否被处理。向线程的队列发送消息的函数还有 VOID PostQuitMesssage(int nExitCode); 该函数可以终止线程消息的循环,调用该函数类似于调用:Post Thread Messsage(GetCurrenThreadId( ),WM_QUIT,nExitCode,0);但 Post Quit Messsage 并不实际登记一个消息到任何队列中。只是在内部,该函数设定 QS_QUIT 唤醒标志,并设置 THREADINFO 结构的 nExitCode 成员。

(2)向窗口发送消息

将窗口消息直接发送给一个窗口过程可以使用函数 LRESULT SendMessage(HWND hwnd,UINT uMsg,WPARAM wParam,LPARAMl Param)窗口过程将处理这个消息,只有当消息被处理后,该函数才能返回。即具有同步的特性。

该函数的工作机制:

• 如果调用该函数的线程向该线程所建立的窗口发送了一个消息,SendMessage 就很简单:它只是调用指定窗口的窗口过程,将其作为一个子例程。当窗口过程完成对消息的处理时,它向 SendMessage 返回一个值。SendMessage 再将这个值返回给调用线程。

• 当一个线程向其他线程所建立的窗口发送消息时,SendMessage 就复杂很多(即使两个线程在同一个进程中也是如此)。Windows 要求建立窗口的线程处理窗口的消息。所以当一个线程调用 SendMessage 向一个由其他进程所建立的窗口发送一个消息,也就是向其他线程发送消息,发送线程不可能处理该窗口消息,因为发送线程不是运行在接收进程的地址空间中,因此不能访问相应窗口的过程的代码和数据。(对于这个,我有点疑问:同一个进程的不同线程是运行在相同进程的地址空间中,它也采用这种机制,又作何解释呢?)实际上,发送线程要挂起,而有另外的线程处理消息。所以为了向其他线程建立的窗口发送一个窗口消息,系统必须执行一些复杂的动作。

由于 Windows 使用上述方法处理线程之间的发送消息,所以有可能造成线程挂起,严重的会出现死锁。

利用以下 4 个函数可以编写保护性代码防护出现这种情况。

• LRESULT SendMessageTimeout（HWND hwnd，UINT uMsg，WPARAM wParam，LPARAM lParam，UINT fuFlags，UINT uTimeout，PDWORD_PTR pdwResult）；

• BOOL SendMessageCallback（HWND hwnd，UINT uMsg，WPARAM wParam，LPARAM lParam，SENDSYNCPROC pfnResultCallback，ULONG_PTR dwData）；

• BOOL SendNotifyMessage（HWND hwnd，UINT uMsg，WPARAM wParam，LPARAM lParam）；

• BOOL ReplyMessage(LRESULT lResult)；

另外可以使用函数 BOOL InSendMessage( )判断是在处理线程间的消息发送，还是在处理线程内的消息发送。

3.4.2 实训操作指南

1. 实训名称

编写一个对话框程序，通过对按键的操作来改变按键对应的控件的颜色。在 Cortex A8 中提供了 8 个按键，它们通过 CreateFile 函数打开一个控制按键的设备句柄，然后在线程里面不断通过 API 函数 ReadFile 读取控制按键的设备句柄，如果没有按键按下其对应的 ButtonMap 位为 0，如果有按键按下其对应的 ButtonMap 为非零，无论有没有按键按下都会触发 WM_WININICHANGE 消息，执行 OnWinIniChange 函数，从而不断重绘 8 个按键对应的控件的背景颜色。没有按键按下时 8 个控件都是绿色，有按键按下时其对应的控件变为红色，直至按键被松开。

2. 实训目的

熟悉 Visual Studio 2008 集成开发环境以及相关配置。

熟悉控制 GPIO 口操作，了解底层驱动的实现过程。

掌握消息的发送机制和线程的创建。

图 3-4-2　打开工程

3. 实训设备

（1）PC 操作系统，Visual Studio 2008、Windows CE 6.0 集成开发环境。

（2）Cortex A8 开发板。

4. 实训步骤及结果

（1）创建项目请参照实训二，创建好项目后利用 Visual Studio 2008 制作界面如图 3-4-2、图 3-4-3 所示。

注意：在生成之前，设备需要更改，应改为图 3-4-3 红色方框中所示。

（2）在 ButtonsDlg.cpp 文件的 TButtonsDlg 类的 OnInitDialog 添加如下的代码：

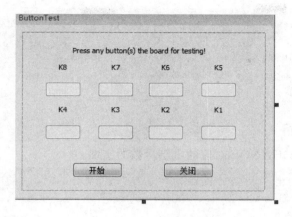

图 3-4-3　工程界面

```
//获取设备句柄
m_Device = CreateFile(L"KEY1:", GENERIC_READ | GENERIC_WRITE, 0, NULL, OPEN_EXISTING, 0, 0);
// TODO: Add extra initialization here
m_ReadThread = CreateThread(0, 0, ReadButtonDeviceProc, this, 0, NULL);//创建不断读设备的线程
//获取个按键对应的个控件的句柄
Keybtn[0] = (CButton *)GetDlgItem(IDC_BUTTON1);
Keybtn[1] = (CButton *)GetDlgItem(IDC_BUTTON2);
Keybtn[2] = (CButton *)GetDlgItem(IDC_BUTTON3);
Keybtn[3] = (CButton *)GetDlgItem(IDC_BUTTON4);
Keybtn[4] = (CButton *)GetDlgItem(IDC_BUTTON5);
Keybtn[5] = (CButton *)GetDlgItem(IDC_BUTTON6);
Keybtn[6] = (CButton *)GetDlgItem(IDC_BUTTON7);
Keybtn[7] = (CButton *)GetDlgItem(IDC_BUTTON8);
StartFlag = FALSE ;
```

（3）创建的线程的回调函数的实现。

```
//创建的线程的实现函数
DWORDWINAPITButtonsDlg::ReadButtonDeviceProc(__inLPVOIDlp)
{
    TButtonsDlg * me = (TButtonsDlg *)lp;
    while(1)
{

    DWORDretLen;
    //不断读取是否有按键按下
    BOOLret = ReadFile(me->m_Device, me->ButtonMap, sizeof(me->ButtonMap), &retLen,
    NULL);
    //若读取设备失败则跳出 while 死循环
    if(! ret)
{
```

```
        break;
    }

    //发送 WM_WININICHANGE 消息,重绘按键对应的控件的背景色
    me - >SendMessage (WM_WININICHANGE, 0, 0);
  }
return 0;
}
```

（4）WM_WININICHANGE 对应的重绘函数的实现。

```
////WM_WININICHANGE 消息对应重绘按键对应的控件的背景色的函数
voidTButtonsDlg::OnWinIniChange(LPCTSTRlpszSection)
{
    CDialog::OnWinIniChange(lpszSection);

    RECTrect;

    if (StartFlag = = TRUE  )
    {
        for (unsignedi = 0; i<sizeof (ButtonMap) / sizeof (ButtonMap[0]); i++)
        {

            CClientDCpDC(Keybtn[i]);
            Keybtn[i] - >GetClientRect(&rect);
            if (ButtonMap[i] ! = 0)
            {
                ::FillRect(pDC, &rect,CreateSolidBrush(RGB(255,0,0)));
            }
            else
            {
                ::FillRect(pDC, &rect,CreateSolidBrush(RGB(0,255,0)));
            }
        }
    }
}
```

（5）开始按钮对应的对控件的背景色的初始化。

```
voidTButtonsDlg::OnBnClickedStart()
{
// TODO: 在此添加控件通知处理程序代码
RECTrect;

StartFlag = TRUE ;
for (unsignedi = 0; i<sizeof (ButtonMap) / sizeof (ButtonMap[0]); i++)
{
    CClientDCpDC(Keybtn[i]);
    Keybtn[i] - >GetClientRect(&rect);
    ::FillRect(pDC, &rect,CreateSolidBrush(RGB(0,255,0)));
}
}
```

当代码添加完毕后，编译出来即可进行测试，下面列出测试时的截图，如图 3-4-4 ～ 图 3-4-6 所示。

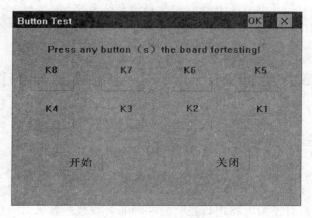

图 3-4-4　运作界面

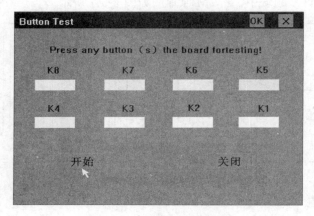

图 3-4-5　单击开始后界面

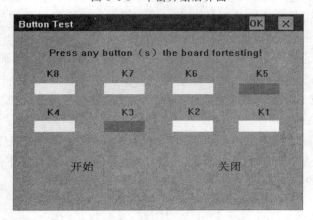

图 3-4-6　按下 K5 和 K3 按键界面

3.4.3　实训知识检测

1. 简单描述 THREADINFO 结构体。（略）

2. 当线程有了与之联系的 THREADINFO 结构时，消息就有自己的<u>消息队列集合</u>。通过调用函数 BOOL PostMesssage（HWND hwnd，UINT uMsg，WPARAM wParam，LPARAM lParam)可以将消息放置在线程的<u>登记消息队列</u>中。

3. 简述 LRESULT SendMessage 函数的工作机制（略）。

3.5 实训 25—PWM 控制蜂鸣器测试

3.5.1 相关基础知识

1. PWM 简介

PWM，即脉冲宽度调制，是英文"Pulse Width Modulation"的缩写，简称脉宽调制，是利用微处理器的数字输出来对模拟电路进行控制的一种非常有效的技术，广泛应用在从测量、通信到功率控制与变换的许多领域中。PWM 原理图如图 3-5-1 所示。

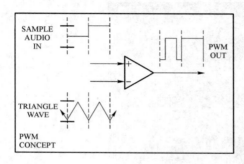
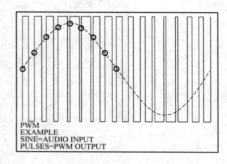

图 3-5-1　PWM 原理图

（1）PWM 的优点

PWM 的一个优点是从处理器到被控系统信号都是数字形式的，无须进行数模转换。让信号保持为数字形式可将噪声影响降到最小。噪声只有在强到足以将逻辑 1 改变为逻辑 0 或将逻辑 0 改变为逻辑 1 时，也才能对数字信号产生影响。

对噪声抵抗能力的增强是 PWM 相对于模拟控制的另外一个优点，而且这也是在某些时候将 PWM 用于通信的主要原因。从模拟信号转向 PWM 可以极大地延长通信距离。在接收端，通过适当的 RC 或 LC 网络可以滤除调制高频方波并将信号还原为模拟形式。

（2）PWM 的缺点

单纯 PWM 的控制的精度不高，即 SNR 值有限；SNR 的提升还需要后续滤波环节良好的配合。总之，PWM 经济、节约空间、抗噪性能强，特别是在对精度要求不高的控制领域，是一种值得广大工程师使用的有效技术。

2. PWM 原理

随着电子技术的发展，出现了多种 PWM 技术，其中包括：相电压控制 PWM、脉宽 PWM法、随机 PWM、SPWM 法、线电压控制 PWM 等，而在镍氢电池智能充电器中采用的脉宽PWM 法，它是把每一脉冲宽度均相等的脉冲列作为 PWM 波形，通过改变脉冲列的周期可以调频，改变脉冲的宽度或占空比可以调压，采用适当控制方法即可使电压与频率协调变化。可以通过调整 PWM 的周期、PWM 的占空比而达到控制充电电流的目的。

模拟信号的值可以连续变化,其时间和幅度的分辨率都没有限制。9 V 电池就是一种模拟器件,因为它的输出电压并不精确地等于 9 V,而是随时间发生变化,并可取任何实数值。与此类似,从电池吸收的电流也不限定在一组可能的取值范围之内。模拟信号与数字信号的区别在于后者的取值通常只能属于预先确定的可能取值集合之内,例如在{0 V,5 V}这一集合中取值。

模拟电压和电流可直接用来进行控制,如对汽车收音机的音量进行控制。在简单的模拟收音机中,音量旋钮被连接到一个可调电阻。拧动旋钮时,电阻值变大或变小;流经这个电阻的电流也随之增加或减少,从而改变了驱动扬声器的电流值,使音量相应变大或变小。与收音机一样,模拟电路的输出与输入成线性比例。

尽管模拟控制看起来可能直观而简单,但它并不总是非常经济或可行的。其中一点就是,模拟电路容易随时间漂移,因而难以调节。能够解决这个问题的精密模拟电路可能非常庞大、笨重(如老式的家庭立体声设备)和昂贵。模拟电路还有可能严重发热,其功耗相对于工作元件两端电压与电流的乘积成正比。模拟电路还可能对噪声很敏感,任何扰动或噪声都肯定会改变电流值的大小。

通过以数字方式控制模拟电路,可以大幅度降低系统的成本和功耗。此外,许多微控制器和 DSP 已经在芯片上包含了 PWM 控制器,这使数字控制的实现变得更加容易了。

3.5.2　实训操作指南

1. 实训名称

编写一个蜂鸣器控制程序,通过 PWM 方式调节蜂鸣器的频率。

2. 实训目的

熟悉 Visual Studio 2008 集成开发环境以及相关配置。熟悉控制 PWM 控制操作方法。

3. 实训设备

(1) CORTEX A8 开发板,USB 延长线。

(2) 安装 Windows 系统的 PC、Visual Studio 2008 集成开发环境。

4. 实训步骤及结果

(1) 创建项目请参照实训二,创建好项目后利用 Visual Studio 2008 制作界面如图 3-5-2 所示。

注意:在生成之前,设备需要更改,应改为图 3-5-3 红色方框中所示。

(2) 在 PWMDlg.cpp 文件的 CPWMDlg 类的 OnInitDialog 添加如下的代码。

```
//创建设备句柄
m_Device = CreateFile(L"PWM1;", GENERIC_READ | GENERIC_WRITE, 0, NULL, OPEN_EXISTING, 0, 0);

//绑定 Edit 和 Spin 控件
SpinControlEdit.SetBuddy(GetDlgItem(IDC_EDIT1));
SpinControlEdit.SetRange(100,3000);
SpinControlEdit.SetPos(1000);
SpinControlEdit.EnableWindow(FALSE);
//获得蜂鸣器的频率
EditFrq = SpinControlEdit.GetPos();
```

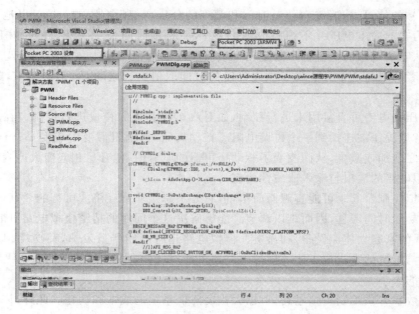

图 3-5-2　打开工程

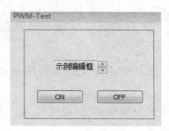

图 3-5-3　工程界面

（3）ON 按钮对应的操作。

```
voidCPWMDlg::OnBnClickedButtonOn()
{
    // TODO: Add your control notification handler code here
    SpinControlEdit.EnableWindow(TRUE);
    SetBeeper(true);
}
```

（4）OFF 按钮对应的操作。

```
voidCPWMDlg::OnBnClickedButtonOff()
{
    // TODO: Add your control notification handler code here
    SetBeeper(false);
    SpinControlEdit.EnableWindow(FALSE);
}
```

（5）SetBeeper 对应的操作。

```
voidCPWMDlg::SetBeeper(boolON)
{
    unsignedFeq;
    unsignedOpCode;
    //获得 Edit 控件的值
    EditFrq = SpinControlEdit.GetPos();

    //打开蜂鸣器
    if（ON）
{

    OpCode = 2;
    Feq = EditFrq;
}
else//关闭蜂鸣器
{

    OpCode = 1;
    Feq = 0;
}
//对蜂鸣器控制
DeviceIoControl(m_Device, OpCode, &Feq, sizeofFeq, 0, 0, 0, 0);

}
```

（6）Spin 控件的对应的事件处理程序。

```
voidCPWMDlg::OnDeltaposSpin1(NMHDR * pNMHDR, LRESULT * pResult)
{
LPNMUPDOWNpNMUpDown = reinterpret_cast<LPNMUPDOWN>(pNMHDR);
// TODO：在此添加控件通知处理程序代码
unsignedFeq;
intSpinNum;
unsignedOpCode;

if（pNMUpDown->iDelta = = 1)//往上点击
{
    SpinNum = SpinControlEdit.GetPos() - 1 + 10;
    SpinControlEdit.SetPos(SpinNum);

}
elseif（pNMUpDown->iDelta = = -1)//往下点击
{
    SpinNum = SpinControlEdit.GetPos()  - 10 + 1;
    SpinControlEdit.SetPos(SpinNum);

}
```

```
if (SpinNum< 100)

SpinNum = 100;

elseif (SpinNum> 3000)

SpinNum = 3000;



Feq = SpinNum;

OpCode = 2;

DeviceIoControl(m_Device, OpCode, &Feq, sizeofFeq, 0, 0, 0, 0);

* pResult = 0;

}
```

当代码添加完毕后,编译出来即可进行测试,下面列出 2 个测试时的截图如图 3-5-4、图 3-5-5所示。

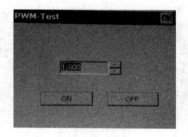

图 3-5-4　运行界面

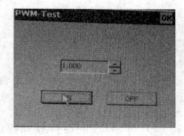

图 3-5-5　打开蜂鸣器

3.5.3　实训知识检测

1. PWM,即脉冲宽度调制,是英文"Pulse Width Modulation"的缩写,简称脉宽调制,是利用微处理器的数字输出来对模拟电路进行控制的一种非常有效的技术,广泛应用在从测量、通信到功率控制与变换的许多领域中。

2. 简述 PWM 的原理。(略)

3. 简述 PWM 的优缺点。(略)

3.6　实训 26—录音测试

3.6.1　相关基础知识

1. 基本概念

(1) 编解码

编解码器(codec)指的是一个能够对一个信号或者一个数据流进行变换的设备或者程序。

这里指的变换既包括将信号或者数据流进行编码(通常是为了传输、存储或者加密)或者提取得到一个编码流的操作,也包括为了观察或者处理从这个编码流中恢复适合观察或操作的形式的操作。编解码器经常用在视频会议和流媒体等应用中。

(2) 容器

很多多媒体数据流需要同时包含音频数据和视频数据,这时通常会加入一些用于音频和视频数据同步的元数据,例如字幕。这三种数据流可能会被不同的程序,进程或者硬件处理,但是当它们传输或者存储的时候,这三种数据通常是被封装在一起的。通常这种封装是通过视频文件格式来实现的,例如常见的 *.mpg, *.avi, *.mov, *.mp4, *.rm, *.oggor *.tta. 这些格式中有些只能使用某些编解码器,而更多可以以容器的方式使用各种编解码器。

FourCC 全称 Four-Character Codes,是由 4 个字符(4 bytes)组成,是一种独立标示视频数据流格式的四字节,在 wav、avi 档案之中会有一段 FourCC 来描述这个 avi 档案,是利用何种 codec 来编码的。因此 wav、avi 大量存在等于"IDP3"的 FourCC。

视频是现在计算机中多媒体系统中的重要一环。为了适应储存视频的需要,人们设定了不同的视频文件格式来把视频和音频放在一个文件中,以方便同时回放。视频档实际上都是一个容器里面包裹着不同的轨道,使用的容器的格式关系到视频档的可扩展性。

2. 参数介绍

(1) 采样率

采样率(也称为采样速度或者采样频率)定义了每秒从连续信号中提取并组成离散信号的采样个数,它用赫兹(Hz)来表示。采样频率的倒数称为采样周期或采样时间,它是采样之间的时间间隔。注意不要将采样率与比特率(bit rate,亦称"位速率")相混淆。

采样定理表明采样频率必须大于被采样信号带宽的两倍,另外一种等同的说法是奈奎斯特频率必须大于被采样信号的带宽。如果信号的带宽是 100 Hz,那么为了避免混叠现象采样频率必须大于 200 Hz。换句话说就是采样频率必须至少是信号中最大频率分量频率的两倍,否则就不能从信号采样中恢复原始信号。

对于语音采样:

• 8 000 Hz-电话所用采样率,对于人的说话已经足够。

• 11 025 Hz。

• 22 050 Hz-无线电广播所用采样率。

• 32 000 Hz-miniDV 数码视频 camcorder、DAT(LP mode)所用采样率。

• 44 100 Hz-音频 CD,也常用于 MPEG-1 音频(VCD,SVCD,MP3)所用采样率。

• 47 250 Hz-Nippon Columbia(Denon)开发的世界上第一个商用 PCM 录音机所用采样率。

• 48 000 Hz-miniDV、数字电视、DVD、DAT、电影和专业音频所用的数字声音所用采样率。

• 50 000 Hz-20 世纪 70 年代后期出现的 3 M 和 Soundstream 开发的第一款商用数字录音机所用采样率。

• 50 400 Hz-三菱 X-80 数字录音机所用所用采样率。

• 96 000 或者 192 000 Hz-DVD-Audio、一些 LPCM DVD 音轨、Blu-ray Disc(蓝光盘)音轨、和 HD-DVD(高清晰度 DVD)音轨所用所用采样率。

• 2.822 4 MHz-SACD、索尼和飞利浦联合开发的称为 Direct Stream Digital 的 1 位 sigma-delta modulation 过程所用采样率。

在模拟视频中,采样率定义为帧频和场频,而不是概念上的像素时钟。图像采样频率是传感器积分周期的循环速度。由于积分周期远远小于重复所需时间,采样频率可能与采样时间的倒数不同。

• 50 Hz-PAL 视频。

• 60 / 1.001 Hz-NTSC 视频。

当模拟视频转换为数字视频的时候,出现另一种不同的采样过程,这次是使用像素频率。一些常见的像素采样率有:

• 13.5 MHz-CCIR 601、D1 video。

(2)分辨率

分辨率,泛指量测或显示系统对细节的分辨能力。此概念可以用时间、空间等领域的量测。日常用语中之分辨率多用于图像的清晰度。分辨率越高代表图像品质越好,越能表现出更多的细节。但相对的,因为纪录的信息越多,文件也就会越大。目前个人电脑里的图像,可以使用图像处理软件,调整图像的大小、编修照片等。例如 photoshop,或是 photoimpact 等软件。

① 图像分辨率

用以描述图像细节分辨能力,同样适用于数字图像、胶卷图像、及其他类型图像。常用"线每毫米""线每英寸"等来衡量。通常,"分辨率"被表示成每一个方向上的像素数量,比如640×480 等。而在某些情况下,它也可以同时表示成"每英寸像素"(pixels per inch,ppi)以及图形的长度和宽度。比如 72ppi,和 8×6 英寸。

② 视频分辨率

各种电视规格分辨率比较视频的画面大小称为"分辨率"。数位视频以像素为度量单位,而类比视频以水平扫描线数量为度量单位。标清电视信号分辨率为 720/704/640×480i60 (NTSC)或 768/720×576i50(PAL/SECAM)。新的高清电视(HDTV)分辨率可达 1 920× 1 080p60,即每条水平扫描线有 1 920 个像素,每个画面有 1 080 条扫描线,以每秒 60 张画面的速度播放。

③ 画面更新率 fps

Frame rate 中文常译为"画面更新率"或"帧率",是指视频格式每秒播放的静态画面数量。典型的画面更新率由早期的每秒 6 或 8 张(frame persecond,fps),至现今的每秒 120 张不等。PAL(欧洲、亚洲、大洋洲等地的电视广播格式)与 SECAM(法国,俄罗斯,部分非洲等地的电视广播格式)规定其更新率为 25 fps,而 NTSC(美国、加拿大、日本等地的电视广播格式)则规定其更新率为 29.97 fps。电影胶卷则是以稍慢的 24 fps 在拍摄,这使得各国电视广播在播映电影时需要一些复杂的转换手续(参考 Telecine 转换)。要达成最基本的视觉暂留效果大约需要 10 fps 的速度。

3. 压缩方法

（1）有损压缩和无损压缩

在视频压缩中有损（Lossy）和无损（Lossless）的概念与静态图像中基本类似。无损压缩也即压缩前和解压缩后的数据完全一致。多数的无损压缩都采用 RLE 行程编码算法。有损压缩意味着解压缩后的数据与压缩前的数据不一致。在压缩的过程中要丢失一些人眼和人耳所不敏感的图像或音频信息，而且丢失的信息不可恢复。几乎所有高压缩的算法都采用有损压缩，这样才能达到低数据率的目标。丢失的数据率与压缩比有关，压缩比越小，丢失的数据越多，解压缩后的效果一般越差。此外，某些有损压缩算法采用多次重复压缩的方式，这样还会引起额外的数据丢失。

无损格式，例如 WAV、PCM、TTA、FLAC、AU、APE、TAK、WavPack（WV）。

有损格式，例如 MP3、Windows Media Audio（WMA）、Ogg Vorbis（OGG）、AAC。

（2）帧内压缩和帧间压缩

帧内（Intraframe）压缩也称为空间压缩（Spatial Compression）。当压缩一帧图像时，仅考虑本帧的数据而不考虑相邻帧之间的冗余信息，这实际上与静态图像压缩类似。帧内一般采用有损压缩算法，由于帧内压缩时各个帧之间没有相互关系，所以压缩后的视频数据仍可以以帧为单位进行编辑。帧内压缩一般达不到很高的压缩。

采用帧间（Interframe）压缩是基于许多视频或动画的连续前后两帧具有很大的相关性，或者说前后两帧信息变化很小的特点。也即连续的视频其相邻帧之间具有冗余信息，根据这一特性，压缩相邻帧之间的冗余量就可以进一步提高压缩量，减小压缩比。帧间压缩也称为时间压缩（Temporal compression），它通过比较时间轴上不同帧之间的数据进行压缩。帧间压缩一般是无损的。帧差值（Frame differencing）算法是一种典型的时间压缩法，它通过比较本帧与相邻帧之间的差异，仅记录本帧与其相邻帧的差值，这样可以大大减少数据量。

（3）对称编码和不对称编码

对称性（symmetric）是压缩编码的一个关键特征。对称意味着压缩和解压缩占用相同的计算处理能力和时间，对称算法适合于实时压缩和传送视频，如视频会议应用就以采用对称的压缩编码算法为好。而在电子出版和其他多媒体应用中，一般是把视频预先压缩处理好，而后再播放，因此可以采用不对称（asymmetric）编码。不对称或非对称意味着压缩时需要花费大量的处理能力和时间，而解压缩时则能较好地实时回放，也即以不同的速度进行压缩和解压缩。一般地说，压缩一段视频的时间比回放（解压缩）该视频的时间要多得多。例如，压缩一段三分钟的视频片断可能需要 10 多分钟的时间，而该片断实时回放时间只有三分钟。

3.6.2　实训操作指南

1. 实训名称

编写一个录音测试程序，可以实现对一段音频的录制和播放，播放音频时可以对其暂停、停止播放操作。

2. 实训目的

熟悉 Visual Studio 2008 集成开发环境以及相关配置。熟悉音频的驱动和音频的编解码制。

3. 实训设备

（1）CORTEX A8 开发板，USB 延长线。

（2）安装 Windows 系统的 PC、Visual Studio 2008 集成开发环境。

4. 实训步骤及结果

（1）创建项目请参照实训二，创建好项目后利用 Visual Studio 2008 制作界面如图 3-6-1 所示。

图 3-6-1　工程界面

（2）在 RecorderDlg.cpp 文件的 CRecorderDlg 类的 OnInitDialog 添加如下的代码。

```
//memory for wave header
pWaveHdr1 = reinterpret_cast<PWAVEHDR>(malloc(sizeof(WAVEHDR)));
pWaveHdr2 = reinterpret_cast<PWAVEHDR>(malloc(sizeof(WAVEHDR)));

//recoding data memory
pSaveBuffer = reinterpret_cast<PBYTE>(malloc(1) );
```

（3）Record 按钮对应的操作。

```
voidCRecorderDlg::OnRecStart()
{
//alloc memory of buffer
pBuffer1 = (PBYTE)malloc(INP_BUFFER_SIZE);
pBuffer2 = (PBYTE)malloc(INP_BUFFER_SIZE);
if (! pBuffer1 || ! pBuffer2) {
if (pBuffer1) free(pBuffer1);
if (pBuffer2) free(pBuffer2);
MessageBeep(MB_ICONEXCLAMATION);
AfxMessageBox(_T("not enough memory"));
return ;
}
// Open Audio Device and record
waveform. wFormatTag = WAVE_FORMAT_PCM;
waveform. nChannels = 1;
waveform. nSamplesPerSec = 11025;
waveform. nAvgBytesPerSec = 11025;
waveform. nBlockAlign = 1;
waveform. wBitsPerSample = 8;
```

```
    waveform. cbSize = 0;

    if (waveInOpen ( &hWaveIn, WAVE _ MAPPER, &waveform, ( DWORD ) this − > m _ hWnd, NULL, CALLBACK _
WINDOW)) {
    free(pBuffer1);
    free(pBuffer2);
    MessageBeep(MB_ICONEXCLAMATION);
    AfxMessageBox(_T("cannot open audio device"));
    }
    pWaveHdr1 − >lpData = (char * )pBuffer1;
    pWaveHdr1 − >dwBufferLength = INP_BUFFER_SIZE;
    pWaveHdr1 − >dwBytesRecorded = 0;
    pWaveHdr1 − >dwUser = 0;
    pWaveHdr1 − >dwFlags = 0;
    pWaveHdr1 − >dwLoops = 1;
    pWaveHdr1 − >lpNext = NULL;
    pWaveHdr1 − >reserved = 0;

    waveInPrepareHeader(hWaveIn,pWaveHdr1,sizeof(WAVEHDR));

    pWaveHdr2 − >lpData = (char * )pBuffer2;
    pWaveHdr2 − >dwBufferLength = INP_BUFFER_SIZE;
    pWaveHdr2 − >dwBytesRecorded = 0;
    pWaveHdr2 − >dwUser = 0;
    pWaveHdr2 − >dwFlags = 0;
    pWaveHdr2 − >dwLoops = 1;
    pWaveHdr2 − >lpNext = NULL;
    pWaveHdr2 − >reserved = 0;

    waveInPrepareHeader(hWaveIn,pWaveHdr2,sizeof(WAVEHDR));
    /////////////////////////////////////////////////////////////////////////
    pSaveBuffer = (PBYTE)realloc (pSaveBuffer, 1) ;
    // create same buffers
    waveInAddBuffer (hWaveIn, pWaveHdr1, sizeof (WAVEHDR)) ;
    waveInAddBuffer (hWaveIn, pWaveHdr2, sizeof (WAVEHDR)) ;

    //start sampling
    bRecording = TRUE ;
    bEnding = FALSE ;
    dwDataLength = 0 ;
    waveInStart (hWaveIn) ;
    }
```

（4）Play 按钮对应的操作。

```
voidCRecorderDlg::OnPlayStart()
{
    if (bPlaying) {
    waveOutReset(hWaveOut);
}
//open audio device for sound outout
waveform.wFormatTag = WAVE_FORMAT_PCM;
waveform.nChannels = 1;
waveform.nSamplesPerSec = 11025;
waveform.nAvgBytesPerSec = 11025;
waveform.nBlockAlign = 1;
waveform.wBitsPerSample = 8;
waveform.cbSize = 0;


if(waveOutOpen(&hWaveOut,WAVE_MAPPER,&waveform,(DWORD)this->m_hWnd,NULL,CALLBACK_WIN-
DOW)){
    MessageBeep(MB_ICONEXCLAMATION);
    AfxMessageBox(_T("Audio output error"));
}
}
```

（5）Pause 按钮对应的操作。

```
voidCRecorderDlg::OnPlayPause()
{
    if (! bPlaying)
{
return;
}
    if (! bPaused)
{
    waveOutPause(hWaveOut);
    bPaused = TRUE;
}
    else
{
    waveOutRestart(hWaveOut);
    bPaused = FALSE;
}
}
```

当代码添加完毕后,编译出来即可进行测试,下面列出测试时的截图,根据提示,单击"录音"按钮开始录音,这时对着板上的麦克风说话,程序开始录音,单击"停止"按钮结束录音,如图 3-6-2、图 3-6-3 所示。

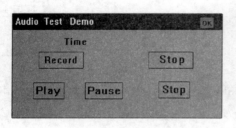

图 3-6-2 运作界面

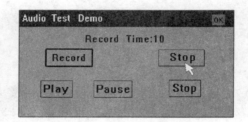

图 3-6-3 正在录音

此时可以单击"播放"按钮会循环播放刚才的录音。说明:该录音程序并不保存录音结果,如图 3-6-4 所示。

单击"暂停"按钮,暂停播放刚才的录音,如图 3-6-5 所示。

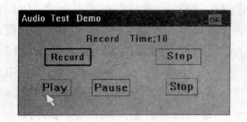

图 3-6-4 单击"播放"按钮

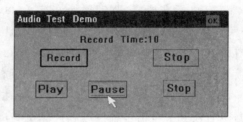

图 3-6-5 单击"暂停"按钮

3.6.3 实训知识检测

1. 编解码器指的是一个能够对一个信号或者一个数据流进行变换的设备或者程序。这里指的变换既包括将信号或者数据流进行编码或者提取得到一个编码流的操作,也包括为了观察或者处理从这个编码流中恢复适合观察或操作的形式的操作。编解码器经常用在视频会议和流媒体等应用中。

2. 采样率定义了每秒从连续信号中提取并组成离散信号的采样个数,它用赫兹来表示。采样频率的倒数称为采样周期或采样时间,它是采样之间的时间间隔。注意不要将采样率与比特率相混淆。

3. 采样定理表明采样频率必须大于被采样信号带宽的两倍,另一种等同的说法是奈奎斯特频率必须大于被采样信号的带宽。

4. 压缩的无损格式有哪些?(WAV、PCM、TTA、FLAC、AU、APE、TAK、WavPack)

5. 压缩的有损格式有哪些?(MP3、Windows Media Audio WMA、Ogg Vorbis(OGG)、AAC)

3.7 实训 27—串口测试

3.7.1 相关基础知识

1. RS-232-C 介绍

RS-232-C 是美国电子工业协会 EIA(Electronic Industry Association)制定的一种串行物理接口标准。RS 是英文"推荐标准"的缩写,232 为标识号,C 表示修改次数。RS-232-C 总线标准设有 25 条信号线,一般以 9 条信号线的接口出现。

在多数情况下主要使用主通道,对于一般双工通信,仅需几条信号线就可实现,如一条发送线、一条接收线及一条地线。

RS-232-C 标准规定的数据传输速率为每秒 50、75、100、150、300、600、1 200、2 400、4 800、9 600、19 200、38 400、57 600、115 200 波特,以及其他非标准的通信速率,比如 230 400 波特。

RS-232-C 标准规定,驱动器允许有 2 500 pF 的电容负载,通信距离将受此电容限制,例如,采用 150 pF/m 的通信电缆时,最大通信距离为 15 m;若每米电缆的电容量减小,通信距离可以增加。传输距离短的另一原因是 RS-232 属单端信号传送,存在共地噪声和不能抑制共模干扰等问题,因此一般用于 20 m 以内的通信。目前 RS-232 是 PC 与通信工业中应用最广泛的一种串行接口。RS-232 被定义为一种在低速率串行通信中增加通信距离的单端标准。在数据通信领域中包括各种终端和计算机端口在内的设备称作数据终端设备,即 DTE。与之相比,调制解调器和其他通信设备,则称作数据通信设备,即 DCE。数据终端设备和数据通信设备之间的分界是连接它们的插件,而对这一分界的说明,则是从:物理、电气以及逻辑上进行数据交换的规则,它是由接口标准规定的。最常用的 EIA RS-232 标准,EIA 标准的很多内容以被其他许多标准化组织所采纳。此标准限制数据终端设备和数据通信设备之间的电缆长度为 15 m,RS-232C 标准的另一部分是规定用电缆接头作为数据终端设备和数据通信设备的接插件,这就是熟知的 DB-25 接插件。电缆两端都装备有"凸形"插头,通常它被设计成能插到调制解调的 DB-25 凹形插座上。后来 IBM 的 PC 将 RS-232 简化成了 DB-9 连接器,从而成为事实标准。而工业控制的 RS-232 口一般只使用 RXD、TXD、GND 三条线。波仕电子对 RS-232 的通信距离标准进行了改进,增加到了 500～1 000 m。

RS-232 采取不平衡传输方式,即所谓单端通信。收、发端的数据信号是相对于信号地,如从 DTE 设备发出的数据在使用 DB9 连接器时是 3 脚相对 5 脚(信号地)的电平。典型的 RS-232 信号在正负电平之间摆动,在发送数据时,发送端驱动器输出正电平在+15～+5 V,负电平在-15～-5 V 电平。当无数据传输时,线上为 TTL,从开始传送数据到结束,线上电平从 TTL 电平到 RS-232 电平再返回 TTL 电平。接收器典型的工作电平在+3～+12 V 与 -12～-3 V。由于发送电平与接收电平的差仅为 2 V 至 3 V,所以其共模抑制能力差,再加上双绞线上的分布电容,其传送距离最大为约 15 m,最高速率为 20 bit/s。RS-232 是为点对点(即只用一对收、发设备)通信而设计的,其驱动器负载为 3～7 kΩ。所以 RS-232 适合本地设备之间的通信。

3.7.2　实训操作指南

1. 实训名称

编写一个串口测试程序,可以实现基本的收发数据(ASSIC 表示的字符、16 进制表示的字符和中文),保存接收的数据另存为到文本里面,还可以清除接收、发送的数据。

2. 实训目的

熟悉 Visual Studio 2008 集成开发环境以及相关配置。熟悉串口的编程,了解相关函数的用法。

3. 实训设备

(1) CORTEX A8 开发板,USB 延长线,USB 转串口线、交叉的双母头串口线。

(2) 安装 Windows 系统的 PC、Visual Studio 2008 集成开发环境。

4. 实训步骤及结果

(1) 硬件连接:

① 用 USB 转串口线的 USB 一端接主机的串口,另一端加交叉的双母头串口线接目标板的串口 3;

② 用一根同步线将主机和目标板相连;

③ 给开发板插上电源。

(2) 用 Visual Studio 2008 编译程序

① 启动 Visual Studio 2008,单击"文件"—"打开"—"项目/解决方案"打开光盘目录下的"wince 源程序\SerialPortDemo\SerialPort. sln"文件(请将光盘中的文件复制到硬盘中再做该操作),然后单击 Debug 按钮,如图 3-7-1 所示。

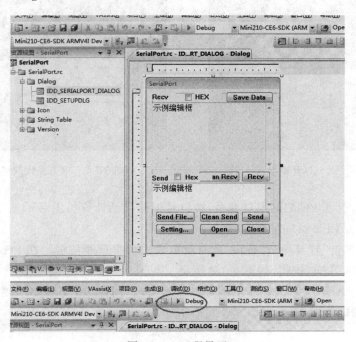

图 3-7-1　工程界面

② 程序运行后在目标板上显示的界面如图 3-7-2 所示。

③ 选择 COM4 端口号，波特率设置为 38 400，数据位为 8 位，停止位为 1，校验为 None，设置好后单击"OK"按钮，如图 3-7-3 所示。

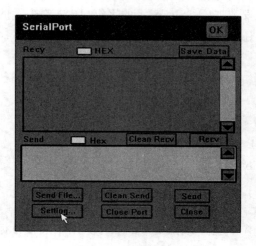

图 3-7-2　运行界面

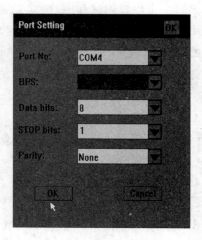

图 3-7-3　配置串口界面

④ 设置好端口后，单击"OK"按钮，单击"Open Port"按钮，打开端口，然后再单击"Recv"按钮使其可接收数据，如图 3-7-4、图 3-7-5 所示。

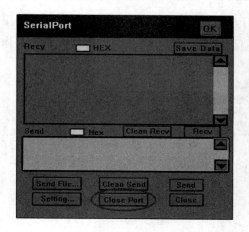

图 3-7-4　打开串口

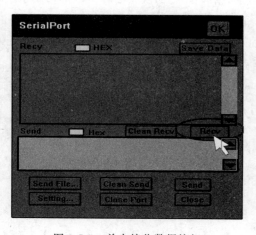

图 3-7-5　单击接收数据按钮

⑤ 设置好后，打开 PC 端的串口助手，端口号根据自己计算机上显示的 USB 设备的端口号而定，其他的信息如图 3-7-6、图 3-7-7 所示。

⑥ 设置好后单击"打开串口"按钮，此时就可以进行串口通信啦。在 PC 端的串口助手上面输入"军人"单击"发送"按钮，如图 3-7-8 所示。

⑦ 在 A8 板子的串口测试程序上就可以显示出来，同样 A8 上的串口测试程序也可以发送数据到 PC 端的串口助手上，如图 3-7-9 所示。

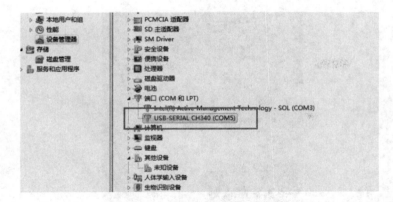

图 3-7-6 查看 PC 端的串口号

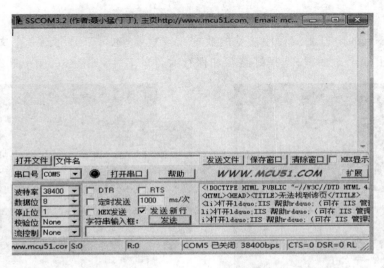

图 3-7-7 打开 PC 端串口助手

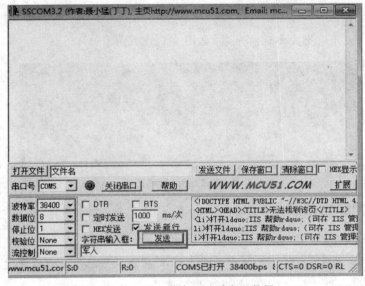

图 3-7-8 PC 端串口助手发送数据

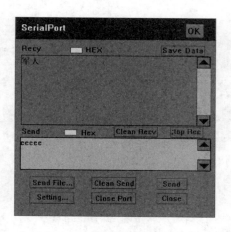

图 3-7-9　开发板接收到数据

⑧ 如果 A8 上的串口测试程序接受的数据比较重要，也可以另存到一个文本里，先单击"Save Data"弹出一个对话框，选择好路径和保存文件的名字，如图 3-7-10、图 3-7-11 所示。

图 3-7-10　开发板保存接收的数据

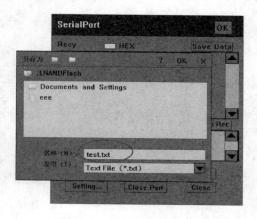

图 3-7-11　设置 txt 文件路径

⑨ 单击"OK"按钮就把文本保存成功，如图 3-7-12 所示。

图 3-7-12　保存成功

3.7.3　实训知识检测

1. 简单描述 RS-232-C。（略）

2. RS-232-C 标准规定，驱动器允许有 2 500 pF 的电容负载，通信距离将受此电容限制，例如，采用 150 pF/m 的通信电缆时，最大通信距离为 15 m；若每米电缆的电容量减小，通信距离可以增加。传输距离短的另一原因是 RS-232 属单端信号传送,存在共地噪声和不能抑制共模干扰等问题,因此一般用于 20 m 以内的通信。

3. 工业控制的 RS-232 口一般只使用 RXD、TXD、GND 三条线。波仕电子对 RS-232 的通信距离标准进行了改进,增加到了 500～1 000 m。

4. RS-232 采取不平衡传输方式,即所谓单端通信。

3.8　实训 28—线程的创建

3.8.1　相关基础知识

(1) 线程的定义

线程(英语:thread)是操作系统能够进行运算调度的最小单位。它被包含在进程之中,是进程中的实际运作单位。一条线程指的是进程中一个单一顺序的控制流,一个进程中可以并发多个线程,每条线程并行执行不同的任务。

(2) 线程的意义

一个采用了多线程技术的应用程序可以更好地利用系统资源。其主要优势在于充分利用了 CPU 的空闲时间片,可以用尽可能少的时间来对用户的要求做出响应,使得进程的整体运行效率得到较大提高,同时增强了应用程序的灵活性。更为重要的是,由于同一进程的所有线程是共享同一内存,所以不需要特殊的数据传送机制,不需要建立共享存储区或共享文件,从而使得不同任务之间的协调操作与运行、数据的交互、资源的分配等问题更加易于解决。

3.8.2　实训操作指南

1. 实训名称

编写一个创建线程程序,此线程不断画随机的矩形。

2. 实训目的

熟悉 Visual Studio 2008 集成开发环境以及相关配置。熟悉线程创建的过程,了解相关函数的用法。

3. 实训设备

(1) CORTEX A8 开发板,USB 延长线。

(2) 安装 Windows 系统的 PC、Visual Studio 2008 集成开发环境。

4. 实训步骤及结果

(1) 硬件连接

① 用 USB 转串口线的 USB 一端接主机的串口,另一端加交叉的双母头串口线接目标板的串口 3。

② 用一根同步线将主机和目标板相连。

③ 给开发板插上电源。

（2）开用 Visual Studio 2008 编译程序：

① 启动 Visual Studio 2008 如图 3-8-1 所示。

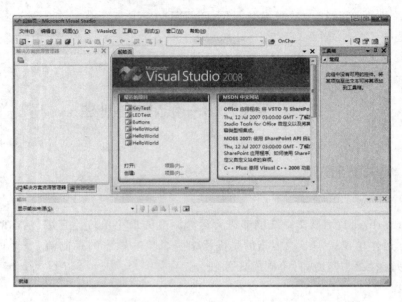

图 3-8-1　Visual Studio 启动界面

② 选择"文件"-"打开"-"项目"，在弹出的新建项目界面左侧的"项目类型"一栏选择 "Visual C++——智能设备"项，界面右侧的"模板"一栏选择"MFC 智能设备应用程序"，并在 界面下部的文件名称输入项目的相应名称（Thread Random Rect）和保存路径之后单击"确 定"按钮，保存设置，如图 3-8-2 所示。

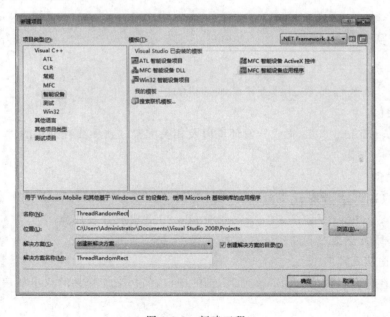

图 3-8-2　新建工程

（3）在 MFC 智能设备应用程序向导窗口中单击"下一步"按钮跳过，进入平台窗口，如图 3-8-3 所示。

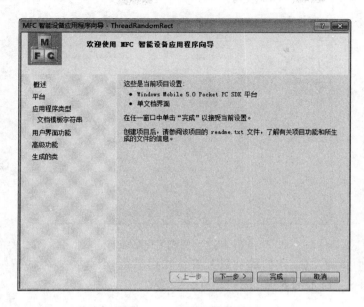

图 3-8-3　应用程序向导

（4）如图 3-8-4 所示，选择需要添加到项目中的 Platform SDK（Mini210-CE6-SDK）单击"下一步"按钮。

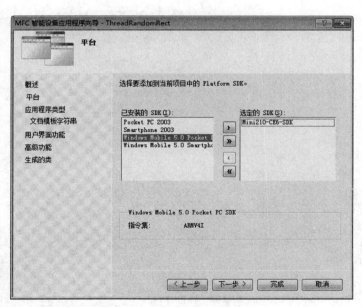

图 3-8-4　选择开发板 SDK

（5）在弹出的对话框（MFC 智能设备应用程序向导——Thread Random Rect）的"应用程序类型"中选择"基于对话框"，单击"完成"按钮，配置完毕如图 3-8-5 所示。

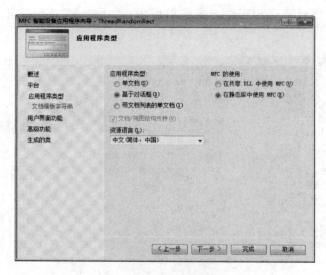

图 3-8-5　完成工程配置

（6）经过上面步骤之后，我们的项目配置工作已结束，会弹出工程的编辑页面。在"资源视图"制作如图 3-8-6 所示的界面。

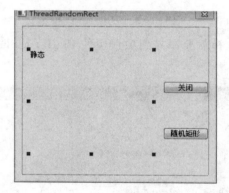

图 3-8-6　工程界面

程序的主要代码：

（1）"随机矩形"按钮对应的操作。

```
voidCThreadRandomRectDlg::OnBnClickedRectbutton()
{
    // TODO：在此添加控件通知处理程序代码
    DWORDdwThread；
    //获得控件的句柄
    HWNDhStatic = (HWND)GetDlgItem(IDC_STATIC1)；
    //获得线程的句柄
    hThread = CreateThread(NULL,0,ThreadPorc,(LPVOID)hStatic,0,&dwThread)；

    return；
}
```

（2）线程对应的回调函数。

```
DWORDWINAPICThreadRandomRectDlg::ThreadPorc(LPVOIDlParam)
{
    CWnd * hStatic = (CWnd * ) lParam;
    CClientDCpDC(hStatic);

    RECTrect ;
    RECTrectRect ;
    hStatic->GetClientRect(&rect);
    intwidth = rect.right - rect.left;
    inthight = rect.bottom - rect.top;
    HBRUSHbrush;
    intl,t,b,r;
    intred,green,blue;
    while(true)
    {
        l = rand() % width;
        t = rand() % hight;
        b = rand() % hight;
        r = rand() % width;
        red = rand() % 255;
        green = rand() % 255;
        blue = rand() % 255;
        rectRect.left = min(l,r);
        rectRect.top = min(t,b);
        rectRect.bottom = max(t,b) ;
        rectRect.right = max(l,r) ;
        ::FillRect(pDC, &rectRect,CreateSolidBrush(RGB(red,green,blue)));
        Sleep(500);
    }
    DeleteObject(brush);
    return 0;
}
```

（3）编译通过后，通过"启动调试"按钮就可以让程序在板子上跑起来，测试效果如
图 3-8-7、图 3-8-8 所示。

3.8.3　实训知识检测

1. 简述线程的定义。（略）

2. 简述线程的意义。（略）

图 3-8-7 运行界面   图 3-8-8 随机矩形界面

3.9 实训 29—Ping 通信

3.9.1 相关基础知识

1. Ping 命令介绍

（1）Ping 的工作原理

Ping，是用来检查网络是否通畅或者网络连接速度的命令。它所利用的原理是这样的：利用网络上机器 IP 地址的唯一性，给目标 IP 地址发送一个数据包，再要求对方返回一个同样大小的数据包来确定两台网络机器是否连接相通，时延是多少。

（2）Ping 的工作流程

我们以下面一个网络为例：有 A、B、C、D 四台机子，一台路由 RA，子网掩码均为 255.255.255.0，默认路由为 192.168.0.1。

① 在同一网段内

在主机 A 上运行"Ping 192.168.0.5"后，都发生了些什么呢？首先，Ping 命令会构建一个固定格式的 ICMP 请求数据包，然后由 ICMP 协议将这个数据包连同地址"192.168.0.5"一起交给 IP 层协议（和 ICMP 一样，实际上是一组后台运行的进程），IP 层协议将以地址"192.168.0.5"作为目的地址，本机 IP 地址作为源地址，加上一些其他的控制信息，构建一个 IP 数据包，并想办法得到 192.168.0.5 的 MAC 地址（物理地址，这是数据链路层协议构建数据链路层的传输单元——帧所必需的），以便交给数据链路层构建一个数据帧。关键就在这里，IP 层协议通过机器 B 的 IP 地址和自己的子网掩码，发现它跟自己属同一网络，就直接在本网络内查找这台机器的 MAC，如果以前两机有过通信，在 A 机的 ARP 缓存表应该有 B 机 IP 与其 MAC 的映射关系，如果没有，就发一个 ARP 请求广播，得到 B 机的 MAC，一并交给数据链路层。后者构建一个数据帧，目的地址是 IP 层传来的物理地址，源地址则是本机的物理地址，还要附加上一些控制信息，依据以太网的介质访问规则，将它们传送出去。

主机 B 收到这个数据帧后,先检查它的目的地址,并和本机的物理地址对比,如符合,则接收;否则丢弃。接收后检查该数据帧,将 IP 数据包从帧中提取出来,交给本机的 IP 层协议。同样,IP 层检查后,将有用的信息提取后交给 ICMP 协议,后者处理后,马上构建一个 ICMP 应答包,发送给主机 A,其过程和主机 A 发送 ICMP 请求包到主机 B 一模一样。

② 不在同一网段内

在主机 A 上运行"Ping 192.168.1.4"后,开始跟上面一样,到了怎样得到 MAC 地址时,IP 协议通过计算发现 D 机与自己不在同一网段内,就直接将交由路由处理,也就是将路由的 MAC 取过来,至于怎样得到路由的 MAC,跟上面一样,先在 ARP 缓存表找,找不到就广播吧。路由得到这个数据帧后,再跟主机 D 进行联系,如果找不到,就向主机 A 返回一个超时的信息。

3.9.2　实训操作指南

1. 实训名称

编写一个 Ping 通信程序,测试两台网络机器是否连接相通。

2. 实训目的

熟悉 Visual Studio 2008 集成开发环境以及相关配置。熟悉 Ping 通信工作流程,了解相关函数的用法。

3. 实训设备

(1) CORTEX A8 开发板,USB 延长线,一根网线。

(2) 安装 Windows 系统的 PC、Visual Studio 2008 集成开发环境。

4. 实训步骤及结果

(1) 硬件连接

① 用试验箱自带的网线将主机和目标板相连。

② 用一根同步线将主机和目标板相连。

③ 给开发板插上电源。

(2) 开用 Visual Studio 2008 编译程序

启动 Visual Studio 2008,单击"文件"-"打开"-"项目/解决方案"打开光盘目录下的"Windows CE 源程序\SamplePing\SamplePing.sln"文件(请将光盘中的文件复制到硬盘中再做该操作),然后单击 Debug 按钮,如图 3-9-1、图 3-9-2 所示。

程序运行后在目标板上显示的界面如图 3-9-3 所示。

程序默认的地址为"192.168.1.98",把此地址修改为与目标板相连的主机的 IP 地址,本测试程序中的主机 IP 地址为"192.168.1.145",修改后单击"Ping"按钮,测试结果如图 3-9-4、图 3-9-5 所示。

3.9.3　实训知识检测

1. 简述 Ping 的工作原理。(略)

2. 简述 Ping 的工作原理。(略)

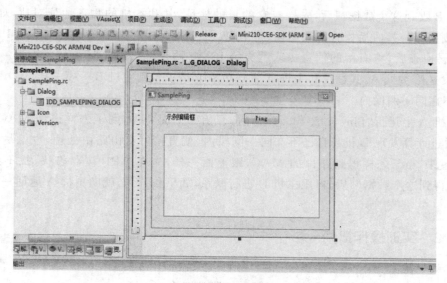

图 3-9-1　工程界面

图 3-9-2　运行下载程序

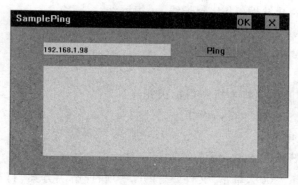

图 3-9-3　运行界面

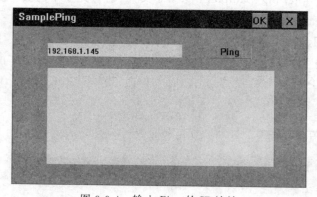

图 3-9-4　输入 Ping 的 IP 地址

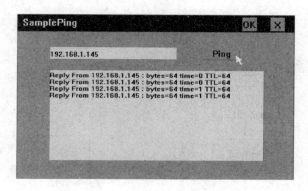

图 3-9-5　Ping 结果

3.10　实训 30—UDP 通信

3.10.1　相关基础知识

1. UDP 介绍

（1）UDP 的简介

UDP 协议的全称是用户数据报协议，在网络中它与 TCP 协议一样用于处理数据包，是一种无连接的协议。在 OSI 模型中，在第四层——传输层，处于 IP 协议的上一层。UDP 有不提供数据包分组、组装和不能对数据包进行排序的缺点，也就是说，当报文发送之后，是无法得知其是否安全完整到达的。UDP 用来支持那些需要在计算机之间传输数据的网络应用。包括网络视频会议系统在内的众多的客户/服务器模式的网络应用都需要使用 UDP 协议。

（2）UDP 协议的作用

UDP 协议的主要作用是将网络数据流量压缩成数据包的形式。一个典型的数据包就是一个二进制数据的传输单位。每一个数据包的前 8 个字节用来包含报头信息，剩余字节则用来包含具体的传输数据。

（3）UDP 的工作模式

UDP 流程图如图 3-10-1 所示。

3.10.2　实训操作指南

1. 实训名称

编写一个主机 UDP 和一个目标板 UDP 程序，实现主机和目标板 UDP 程序之间通信。

2. 实训目的

熟悉 Visual Studio 2008 集成开发环境以及相关配置。熟悉 UDP 通信工作流程，了解相关函数的用法。

3. 实训设备

（1）CORTEX A8 开发板，USB 延长线，一根网线。

（2）安装 Windows 系统的 PC、Visual Studio 2008 集成开发环境。

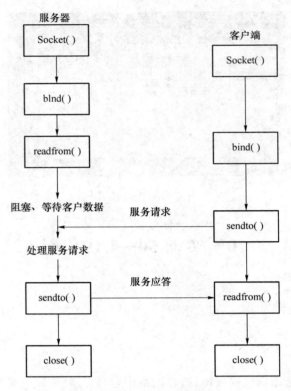

图 3-10-1　UDP 流程图

4. 实训步骤及结果

（1）硬件连接

① 用试验箱自带的网线将主机和目标板相连。

② 用一根同步线将主机和目标板相连。

③ 给开发板插上电源。

（2）开用 Visual Studio 2008 编译程序

启动 Visual Studio 2008，单击"文件"-"打开"-"项目/解决方案"打开光盘目录下的"Cortex A8\source\Wince 实训源程序\UDP\UDPSample\UDPSample. sln"文件（请将光盘中的文件复制到硬盘中再做该操作），然后单击 Debug 按钮，如图 3-10-2、图 3-10-3 所示。

程序运行后在目标板上显示的界面如图 3-10-4 所示。

把 IP 地址改为主机的 IP 地址，然后单击"建立连接"按钮，如图 3-10-5 所示。

然后再次启动 Visual Studio 2008（开始打开的 Visual Studio 2008 千万不要关闭，重新再打开另一个 Visual Studio 2008），单击"文件"-"打开"-"项目/解决方案"打开光盘目录下的"Cortex A8\source\Wince 实训源程序\PCUDP\PCUDP. sln"文件（请将光盘中的文件复制到硬盘中再做该操作），启动方式参考目标板，启动后修改远程目标板的 IP 地址（目标板 IP 地址默认为 230）。PC 端 UDP 程序，如图 3-10-6 所示。

然后单击"建立连接"按钮，两者就可以进行通信，图 3-10-7～图 3-10-10 是 UDP 通信测试时的截图。

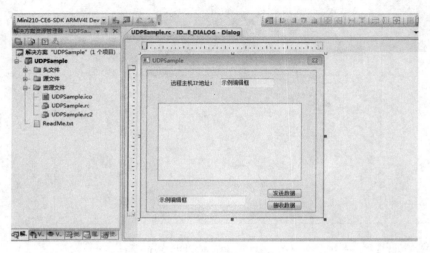

图 3-10-2　工程界面

图 3-10-3　运行下载程序

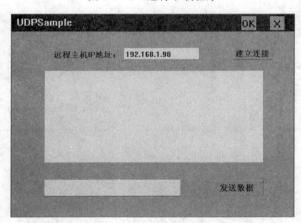

图 3-10-4　运行界面

图 3-10-5　建立连接

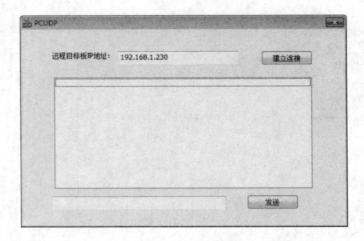

图 3-10-6　PC 端 UDP 程序

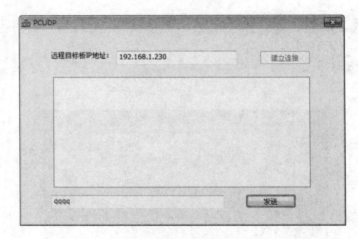

图 3-10-7　PC 端 UDP 建立连接

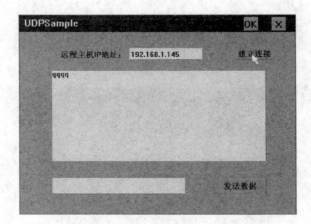

图 3-10-8　A8. 端 UDP 接收数据

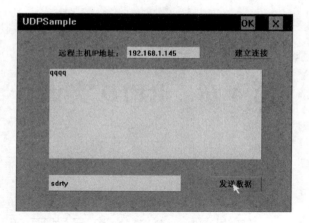

图 3-10-9　A8. 端 UDP 发送数据

图 3-10-10　PC 端 UDP 接收数据

3.10.3　实训知识检测

1. 简述 UDP 协议（略）
2. 简述 UDP 协议的作用。（略）
3. 简述 UDP 的工作模式。（略）

第 4 章 RFID 实训

4.1 实训 31—RFID 读写器原理

4.1.1 相关基础知识

1. RFID 读写器介绍

RFID 技术是一种非接触的自动识别技术,通过无线射频的方式进行非接触双向数据通信,对目标加以识别并获取相关数据。RFID 系统通常主要由电子标签、读写器、天线 3 部分组成。读写器对电子标签进行操作,并将所获得的电子标签信息反馈给 PC。射频识别技术以其独特的优势,逐渐被广泛应用于生产、物流、交通运输、防伪、跟踪及军事等方面。按工作频段不同,RFID 系统可以分为低频、高频、超高频和微波等几类。目前,大多数 RFID 系统为低频和高频系统,但超高频频段的 RFID 系统具有操作距离远,通信速度快,成本低,尺寸小等优点,更适合未来物流、供应链领域的应用。尽管目前,RFID 超高频技术的发展已比较成熟,也已经有了一些标准,标签的价格也有所下降;但 RFID 超高频读写器却有变得更大,更复杂和更昂贵的趋势,其消耗能量将更多,制造元件达数百个之多。

读写器的内部结构框图如图 4-1-1 所示。

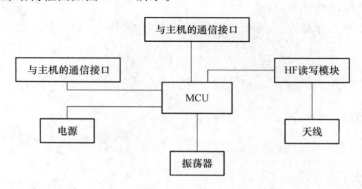

图 4-1-1 读写器内部结构图

振荡器:振荡器电路产生符合 RFID 系统要求的射频振荡频率,一路经过时钟电路产生 MCU 所需要的时钟信号,另一路经过载波形成电路产生读写器工作的载波信号。本模块采用 13.56 MHz 的震荡频率。

发送通道：发送通道包括编码、调制和功率放大电路，用于向电子标签传送命令和写数据。

接收通道：接收通道包括解调、解码电路，用于接收电子标签返回的应答信息和数据。同时还应该考虑防碰撞电路的设计。

微控制器（MCU）：MCU 是读写器工作的核心，完成收发控制、向标签发送命令和写数据、标签数据读取和处理、与应用系统的高层进行通信等任务。本模块采用 FM1701 做 MCUFM1701 是复旦微电子股份有限公司设计的非接触卡读卡机专用芯片，采用 0.6 微米 CMOS EEPROM 工艺，支持 13.56 MHz 频率下的 typeA 非接触通信协议，支持 MIFARE 加密算法，兼容 Philips 的 MF RC500 读卡机芯片。

电源管理器：通过读射频读写部分的独立电源控制，系统可以在 MCU 中根据需要选择开启或者关闭射频读写功能。当应用系统有低功耗要求，不需要射频模块芯片一直工作的时候，这种控制方式是必不可少的。

天线：天线的作用就是产生磁通量，为无源标签提供电源，在读写设备和标签之间传送信息。天线的有效电磁场范围就是系统的工作区域。

4.1.2　实训操作指南

1. 实训名称
RFID 读写器原理，实训核心是 RFID 读写器及无源 RFID 读写卡。

2. 实训目的
了解 RFID 读写器的原理，理解非接触式无源 RFID 卡的双向数据通信过程。

3. 实训设备
（1）硬件。

① PC（一台，Windows 操作系统）。

② RFID 读写器及无源 RFID 读写卡如图 4-1-2 所示。

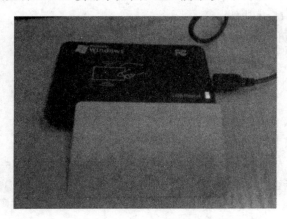

图 4-1-2　RFID 读写器及无源 RFID 读写卡

（2）软件：Visual Basic 读写程序。

4. 实训步骤及结果
打开 C:\Users\abc\Desktop\我的文件\RFID 读写器模块\M1 USB 读写器开发包\VB\ M1_VB.exe。

Visual Basic 读子程序如图 4-1-3 所示。

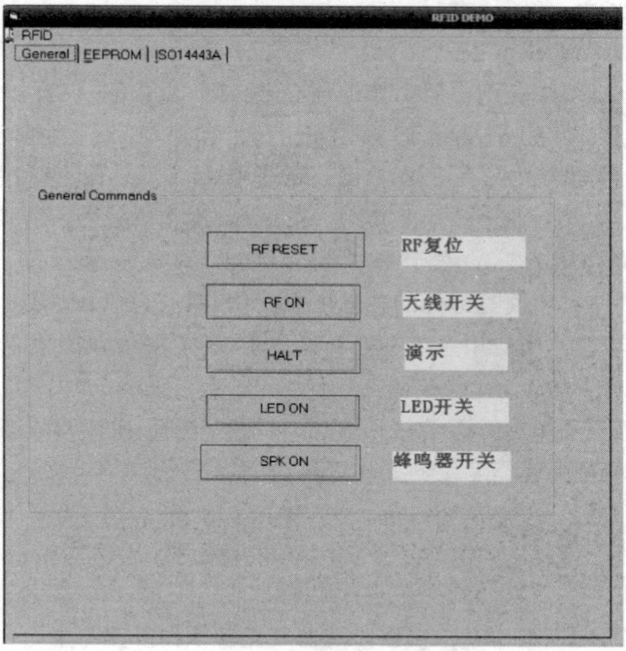

图 4-1-3　Visual Basic 读写程序

（1）RF RESET

当使用环境不好，可能引起 RF 模块不能正常工作，用来复位 RF 模块，复位后天线是关闭状态。

（2）RF ON/OFF 开关天线

当要操作卡时先打开天线，不操作时可关闭以省电。

（3）Halt 演示卡片 Halt 功能

当操作一张卡片后可用 Halt 功能停止操作它。

（4）LED ON/OFF

操作 LED，LED ON 时绿色，LED OFF 时红色。

（5）SPK ON/OFF

操作 SPK，SPK ON 时响，SPK OFF 时关。

（6）机器 EEPROM 操作（图 4-1-4）

EEPROM 有 1K 字节分成 16 个区每区又分成 4 段每一段中有 16 个字节每个区的最后一个段称为尾部，它包括两个密钥和这个区中每一个段的访问条件可编程。

机器只读 EEPROM 有 1 块，每块 16 字节，编号 0。

机器可读写操作的 EEPROM 有 7 块，每块 16 字节，编号 1～7。

机器只写 EERPM 用于保存密钥，共可 32 组密钥，编号 0～31，操作卡片时可选择用机器里的密钥来认证。

保存在机器 EEPROM 里的数据，掉电不丢失。

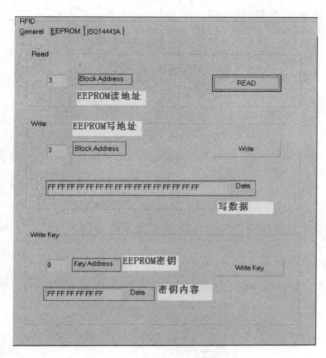

图 4-1-4　机器 EEPROM 操作

4.1.3　实训知识检测

1. RFID 技术是一种非接触的自动识别技术，通过无线射频的方式进行非接触双向数据通信，对目标加以识别并获取相关数据。

2. RFID 系统通常主要由电子标签、读写器、天线 3 部分组成。读写器对电子标签进行操作，并将所获得的电子标签信息反馈给 PC。

3. 射频识别技术以其独特的优势，逐渐被广泛应用于生产、物流、交通运输、防伪、跟踪及军事等方面。按工作频段不同，RFID 系统可以分为低频、高频、超高频和微波等几类。

4. 简述读写器的内部结构。

4.2　实训 32—RFID 电子标签的数据存储

4.2.1　相关基础知识

1. RFID 标签结构原理

无源 RFID 标签本身不带电池，依靠读卡器发送的电磁能量工作。由于它结构简单、经济实用，因而获得广泛的应用。无源 RFID 标签由 RFID IC、谐振电容 C 和天线 L 组成，天线与电容组成谐振回路，调谐在读卡器的载波频率，以获得最佳性能。生产厂商大多遵循国际电信联盟的规范，RFID 使用的频率有 6 种，分别为 135 kHz、13.56 MHz、43.3～92 MHz、860～930 MHz(即 UHF)、2.45 GHz 以及 5.8 GHz。无源 RFID 主要使用前两种频率。本卡使用的是 13.56 MHz。

（1）RFID 无源标签的内部结构（图 4-2-1）

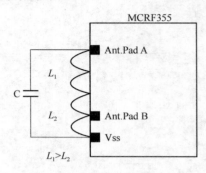

图 4-2-1　RFID 无源标签内部结构

外接两个电感和一个电容（图 4-2-2），相应的谐振频率为：

F（谐调）＝1/2p

F（去谐调）＝1/2p

$L_T = L_1 + L_2 + L_m$ 其中 L_m 是互感系数 K，K 是两个电感间的耦合系数（$0 \leqslant K \leqslant 1$）。

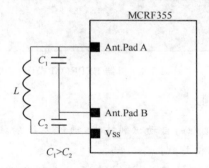

图 4-2-2　RFID 无源标签外接电路

外接 1 个电感和 2 个电容，相应的谐振频率为

F（谐调）＝1/2p

F（去谐调）＝1/2p

$$C_T = C_1 C_2 / C_1 + C_2$$

无源 RFID 标签由 RFID IC、谐振电容 C、天线 L 组成，天线与电容组成谐振回路，调谐在读卡器的载波频率，以获得最佳性能。

（2）天线

RFID 标签天线有两种天线形式，①线绕电感天线；②在介质底板上压印或印刷刻腐的盘旋状天线。天线形式由载波频率，标签封装形式，性能和组装成本等因素决定。

（3）RFID IC

RFID IC 内部具备一个 154 位的存储器，用以存储标签数据，IC 内部还有一个通道电阻极低的 COMS 调制门控管，以一定的频率工作，读写器向 M1 卡发一组固定频率的电磁波，卡片内有一个 LC 串联谐振电路，其频率与读写器发射的频率相同，在电磁波的激励下，LC 谐振电路产生共振，从而使电容内有了电荷，在这个电容的另一端，接有一个单向导通的电子泵，将电容内的电荷送到另一个电容内储存，当所积累的电荷达到 2 V 时，此电容可做为电源为其他电路提供工作电压，将卡内数据发射出去或接取读写器的数据。

2. RFID 标签主要性能

- 容量为 8 K 位 EEPROM。
- 分为 16 个扇区,每个扇区为 4 块,每块 16 个字节,以块为存取单位。
- 每个扇区有独立的一组密码及访问控制。
- 每张卡有唯一序列号,为 32 位。
- 具有防冲突机制,支持多卡操作。
- 无电源,自带天线,内含加密控制逻辑和通信逻辑电路。
- 数据保存期为 10 年,可改写 10 万次,读无限次。
- 工作温度:−20～50 ℃(湿度为 90%)。
- 工作频率:13.56 MHz。
- 通信速率:106 kbit/s。
- 读写距离:10 cm 以内(与读写器有关)。
- 存储结构。

M1 卡分为 16 个扇区,每个扇区有 4 块(块 0、块 1、块 2、块 3)组成,(我们也将 16 个扇区的 64 个块按绝对地址编号为 0～63),其存储结构如图 4-2-3 所示。

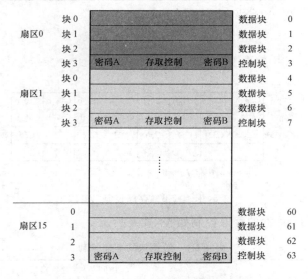

图 4-2-3　RFID 无源标签存储结构

第 0 扇区的块 0(即绝对地址 0 块),它用于存放厂商代码,已经固化,不可更改。

每个扇区的块 0、块 1、块 2 为数据块,可用于存储数据。

数据块可作两种应用:

- 用作一般的数据保存,可以进行读、写操作。
- 用作数据值,可以进行初始化值、加值、减值、读值操作。

每个扇区的块 3 为控制块,包括了密码 A、存取控制、密码 B。具体结构如图 4-2-4 所示。

图 4-2-4　RFID 无源标签扇区控制块结构

每个扇区的密码和存取控制都是独立的，可以根据实际需要设定各自的密码及存取控制。存取控制为 4 个字节，共 32 位，扇区中的每个块（包括数据块和控制块）的存取条件是由密码和存取控制共同决定的，在存取控制中每个块都有相应的三个控制位，定义如下：

- 块 0：C10 C20 C30
- 块 1：C11 C21 C31
- 块 2：C12 C22 C32
- 块 3：C13 C23 C33

三个控制位以正和反两种形式存在于存取控制字节中，决定了该块的访问权限（如进行减值操作必须验证 KEY A，进行加值操作必须验证 KEY B，等等）。三个控制位在存取控制字节中的位置，以块 0 为例，如图 4-2-5 所示。

对块 0 的控制：

bit	7	6	5	4	3	2	1	0
字节6				C20_b				C10_b
字节7				C10				C30_b
字节8				C30				C20
字节9								

（注：C10_b表示C10取反）

图 4-2-5　块 0 控制位

存取控制（4 字节，其中字节 9 为备用字节）结构如图 4-2-6 所示。

bit	7	6	5	4	3	2	1	0
字节6	C23_b	C22_b	C21_b	C20_b	C13_b	C12_b	C11_b	C10_b
字节7	C13	C12	C11	C10	C33_b	C32_b	C31_b	C30_b
字节8	C33	C32	C31	C30	C23	C22	C21	C20
字节9								

（注：_b表示取反）

图 4-2-6　存储控制

数据块（块 0、块 1、块 2）的存取控制如表 4-2-1 所示。

表 4-2-1　数据块的存储控制

控制位（X=0.2）			访问条件（对数据块 0、1、2）			
C1X	C2X	C3X	Read	Write	Increment	Decrement，transfer，Restore
0	0	0	KeyA|B	KeyA|B	KeyA|B	KeyA|B
0	1	0	KeyA|B	Never	Never	Never
1	0	0	KeyA|B	KeyB	Never	Never
1	1	0	KeyA|B	KeyB	KeyB	KeyA|B
0	0	1	KeyA|B	Never	Never	KeyA|B
1	0	1	KeyB	KeyB	Never	Never
1	0	1	KeyB	Never	Never	Never
1	1	1	Never	Never	Never	Never

（KeyA|B 表示密码 A 或密码 B，Never 表示任何条件下不能实现）

例如：当块 0 的存取控制位 C10 C20 C30＝100 时，验证密码 A 或密码 B 正确后可读；验证密码 B 正确后可写；不能进行加值、减值操作。

控制块块 3 的存取控制与数据块（块 0、1、2）不同，它的存取控制如表 4-2-2 所示。

表 4-2-2　控制块 3 的存取控制

C13	C23	C33	密码 A		存取控制		密码 B	
			Read	Write	Read	Write	Read	Write
0	0	0	Never	KeyA|B	KeyA|B	Never	KeyA|B	KeyA|B
0	1	0	Never	Never	KeyA|B	Never	KeyA|B	KeyA|B
1	0	0	Never	KeyB	KeyA|B	Never	Never	KeyB
1	1	0	Never	Never	KeyA|B	Never	Never	Never
0	0	1	Never	KeyA|B	KeyA|B	KeyA|B	KeyA|B	KeyA|B
0	1	0	Never	KeyB	KeyA|B	KeyB	Never	KeyB
1	0	0	Never	Never	KeyA|B	KeyB	Never	Never
1	1	1	Never	Never	KeyA|B	Never	Never	Never

例如：当块 3 的存取控制位 C13 C23 C33＝100 时，表示：

- 密码 A：不可读，验证 KEYA 或 KEYB 正确后，可写（更改）。
- 存取控制：验证 KEYA 或 KEYB 正确后，可读、可写。
- 密码 B：验证 KEYA 或 KEYB 正确后，可读、可写。

4.2.2　实训操作指南

1. 实训名称

RFID 电子标签的数据存储，以 RFID 读写器及无源 RFID 读写卡为实训核心。

2. 实训目的

了解无源 RFID 标签的数据存储方式，以及数据存储结构。

3. 实训设备

（1）硬件：

① PC（一台，Windows 操作系统）。

② RFID 读写器及无源 RFID 读写卡，如图 4-2-7 所示。

（2）软件：Visual Basic 读写程序。

4. 实训步骤及结果

操作说明：Visual Basic 读写程序，如图 4-2-8 所示。

Block：Block，卡片绝对块号（扇区号×4＋块号），16 个扇区，每个扇区由 4 块，则有 64 块，编号 0～63。

可以对着 64 块有不同读写操作。

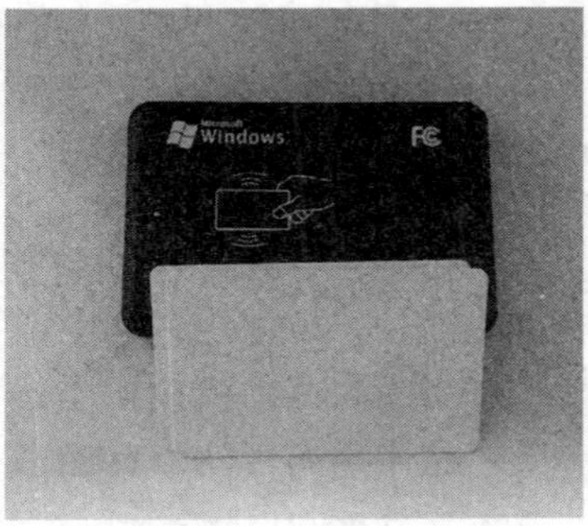

图 4-2-7　RFID 读写器
及无源 RFID 读写卡

4.2.3　实训知识检测

1. 无源 RFID 标签本身不带电池，依靠读卡器发送的电磁能量工作。由于它结构简单、经济实用，因而获得广泛的应用。

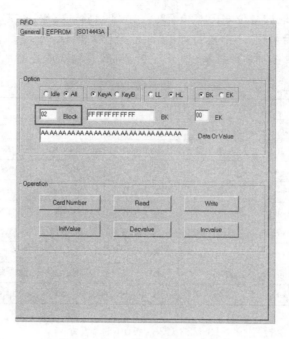

图 4-2-8　Visual Basic 读写程序

2. 无源 RFID 标签由<u>RFID IC</u>、<u>谐振电容 C</u> 和<u>天线 L</u> 组成，天线与电容组成谐振回路，调谐在读卡器的载波频率，以获得最佳性能。

3. 生产厂商大多遵循国际电信联盟的规范，RFID 使用的频率有 6 种，分别为<u>135 kHz</u>、<u>13.56 MHz</u>、<u>43.3～92 MHz</u>、<u>860～930 MHz</u>、<u>2.45 GHz</u> 以及<u>5.8 GHz</u>。无源 RFID 主要使用前两种频率。

4.3　实训 33—RFIDISO14443 协议及命令

4.3.1　相关基础知识

1. ISO14443 特性

ISO14443 标准的非接触式卡专用芯片，支持 13.56 MHz 频率下的 typeA 与 typeB 两种非接触通信协议，具有以下特性：

➤ 高集成度的模拟电路，只需最少量的外围线路；

➤ 操作距离可达 6 cm；

➤ 支持 ISO14443 typeA 及 typeB 协议；

➤ 内部带有加密单元及保存密钥的 EEPROM；

➤ 支持灵活的加密协议；

➤ 支持六种接口模式；

➤ 包含 64byte 的 FIFO；

➤ 数字电路具有 TTL/CMOS 两种电压工作模式；

➤ 软件控制的 powerdown 模式；

> ➢ 一个可编程计时器；
> ➢ 一个中断处理器；
> ➢ 一个串行输入/输出口；
> ➢ 启动配置可编程；
> ➢ 数字,模拟和发射模块都有独立的电源供电。

2. ISO14443 功能框图

芯片可分为模拟、数字和存储单元三部分。模拟部分主要包括发射电路和接收电路,数字部分由控制逻辑和存储单元组成。

(1) 模拟部分:上电/掉电复位电路、时钟产生电路、发射电路、接收解调电路等。

(2) 数字部分:逻辑控制电路、微处理器接口、串行接口、存储器接口、数据帧产生及其校验/编码解码电路、计时器、中断控制器等。

(3) 存储器:带页写的低功耗 EEPROM,容量 512Byte 用作 FIFO 的 RAM,容量 64Byte。

RFID 读写器功能框图如图 4-3-1 所示。

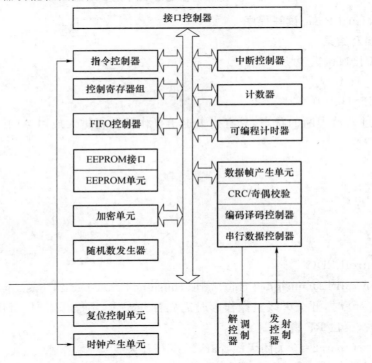

图 4-3-1　RFID 读写器功能框图

4.3.2　实训操作指南

1. 实训名称

RFID ISO14443 协议及命令。

2. 实训目的

掌握 RFID ISO14443 协议及命令,以及数据之间的通信方式。

3. 实训设备

(1) 硬件:

① PC(一台,Windows 操作系统)。

② RFID 读写器及无源 RFID 读写卡如图 4-3-2 所示。

图 4-3-2　RFID 读写器及无源 RFID 读写卡

（2）软件：Visual Basic 读写程序。

4. 实训步骤及结果

ISO14443A 接口函数说明：

（1）int MF_Halt()

名称：int MF_Halt()

功能：使卡进入被中断的状态，只有当卡退出操作范围再进入或用 ALL 操作模式，才能操作卡。

输入：

输出：

返回：

0 操作成功

1 操作失败

（2）int ControlLED()

名称：intControlLED(unsigned char para1, unsigned char para2, unsigned char ＊ buf)

功能：para1＝0 时，开关天线。操作卡时需先打开天线，不操作卡时，可用来关闭天线以省电 para1＝1 时，复位 RF 模块。

输入：para1＝0 para2＝0 关闭天线，para2＝1 打开天线。

输出：操作失败，则 buf[0]为错误代码。

操作成功，则 buf[0]为成功标志，即为 0x80。

返回：

■操作成功

■操作失败

（3）int ControlBuzzer(),ControlLED(0,1,buf)打开天线

名称：int ControlBuzzer(unsigned char para1, unsigned char para2, unsigned char ＊ buf)

功能：操作 LED 和 SPK 的状态。

输入：

■para1＝0：操作 LED。

■para2＝0,红色 LED 亮绿色 LED 灭

■para2＝1,绿色 LED 亮红色 LED 关

■para1＝1:操作 SPK

■para2＝0,SPK 关

■para2＝1,SPK 响

输出:操作失败,则 buf[0]为错误代码。

操作成功,则 buf[0]为成功标志,即为 0x80。

返回:

■操作成功

■操作失败

(4) ControlBuzzer()

ControlBuzzer(1,1,buf)SPK 响

(5) int MF_Getsnr()

名称:int MF_Getsnr(unsigned char para1,unsigned char para2,unsigned char * buf1, unsigned char * buf2)

功能:读取卡片唯一卡号。

输入:

■para1＝0 读取在 IDLE 状态卡片卡号

■para1＝1 读取所有状态卡片卡号

■para2＝0

输出:操作失败,则 buf1[0]为错误代码。

操作成功,则 buf2[0…3]为卡号

返回:

■操作成功

■操作失败

举例:int MF_Getsnr(1,0,buf1,buf2)读取所有状态卡片卡号。

(6) int MF_Read()

名称:int MF_Read(unsigned char para1, unsigned char para2, unsigned char para3,unsigned char * buf1,unsigned char * buf2)

功能:读取卡片块或机器 EEPROM 内容。

输入:para1.0＝0 操作在 IDLE 状态卡片

para1.0＝1 操作所有状态卡片

para1.1＝0 操作密钥为 A 密钥

para1.1＝1 操作密钥为 B 密钥

para1.4＝0 用 buf1 里的密钥

para1.4＝1 用机器 EEPROM 里的密钥

para1.5＝0 做操作卡前的所有步骤

para1.5＝1 仅做读卡单一步骤

para1.6＝0 操作卡片块内容

para1.6＝1 操作机器 EEPROM 内容

para2 操作卡片时的块号

para2＝1 操作机器 EEPROM 时

para3＝1

  buf1   para1.4＝0 时 buf1[0..5]为操作密钥

     para1.4＝1 时 buf1[0]在机器 EEPROM 里密钥编号

输出:操作失败,则 buf2[0]为错误代码。

读取卡片成功时,buf1[0…3]为卡片卡号,buf2[0…15]为卡片内容。

读取机器 EEPROM 成功时,buf1[0…3]为机器版本号,buf2[0…15]为 EEPROM 内容。

返回:

■操作成功

■操作失败

（7）int MF_Write()

名称:int MF_Write(unsigned char para1,unsigned char para2, unsigned char para3,unsigned char ＊ buf1,unsigned char ＊ buf2)

功能:写入卡片块或机器 EEPROM 内容。

输入:para1.0＝0 操作在 IDLE 状态卡片

  para1.0＝1 操作所有状态卡片

  para1.1＝0 操作密钥为 A 密钥

  para1.1＝1 操作密钥为 B 密钥

  para1.4＝0 用 buf1 里的密钥

  para1.4＝1 用机器 EEPROM 里的密钥

  para1.5＝0 做操作卡前的所有步骤

  para1.5＝1 仅做写卡单一步骤

  para1.6＝0 操作卡片块内容

  para1.6＝1 操作机器 EEPROM 内容

para2 操作卡片时的块号

para2＝1 操作机器 EEPROM 时

  para3＝1

  buf1   para1.4＝0 时 buf1[0..5]为操作密钥

     para1.4＝1 时 buf1[0]在机器 EEPROM 里密钥编号

  buf2 写入的内容

输出:操作失败,则 buf2[0]为错误代码。

写入卡片成功时,buf1[0…3]为卡片卡号。

写入机器 EEPROM 成功时,buf1[0…3]为机器版本号。

返回:

■操作成功

■操作失败

（8）int MF_InitValue()

名称:int MF_InitValue(unsigned char para1,unsigned char para2, unsigned char ＊ buf1,unsigned char ＊ buf2)

功能:初始化卡片值块

输入:para1.0＝0 操作在 IDLE 状态卡片

　　para1.0＝1 操作所有状态卡片

　　para1.1＝0 操作密钥为 A 密钥

　　para1.1＝1 操作密钥为 B 密钥

　　para1.4＝0 用 buf1 里的密钥

　　para1.4＝1 用机器 EEPROM 里的密钥

　　para1.5＝0 做操作卡前的所有步骤

　　para1.5＝1 仅做初始化单一步骤

para2 卡片块号

　　　buf1　para1.4＝0 时 buf1[0..5]为操作密钥

　　　　　　para1.4＝1 时 buf1[0]在机器 EEPROM 里密钥编号

　　　buf2 初始化

输出:操作失败,则 buf1[0]为错误代码。

操作成功,buf1[0…3]为卡片卡号。

返回:

■操作成功

■操作失败

(9) int MF_Dec()

名称:int MF_Dec(unsigned char para1, unsigned char para2, unsigned char ＊ buf1,unsigned char ＊ buf2)

功能:卡片块减值

输入:para1.0＝0 操作在 IDLE 状态卡片

　　para1.0＝1 操作所有状态卡片

　　para1.1＝0 操作密钥为 A 密钥

　　para1.1＝1 操作密钥为 B 密钥

　　para1.4＝0 用 buf1 里的密钥

　　para1.4＝1 用机器 EEPROM 里的密钥

　　para1.5＝0 做操作卡前的所有步骤

　　para1.5＝1 仅做单一减值步骤

para2 卡片块号

　　　buf1　para1.4＝0 时 buf1[0..5]为操作密钥

　　　　　　para1.4＝1 时 buf1[0]在机器 EEPROM 里密钥编号

　　　buf2 减值

输出:操作失败,则 buf1[0]为错误代码。

操作成功,buf1[0…3]为卡片卡号。

返回:

■操作成功

■操作失败

(10) int MF_Inc()

名称:int MF_Inc(unsigned char para1, unsigned char para2, unsigned char ＊ buf1,unsigned char ＊ buf2)

功能：卡片块加值

输入：para1.0＝0 操作在 IDLE 状态卡片

para1.0＝1 操作所有状态卡片

para1.1＝0 操作密钥为 A 密钥

para1.1＝1 操作密钥为 B 密钥

para1.4＝0 用 buf1 里的密钥

para1.4＝1 用机器 EEPROM 里的密钥

para1.5＝0 做操作卡前的所有步骤

para1.5＝1 仅做单一加值步骤

para2 卡片块号

buf1　para1.4＝0 时 buf1[0..5]为操作密钥

　　　para1.4＝1 时 buf1[0]在机器 EEPROM 里密钥编号

buf2 加值

输出：操作失败，则 buf1[0]为错误代码。

操作成功，buf1[0…3]为卡片卡号。

返回：

■操作成功

■操作失败

举例说明。

错误代码：

0x83　没有检测到卡

0x84　数据错误

0x85　参数错误

0x8B　防冲突错误

0x8C　密钥错误

0x8F　未知命令

0xA0　复位 RF 模块失败

测试说明。

未发现卡如图 4-3-3 所示。

防碰撞失败如图 4-3-4 所示。

未知命令如图 4-3-5 所示。

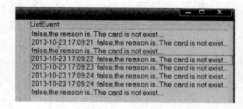

图 4-3-3　卡操作结果（一）

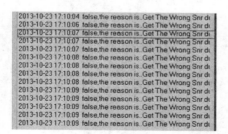

图 4-3-4　卡操作结果（二）

图 4-3-5　卡操作结果（三）

4.3.3　实训知识检测

1. ISO14443 标准的非接触式卡专用芯片，支持 13.56 MHz 频率下的 typeA 与 typeB 两种非接触通信协议。

2. 片可分为模拟、数字和存储单元三部分。模拟部分主要包括发射电路和接收电路，数字部分由控制逻辑和存储单元组成。

4.4　实训 34—基于 ISO14443 TYPEA 协议的 M1 卡认证及读写数据

4.4.1　相关基础知识

1. M1 卡结构原理

M1 卡是非接触式感应卡，数据保存期为 10 年，可改写 10 万次，读无限次。无电源，自带天线，工作频率为 13.56 MHz。内含加密控制逻辑和通讯逻辑电路。一般主要有两种，S50 和 S70。

（1）M1 卡的结构

S50 容量 1KB，16 个扇区（Sector），每个扇区 4 块（Block）（块 0～3），共 64 块，按块号编址为 0～63。每个扇区有独立的一组密码及访问控制。第 0 扇区的块 0（即绝对地址 0 块）用于存放厂商代码，已经固化，不可更改。其他各扇区的块 0、块 1、块 2 为数据块，用于存储数据；块 3 为控制块，存放密码 A、存取控制、密码 B。

另一种是 S70，4KB（字节）的存储容量，即 32 kbit（位）的存储容量。S70 卡和 S50 卡在协议和命令上是完全兼容的，唯一不同的就是两种卡的容量，S70 卡一共有 40 个扇区，前面 32 个扇区（0 ～ 31）和 S50 卡一模一样。后面 8 个扇区（32 ～ 39），每个扇区都是 16 个块，同样每个块 16 个字节，并且同样是最后一块是该扇区的密码控制块。

（2）M1 卡的运作机理

连接读写器→寻卡→识别卡（获取卡序列号）→从多卡中选一张卡→向卡中缓冲区装载密码→验证密码→进行读写→关闭连接即：（代码说明）Open_USB→rf_request→rf_anticoll→rf_select→rf_load_key→rf_authentication→（/a_hex）→rf_read/rf_write→（hex_a）→Close_USB 如果概括来说的话，主要也就四部分：开关连接、寻卡、验证密码、读取（至于详细程序代码，相信看过 dll 说明文档后，会明白的）。

（3）M1 卡的功能模式

① 寻卡模式

寻卡模式分三种情况：IDLE 模式、ALL 模式及指定卡模式（0，1，2 均是 int 类型，是方法参数，下同）。

0——表示 IDLE 模式，一次只对一张卡操作；

1——表示 ALL 模式，一次可对多张卡操作；

2——表示指定卡模式，只对序列号等于 snr 的卡操作（高级函数才有）【不常用】也就是说，我们一次也可以同时操作多张卡。

对于多卡操作,其实际真正执行操作的还是一张卡。读写器能识别多张卡的序列号(识别出的顺序是不定的,并且最多也就能识别 4 张卡,因为卡叠放的厚度太厚,会超出读写器的识别范围),并一一进行操作。

所以,多卡操作的意义并不大。但建议还是设置为 1 好。

② 密码验证机制

0——KEYSET0 的 KEYA

4——KEYSET0 的 KEYB

M1 卡可以在验证密码时选择密码类型(A/B)。【其实 M1 卡有 3 套密码(KEYSET0、KEYSET1、KEYSET2),共 6 个密码(用 0~2、4~6 来表示这六个密码),目的是为了适应不同读写器。这里用的是 KEYSET0 的 2 个密码。】

2. M1 卡读写

(1) M1 卡读写演示说明

① 每次进行设备操作,都必须先打开设备端口,进行设置。单击"设备管理"进行设置。

② 在对任何类型的卡操作之前,先利用 DEMO 测试一下卡的类型是否正确,设置卡型。

③ 装载设备密码,是将密码装载到读卡器的设备中去。此功能一般限于 M1 卡。

应根据实际需要的情况的情况,装载密码到设备中去。装载到设备中的密码和卡片密码进行比对后,才能对卡进行操作。

(2) M1 卡操作

① 读写用户信息,是针对在读卡器里设备的数据进行读、写的操作。

② 在"卡型操作"里的 MIFARE ONE/S70 卡的读写操作中,要先校验卡密码,才能进行卡的操作。同时,校验哪个块区的密码,下面的读写卡操作就是操作哪个块区。

③ 在"卡型操作"里的 MIFARE ONE/S70 卡的写操作中,以"ASCII 方式"写入数据时,若长度不够要以空格补齐,否则系统要有提示"写入长度不够",不能进行卡的写入操作。

4.4.2 实训操作指南

1. 实训名称

基于 ISO14443 TYPEA 协议的 M1 卡认证及读写数据,实训核心是 RFID 读写器及无源 RFID 读写卡。

2. 实训目的

在实训一、二、三的前提下,本实训学习对 M1 卡的操作,数据的读写。

3. 实训设备

(1) 硬件:

① PC(一台,Windows 操作系统)。

② RFID 读写器及无源 RFID 读写卡如图 4-4-1 所示。

(2) 软件:Visual Basic 读写程序。

4. 实训步骤及结果

Visual Basic 读写程序如图 4-4-2 所示。

Idle/All,选择操作在 IDLE 状态的卡,或是所有状态卡。

Key A/Key B,选择操作密钥类型。

LL/HL,选择操作是仅做这个操作(低级),还是连这个操作之前的操作一起做(高级)。

BK/EK,选择密钥是用文本框输入的还是用机器 EEPROM 的。

图 4-4-1　RFID 读写器及无源 RFID 读写卡

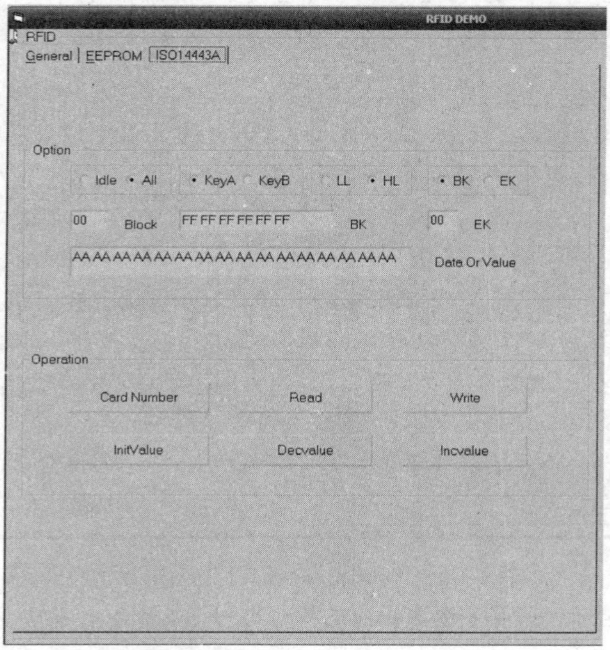

图 4-4-2　Visual Basic 读写程序

Block,卡片绝对块号(扇区号 * 4 + 块号)。

BK,文本框密钥。

EK,机器 EEPROM 密钥编号。

Data or Value,用来写卡,初始化,减值,加值输入数据,输入完一字节数据时后带空格再输入下一字节数据。

Card Number,读取卡号。

Read,读取卡块内容。

Write,写入卡块内容。

InitValue,初始化卡块值。

DecValue,减值。

IncValue,加值。

关于修改密钥：

卡片每个扇区的 BLOCK3 用于保存密钥，请看卡芯片资料。

如需修改密钥，需要先读出该扇区 BLOCK3 的内容，再把想要修改的密钥填入，再写卡。

例如：

读出来 1 扇区 BLOCK3（也就是总的 BLOCK7）的内容是：

00 00 00 00 00 00 FF 07 80 69 FF FF FF FF FF FF

要修改 KEYA＝11 22 33 44 55 66

那么写入 BLOCK7 的内容就是

112233445566FF 07 80 69 FF FF FF FF FF FF

相应的操作如图 4-4-3 所示。

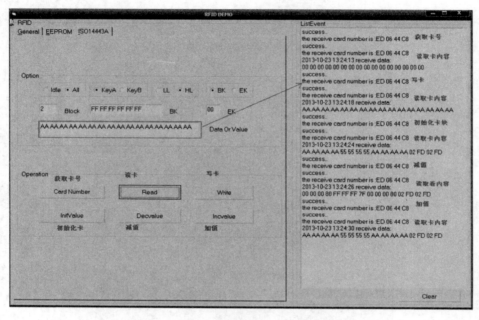

图 4-4-3　Visual Basic 读写程序对卡操作

对其他块的操作类似，只需要选着相应的块号即可。

4.4.3　实训知识检测

1. 简述 M1 卡的结构。（略）

2. 简述 M1 卡的运作机理。（略）

3. M1 卡寻卡模式分三种情况：IDLE 模式、ALL 模式及指定卡模式。

4.5　实训 35—RFID 多卡防碰撞

4.5.1　相关基础知识

1. RFID 多卡介绍

电子标签防碰撞是射频识别技术中的关键问题之一。解决这个问题可以采用时分多路存取技术,其相关的算法有 ALOHA 法、时隙 ALOHA 法、二进制搜索法、动态二进制搜索法等防碰撞算法。这几种算法在实现方式、应用效率上各有不同。

　　射频识别技术是一种非接触式自动识别技术,与传统的识别技术相比,RFID 技术无须接触,无须光学可视,无须人工干预即可完成信息的输入与处理。RFID 系统工作的时候,当有两个或两个以上的电子标签同时在同一个读写器的读写范围内向读写器发送数据时,就会出现信号的干扰,这个干扰就被称为"碰撞",其结果导致该次数据传输失败,因此必须采用适当的技术防止碰撞产生。

　　从多个电子标签到一个读写器的通信称为多路存取,多路存取中有四种方式可以将不同的标签信号区分开:空分多路法(SDMA)、频分多路法(FDMA)、时分多路法(TMDA)、码分多路法(CDMA)。针对 RFID 系统的低成本,较少硬件资源和数据传输的速度以及数据可靠性的要求,TMDA 构成了 RFID 系统防碰撞就广泛的应用。TDMA 是把整个可共用的通道容量按时间分配给多个用户的技术。

　　读写器一旦检测到碰撞的产生,就会发送一个命令让其中一个电子标签暂停发送数据,随机等待一段时间后重新发送数据。

4.5.2　实训操作指南

1. 实训名称

RFID 多卡防碰撞实训,核心是 RFID 读写器及无源 RFID 读写卡。

2. 实训目的

在实训 1、2、3 的前提下,本实训学习了解 RFID 多卡防碰撞的原理,以及防碰撞的算法。

3. 实训设备

(1) 硬件:

① PC(一台,Windows 操作系统)。

② RFID 读写器及无源 RFID 读写卡,如图 4-5-1 所示。

图 4-5-1　RFID 读写器及无源 RFID 读写卡

(2) 软件:

① Visual C++ 6.0。

② Visual Basic 读写程序。

4. 实训步骤及结果

打开 Visual C++ 6.0 里面 Demo. dsw 文件如图 4-5-2 所示。

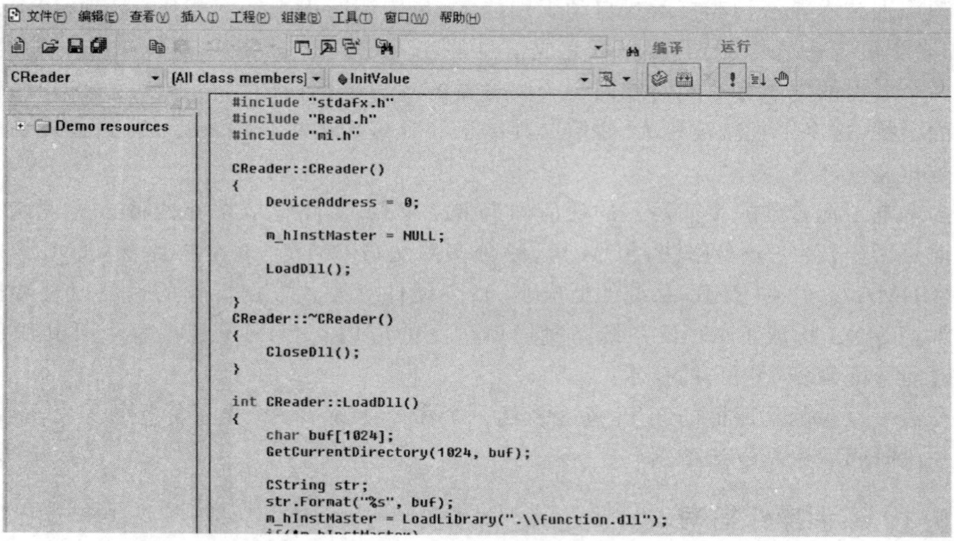

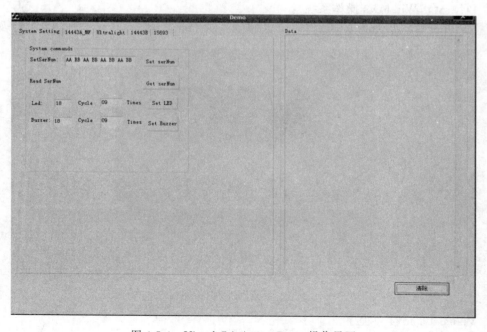

图 4-5-2　Visual C++ 6.0 Demo 程序

单击编译后没有错误如图 4-5-3 所示。

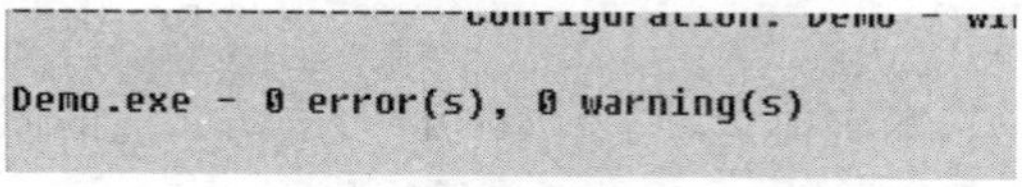

```
-----------------------Configuration: Demo - Wi
Demo.exe - 0 error(s), 0 warning(s)
```

图 4-5-3　Visual C++ 6.0 Demo 编译结果

再单击运行如图 4-5-4 所示。

图 4-5-4　Visual C++ 6.0 Demo 操作界面

　　选着 14443A_MF 界面,将两张卡同时放到 RFID 读写器的读写范围内,且距离相同,开始读卡,如图 4-5-5 所示。

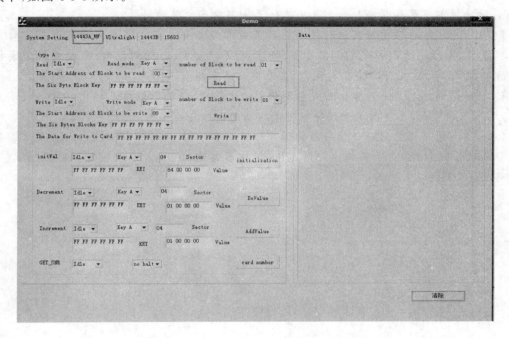

图 4-5-5　Visual C++ 6.0 Demo 操作界面

则将先后读出卡 1 和卡 2 的卡号和内容,如图 4-5-6 所示。

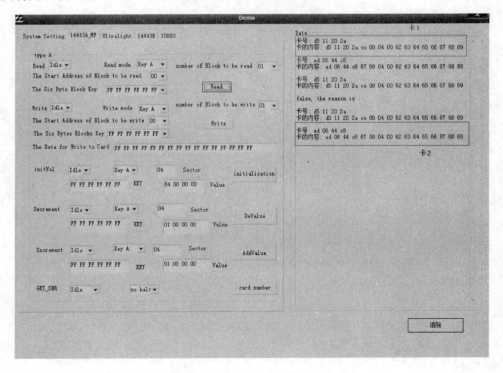

图 4-5-6　Visual C++ 6.0 Demo 读卡操作

4.5.3　实训知识检测

1. 防碰撞都有那些算法？如何改用其他算法解决多卡碰撞问题？

2. 电子标签防碰撞是射频识别技术中的关键问题之一。解决这个问题可以采用时分多路存取技术，其相关的算法有 ALOHA 法、时隙 ALOHA 法、二进制搜索法、动态二进制搜索法等防碰撞算法。这几种算法在实现方式、应用效率上各有不同。

3. 射频识别技术是一种非接触式自动识别技术，与传统的识别技术相比，RFID 技术无须接触，无须光学可视，无须人工干预即可完成信息的输入与处理。

4. 从多个电子标签到一个读写器的通信称为多路存取，多路存取中有四种方式可以将不同的标签信号区分开：空分多路法（SDMA）、频分多路法（FDMA）、时分多路法（TMDA）、码分多路法（CDMA）。

第5章 综合实验

5.1 认识自动投食机

5.1.1 使用须知

1. 安全叮嘱

（1）使用者在组装自动投食机时，必须小心使用微小零件及尖锐物，例如，螺钉、螺钉帽、十字型改锥等。

（2）需放在安全处避免幼童容易拿取或吞食。

（3）在操作前，请熟读手册使用说明，十五岁以下孩童需家长陪伴来操作及使用本产品。

（4）使用者过度疲劳或精神不集中时，请避免操作或组装自动投食机。

（5）本产品激活时，使用者尽量避免靠近眼睛及脸部。在组装自动投食机时要注意安全，以避免不必要的伤害。

（6）本产品请避免放置在潮湿处、强烈阳光曝晒处或是在高温环境下使用。

2. 注意事项

（1）使用者在组装时请使用本套件所搭配的线材及零组件。请使用说明书上所建议的使用工具（相同规格即可）。

（2）在安装零组件或上螺钉的过程中，若遇到螺钉咬合不全时请勿强行安装。

（3）因人为因素，而使机器做出危险的动作时，请马上关闭电源，以减少机器损坏的概率。

（4）第一次使用者，请依照使用手册上的指示使用。熟悉后可依自己的创意、想法，设计组装出属于个人特色的机器。

（5）机器使用过程中请避免从高处摔落；人为因素损坏将不在保固范围内。

3. 组装

（1）如果还不熟悉如何组装自动投食机，我们建议您先组装 10 个电动机以下的机器。等熟悉之后，再组装进阶型的机器。

（2）建议在专业人员的指导下进行。

4. 特殊情况：如有下列问题发生时，请立即关闭电源

（1）机器冒烟。

（2）电源打开，电动机上的灯并无闪烁（在电源充足的状况下）。

（3）机器浸水无法使用了。

（4）机器产生特殊气味（如：电动机烧焦味）。

（5）机器的模块（如：电动机模块、感测模块）故障。

5.1.2 认识自动投食机

利用舵机定时旋转盛有鱼饲料的塑料瓶实现投食动作，数码管将显示下一次投食时间。学生可利用程序自定义喂鱼间隔时间，例如三小时或五小时一次。利用主控板控制舵机转动的时间，一次转动时长可根据需要喂养的鱼的喂食量确定。

5.1.3 零件表

零件表的电子部分如表 5-1-1 所示。

表 5-1-1　零件表的电子部分

序号	名称	编号	数量
1	Orion 主控板	YD24-001	1
2	9 克舵机包	YD24-002	1
3	数码管模块	YD24-003	1
4	RJ25 适配器模块	YD24-004	1
5	直流电源－12 V	YD24-005	1
6	mrico usb 连接线	YD24-006	1
7	RJ25 电线－20 cm	YD24-007	1

5.2　元器件介绍

5.2.1 Orion 主控板

（1）Orion 是一个基于 Arduino Uno 针对教学用途，升级改进的主控板。它拥有强大的驱动能力，输出功率可达 18 W，可以驱动 4 个直流电动机。精心设计的色标体系，与传感器模块完美匹配，8 个独立的 RJ25 接口，轻松实现电路连接，非常方便用户使用。另外，它不仅支持绝大多数 Arduino 编程工具（Arduino /Scratch /adublock），而且提供了 Scratch 升级版的图形编程工具 Scratch EJ1，如图 5-2-1 所示。

（2）技术规格：

① 输出电压：5 V DC。

② 工作电压：6 V～12 V DC。

③ 最大输入电流：3 A。

④ 通信模式：UART 口，I^2C，数字输入/输出，模拟输入。

⑤ 主控芯片：Atmega 328P。

⑥ 尺寸：80 mm×60 mm×18 mm（长×宽×高）。

图 5-2-1　图形编程工具 Scratch EJ1

（3）功能特性

① 完全兼容 Arduino。

② 配备专用 Makeblock Arduino 库函数，简化编程难度。

③ 支持 Scratch EJ1（Scratch 2.0 升级版）适合全年龄用户。

④ 使用 RJ25 接口连线十分容易。

⑤ 模块化安装，兼容乐高系列。

⑥ 集成双路电动机驱动。

（4）接口介绍

① 主控板一共有 8 个 RJ25 接口，接口上有六种不同颜色标签。表 5-2-1 是相对应的颜色与功能。

表 5-2-1　主控板上相对应的颜色与功能

颜色	功能	使用此接口的 Me 模块
	红色代表输出电压值为 6～12 V，通常连接到需要 6～12 V 电压的电动机驱动模块	• 电动机驱动模块 • 舵机驱动模块 • 步进电动机驱动模块
	单向数字接口	• 超声波模块 • 彩色 LED 模块 • 限位开关
	双向数字接口	• 七段数码管模块 • 人体红外传感器模块 • 快门线模块 • 巡线传感器模块 • 红外接收模块
	硬件串口	• 双模蓝牙模块
	模拟信号接口	• 光线和灰度传感器模块 • 电位器模块 • 摇杆 • 按键模块 • 声音传感器模块
	I^2C 接口	• 陀螺仪模块

② 黄色、蓝色、灰色、黑色、紫色和白色的输出电压均为恒定的 5 V 直流电。通常来说这些接口会连接到供电电压为 5 V 的模块。接口功能和属性如表 5-2-2 所示。

表 5-2-2 接口功能和属性

接口号码	颜色	兼容模块类型	使用此接口的 Me 模块
1&2	1 2	(6~12VDO)驱动模块	• 电动机驱动模块 • 舵机驱动模块 • 步进电动机驱动模块
3&4	3 4	单向数字接口 双向数字接口 I^2C 接口	• 超声波模块 • 彩色 LED 模块 • 限位开关 • 七段数码管模块 • 人体红外传感器模块 • 快门线模块 • 巡线传感器模块 • 红外接收模块 • 陀螺仪模块
5	5	单向数字接口 双向数字接口 硬件串口	• 超声波模块 • 超声波模块 • 彩色 LED 模块 • 限位开关 • 七段数码管模块 • 人体红外传感器模块 • 快门线模块 • 巡线传感器模块 • 红外接收模块 • 双模蓝牙模块 • TPT 彩屏模块
6	6	单向数字接口 双向数字接口 I^2C 接口 模拟信号接口	• 超声波模块 • 彩色 LED 模块 • 限位开关 • 七段数码营模块 • 人体红外传感器模块 • 快门线模块 • 巡线传感器模块 • 声音传感器模块 • 电位器模块 • 按键模块 • 摇杆 • 陀螺仪模块 • 红外接收模块
7&8	7 8	单数字接口 I^2C 接口 模拟信号接口	• 超声波模块 • 彩色 LED 模块 • 限位开关 • 电位器模块 • 摇杆 • 按键模块 • 声音传感器模块 • 陀螺仪模块

Qrion 主控板接口分布图,如图 5-2-2 所示。

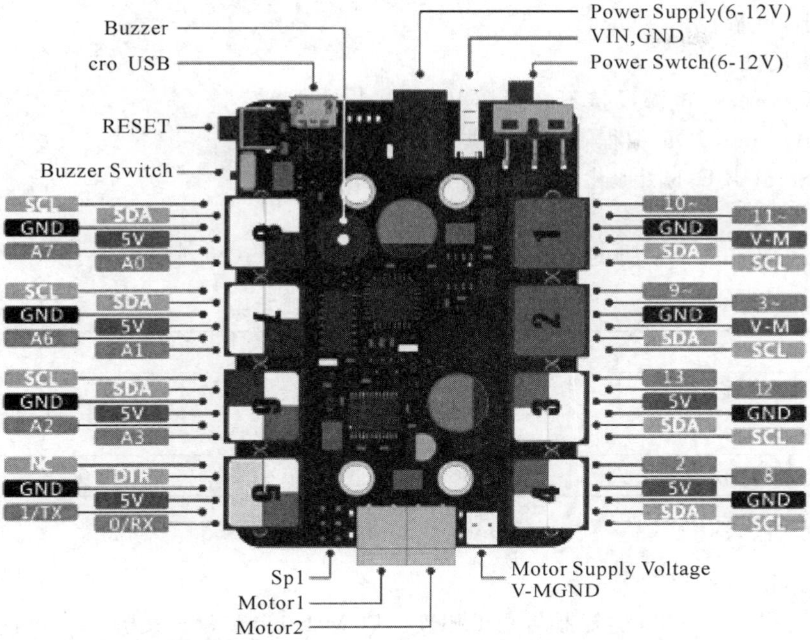

图 5-2-2　Qrion 主控板接口分布图

（5）其他。

5.2.2　9 克舵机

（1）9 克舵机是一种位置（角度）伺服的驱动器,适用于那些需要角度不断变化并可以保持的控制系统。常见于航模,飞机模型,遥控机器人及机械部件当中。在使用中,舵机的配件通常包含一个能把舵机固定到基座上的支架以及可以套在驱动轴上的舵盘,通过舵盘上的孔可以连接其他物体构成传动模型。舵机自带的 3 线接口可以通过 RJ25 适配器与主板相连如图 5-2-3 所示。

（2）技术规格

① 工作电压:4.8～6 V DC。

② 工作电流:80～100 mA。

③ 待机电流:5 mA。

图 5-2-3　RJ25 适配器与主板相连

④ 极限角度:210°±10.5°。

⑤ 扭力:1.3～1.7 kg/cm。

⑥ 工作温度:-10～60 ℃。

⑦ 湿度范围:60%±10%。

⑧ 转速:0.09～0.10 sec/60°(4.8 V)。

⑨ 信号周期:20 ms。

⑩ 信号高电平时间范围:1 000～2 000 μs/周期。

⑪ 尺寸：32.3 mm×12.3 mm×30.6 mm（长×宽×高）。

（3）功能特性

① 体积小，重量轻。

② 采用防反插接口。

③ 具有反接保护，电源反接不会损坏 IC。

④ 支持 Arduino IDE 编程，并且提供运行库来简化编程。

⑤ 支持 Scratch EJ1 图形化编程，适合全年龄用户。

（4）引脚定义

9 克舵机模块有三个引脚的接头，每个引脚的功能如表 5-2-3 所示。

表 5-2-3　9 克舵机模块的引脚功能

序号	引脚	功能
1	GND	地线（黑色）
2	VCC	电源线（红色）
3	SIG	控制信号（白色）

（5）接线方式

1）RJ25 连接

9 克舵机可以通过 RJ25 适配器与主板相连。以 Makeblock Orion 为例，可以连接到 3，4，5，6，7，8 号接口，当接到 7，8 号接口时，舵机只能在 RJ25 适配器的 SLOT2 端口上，如图 5-2-4 所示。

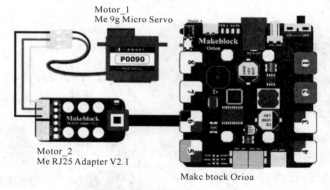

图 5-2-4　舵机的 RJ25 连接

2）杜邦线连接

当使用杜邦线连接到 Arduino Uno 主板时，舵机 SIG 引脚需要连接到 DIGITAL（数字）口，如图 5-2-5 所示。

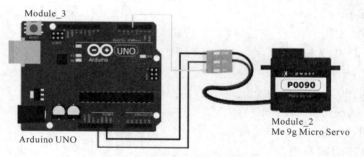

图 5-2-5　舵机的杜邦线连接

3）接口函数

接口函数的功能如表 5-2-4 所示。

表 5-2-4 接口函数的功能

接口函数	功能
MePort(uint8_t port)	定义连接端口
voidattach()	选定引脚
voidwrite(int angle)	控制舵机旋转到指定角

（6）其他。

5.2.3 RJ25 适配器模块

（1）RJ25 适配器将标准的 RJ25 接口转换为六个引脚（分别为 VCC，GND，S1，S2，SDA，SCL），方便从 MakeBlock 接口引出来以兼容其他厂商的电子模块，例如温度传感器，舵机模块等。本模块需要连接到主板上带有黄色、蓝色或黑色标识的接口，如图 5-2-6 所示。

（2）技术规格

① 工作电压：5 V DC。

② 最大电流：3 A。

③ 模块尺寸：51 mm×24 mm×18 mm（长×宽×高）。

（3）功能特性

① 红色 LED 为电源指示灯。

② 含有 I2C 接口和两个数字/模拟接口。

③ 可以连接其他厂商的电子模块。

④ 模块的白色区域是与金属梁接触的参考区域。

图 5-2-6 RJ25 适配器模块

⑤ 支持 Arduino IDE 编程，并且提供运行库来简化编程。

⑥ 支持 Scratch EJ1 图形化编程，适合全年龄用户。

⑦ 使用 RJ25 接口连线方便。

⑧ 模块化安装，兼容乐高系列。

（4）引脚定义

RJ25 适配器模块有六个引脚的接头，每个引脚的功能如表 5-2-5 所示。

表 5-2-5 RJ25 适配器的引脚功能

序号	引脚	功能
1	SCL	I2C 数据总线
2	SDA	I2C 时钟总线
3	GND	接地
4	VCC	接电源
5	S1	数字、模拟口
6	S2	数字、模拟口

（5）接线方式

RJ25 适配器的接线方式如图 5-2-7 所示。

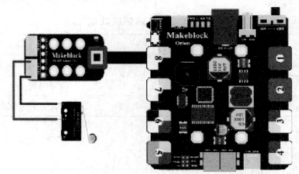

Connecting Me RJ25 Adapter to Makeblock Orion

图 5-2-7　RJ25 适配器的接线方式

（6）接口函数

接口函数功能如表 5-2-6 所示。

表 5-2-6　接口函数的功能

接口函数	功能
MePort(uint8_t port)	选定接口
bool dRead1()	从 SLOT1 读取数字信号
bool dRead2()	从 SLOT2 读取数字信号
bool dWrite1()	从 SLOT1 写入数字信号
bool dWrite2()	从 SLOT2 写入数字信号
bool aRead1()	从 SLOT1 读取模拟信号
bool aRead2()	从 SLOT2 读取模拟信号
bool aWrite1()	从 SLOT1 写入模拟信号
bool aWrite2()	从 SLOT2 写入模拟信号

5.2.4　数码管模块

（1）数码管模块采用 4 位共阳极数码管，用于显示数字和少数特殊字符。可以在机器人项目中使用该模块，用于显示速度、时间、分数、温度、距离等传感器的值。同时，Makeblock 提供易于编程的 Arduino 库，使用户能够方便地控制数码管。本模块接口是蓝色色标，说明是双数字口控制，需要连接到主板上带有蓝色标识的接口，如图 5-2-8 所示。

（2）技术规格

① 工作电压：5 V DC。

② 数字位数：4。

③ 工作温度：—40～85 ℃。

④ 控制方式：双数字控制。

图 5-2-8　数码管模块连接到
主板上带有蓝色标识的接口

⑤ 模块尺寸:51 mm×24 mm×23.4 mm(长×宽×高)。

(3) 功能特性

① 模块的白色区域是与金属梁接触的参考区域。

② 4 位红色 LED,每位有一个小数点。

③ 亮度可调节,使得用户即使在夜晚也能看清显示内容。

④ 具有反接保护,电源反接不会损坏 IC。

⑤ 支持 Arduino IDE 编程,并且提供运行库来简化编程。

⑥ 支持 Scratch EJ1 图形化编程,适合全年龄用户。

⑦ 使用 RJ25 接口连线方便。

⑧ 模块化安装,兼容乐高系列。

⑨ 配有 CLK、DIO、VCC、GND 接头支持绝大多数 Arduino 系列主控板。

(4) 引脚定义

数码管模块有四个引脚的接头,每个引脚的功能如表 5-2-7 所示。

表 5-2-7　数码管模块的引脚功能

序号	引脚	功能
1	GND	地线
2	VCC	电源线
3	DIO	数据线
4	CLK	时钟线

(5) 接线方式

1) RJ25 连接

由于数码管模块接口是蓝色色标,当使用 RJ25 接口时,需要连接到主控板上带有蓝色色标的接口。以 Makeblock Orion 为例,可以连接到 3,4,5,6 号接口,如图 5-2-9 所示。

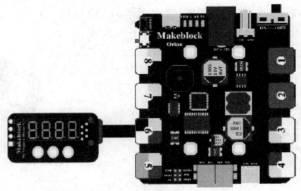

Connecting Me 7-Segment Display-Red to Makeblock Orion

图 5-2-9　数码管的 RJ25 连接

2) 杜邦线连接

当使用杜邦线连接到 Arduino Uno 主板时,模块 DIO 与 CLK 引脚需要连接到 DIGITAL (数字)口,如图 5-2-10 所示。

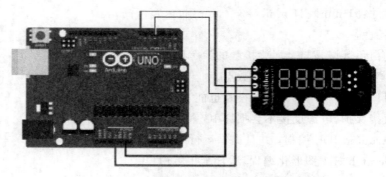

图 5-2-10　数码管的杜邦线连接

3）接口函数

接口函数功能如表 5-2-8 所示。

表 5-2-8　接口函数功能

接口函数	功能
Me7SegmentDisplay(uint8_t port)	选定接口
voidinit()	初始化模块,清空显示器
voidset(uint8_t brightness, uint8_t SetData, uint8_t SetAddr)	调整亮度设定数据到指定地址
voiddisplay(float value) void display(int8_t value) void display(uint8_t BitAddr,int8_t DispData)	显示数字

5.2.5　USB 转 Micro 线

（1）作为 USB 2.0 标准的便携版本,Micro USB 更小,节省空间,与标准 USB 和迷你 USB 接口相比,它的插塞寿命更长,插塞强度更高。Micro USB 兼容 USB 1.1（低速:1.5 Mbit/s,全速:12 Mbit/s）和 USB 2.0（高速:480 Mbit/s）,同时提供数据传输和充电功能,是连接小设备（如手机、PDA、数码相机、数字视频、便携式数字播放器等）的最佳选择。微型 USB 接口可以连接到 Orion 开发板,用于下载程序和调试,如图 5-2-11 所示。

（2）技术规格

① 线长:1 m。

② 接口:Micro USB 标准端口。

③ 功能:数据传输和充电。

（3）功能特性

① 热插拔。

② 便携与方便。

③ 标准。

图 5-2-11　Micro 线

5.2.6　20 cm RJ25 线

（1）RJ25 线可用于连接 mCore,Makeblock Orion 和大多数支持 RJ25 端口的 Makeblock

电子模块。相对于传统的杜邦线,它具有快速连接,减少出错,而且更加美观的优势。RJ25 线集成了六根电线,如图 5-2-12 所示。

（2）技术规格

① 长度:20 cm。

② RJ25 线:6P6C。

（3）功能特性

① 快速插头。

② 便携式。

③ 统一标准。

图 5-2-12　RJ25 线

5.2.7　交流转直流 12 V 3 A 适配器电源

（1）交流转直流 12 V 3 A 适配器电源对于 Arduino 是一种小型便携式电子设备和电器的电源设备。它的输入是市电,其输出为直流 12 V。它自带的 5.5 mm×2.1 mm 直流插头可插入 Makeblock Orion 开发板,为电动机驱动器供电。该适配器可以提供大电流以满足大量电动机的大规模建设和应用,如图 5-2-13 所示。

（2）技术规格

① 输入电压:100～240 V AC。

② 输入电压的频率:50/60 Hz 输出电压:12 V DC。

③ 输出电流:3 A。

④ 峰值电流:10 A。

⑤ 输出功率:36 W。

⑥ 最大纹波噪声:120 MVP－P。

⑦ 工作温度:0～40 ℃。

⑧ 存储温度:－20～60 ℃。

⑨ 输出线的长度:1.2 m。

⑩ DC 插头的大小:5.5 mm×2.1 mm×10 mm(外径×内径×长度)。

⑪ 尺寸:84 mm×47 mm×37 mm(长×宽×高)。

（3）功能特性

① 全范围 AC 输入电压。

② 良好的抗干扰性能和高可靠性。

③ 小 DC 纹波和高效率。

④ 紧凑和有效的。

⑤ 良好的绝缘性能和高介电强度。

⑥ 短路保护和过电流保护。

图 5-2-13　交流转直流 12 V 3 A 适配器电源

5.3　组　　装

（1）将主控板(基于 Arduino UNO) V1 接入 3D 打印模型,并上好螺钉固定。

（2）将 RJ25 适配器模块接入 3D 打印模型；并上好螺钉固定。

（3）将 9 g 舵机接入 3D 打印模型底座。

（4）将数码管模块接入 3D 打印模型，并上好螺钉固定。

（5）将数码管模块接入主控板（基于 Arduino UNO）V1 第 6 口。

（6）将 9 g 舵机模块接入 RJ25 适配器模块的 s1 口。

（7）将 RJ25 适配器模块接入主控板（基于 Arduino UNO）V1 第 3 口。

（8）将 3D 打印模型组装。

（9）将矿泉水瓶固定在舵机接口上。

（10）使用 USB 线将组装好的模型连接至计算机，准备编写程序，如图 5-3-1 所示。

图 5-3-1　使用 USB 线将组装好的模型连接至计算机

5.4　产品固件

5.4.1　上传程序

（1）产品组装之前需要将程序上传至主控板如图 5-4-1 所示。

图 5-4-1　将程序上传至主控板

（2）打开计算机中 Scratch EJ1 程序如图 5-4-2 所示。

图 5-4-2　打开计算机中 Scratch EJ1 程序

（3）打开"文件"选项中的"打开项目"如图 5-4-3 所示。

图 5-4-3 打开"文件"选项中的"打开项目"

（4）选择文件夹中的"火焰监测及报警系统.EJ1"文件

图 5-4-4

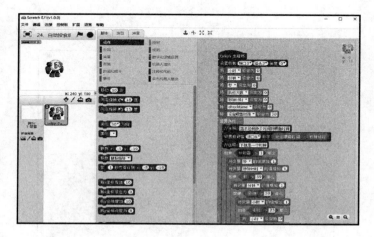

图 5-4-5

（5）打开"编辑"选项，勾选"Arduino 模式"。

勾选后，右侧会弹出 Arduino 编辑器。

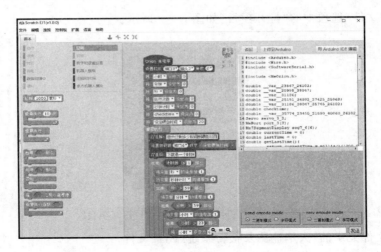

图 5-4-6

(6)打开连接选项中的串口命令,勾选 COM11。

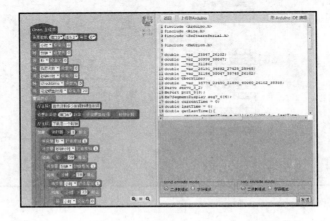

图 5-4-7

(7)"COM11"连接成功后,单击右侧编辑器上方"上传到 Arduino"选项。

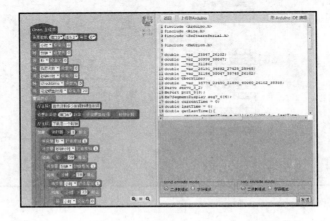

图 5-4-8

5.4.2　Scratch EJ1 版本

（1）初始设置接在接口 3 上的舵机转动角度为 0。

（2）时间（时/分/秒）初始状态为零。

（3）计数为 0，起始计时为 0，喂鱼时间间隔为设定值（此处为 20 秒，减少实验等待时间）。

（4）连在接口 3 上的数码管显示内容为倒计时时间（喂鱼时间-计时时间）。

（5）计时器的变量设定为累加值，59 秒后再加 1 秒为 1 分钟，59 分钟以后再加 1 分钟为 1 小时，23 小时后增加 1 小时计时变成 0。

（6）启动时计时器归零。

（7）到喂鱼时间后，开始执行 10 次喂鱼的动作，首先连在接口 3 的舵机向一个方向转动 60°，300 ms 后向另一个方向转动 120 度。

（8）执行次数归 0 后，舵机回到 0°位置。

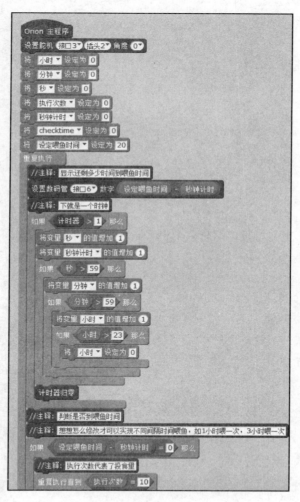

图 5-4-9

5.4.3　Arduino IDE 版本

可以选择在 Arduino IDE 中编写例程如下：

```
# include <Arduino.h>
# include <Wire.h>
# include <SoftwareSerial.h>

# include <MeOrion.h>

double __var__23567_26102;
double __var__20998_38047;
double __var__31186;
double __var__25191_34892_27425_25968;
double __var__31186_38047_35745_26102;
double checktime;
double __var__35774_23450_21890_40060_26102_38388;
Servo servo_3_2;
MePort port_3(3);
Me7SegmentDisplay seg7_3(3);
double currentTime = 0;
double lastTime = 0;
double getLastTime(){
                return currentTime = millis()/1000.0 - lastTime;
}

void setup(){
        servo_3_2.attach(port_3.pin2());
        servo_3_2.write(0);
        __var__23567_26102 = 0;
        __var__20998_38047 = 0;
        __var__31186 = 0;
        __var__25191_34892_27425_25968 = 0;
        __var__31186_38047_35745_26102 = 0;
        checktime = 0;
        __var__35774_23450_21890_40060_26102_38388 = 20;
}
void loop(){
    seg7_3.display((float)(__var__35774_23450_21890_40060_26102_38388) - (__var__31186_38047_35745_26102));
    if((getLastTime())>(1)){
        __var__31186 += 1;
        __var__31186_38047_35745_26102 += 1;
        if((__var__31186)>(59)){
```

```
                __var__20998_38047 += 1;
            if((__var__20998_38047)>(59)){
                __var__23567_26102 += 1;
                if((__var__23567_26102)>(23)){
                    __var__23567_26102 = 0;
                }
            }
        }
        lastTime = millis();
    }
    if((((__var__35774_23450_21890_40060_26102_38388)-(__var__31186_38047_35745_26102)) ==
(0)))){
        while(! (((__var__25191_34892_27425_25968) == (10))))
        {
            _loop();
            __var__25191_34892_27425_25968 += 1;
            servo_3_2.write(60);
            delay(300);
            servo_3_2.write(120);
            delay(300);
        }
        __var__25191_34892_27425_25968 = 0;
        __var__31186_38047_35745_26102 = 6;
        servo_3_2.write(0);
    }
}
void _loop(){
}
```

　　在 Arduino IDE 中进行程序编译验证，会出现验证结果：若显示结果为编译有误，则需在下方对话框中出现错误代码，请对错误代码依照提示及教案进行修改，直至显示结果为编译完成。

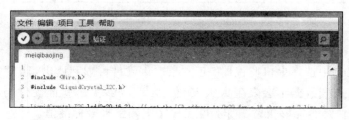

图 5-4-10

将文件进行保存，并进行命名（出于通用软件限制，文件命名需为英文加数字）。

将组装好的硬件用 USB 连接线 连接至计算机。

在 Arduino IDE 中选择工具栏下方的选项"板卡"，选择正确的控制器选项 Arduino UNO(一般为控制板名称)。

图 5-4-11

在 Arduino IDE 中选择工具的选项"端口"，选择正确的连接端口"COM"。

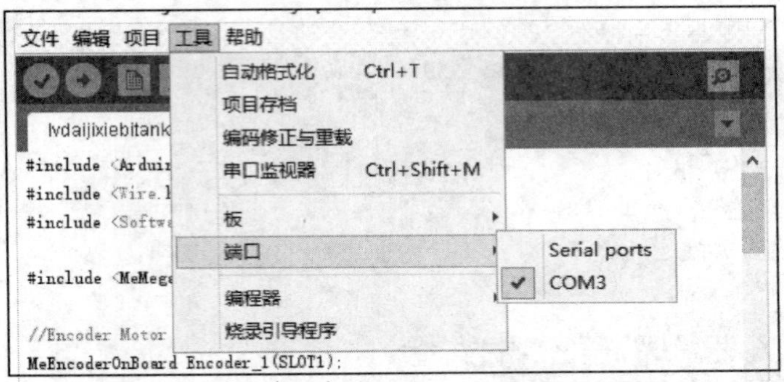

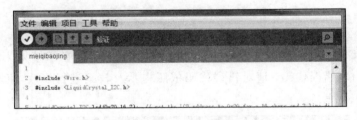

图 5-4-12

将编写好的程序上传至 Arduino UNO R3 控制器(点击对号)，直至出现上传成功的提示。

图 5-4-13

此时，程序已在控制器中自动运行。

在 Arduino IDE 中选择串口监视器，正常情况下硬件可顺利读出当前数据。

由于实验室的空气数据不会发生太大变化，为了能够快速验证硬件与程序是否运行良好，报警及风扇模块是否能够正常工作，可在程序中调整报警标准值。

根据当前数值，修改程序中的报警标准值；

报警标准值修改完毕后，将文件进行保存并再次上传；

验证硬件的工作流程是否与程序编写一致；

5.5 学习知识点

通过学习可了解产品的组成、电路的运行原理、电子元器件的应用、产品的设计等基础性知识。加深了解智能产品常用传感器的原理与应用方式,并设定简单的算法。

通过定时、计数、风扇启动等一系列动作的完成,学习的设定时间、定时、计数、倒计时等相关程序。

利用电动机风扇模拟散热器的风扇,在温度高于标准时启动。

利用 LED 灯模拟示警灯光,在不同温度下显示不同颜色。

5.6 自动降温器

自动降温器

5.7 桌面植物农场

桌面植物农场